“十二五”职业教育国家规划教材
经全国职业教育教材审定委员会审定

焊接结构生产

第 3 版

国家机械职业教育材料类教学指导委员会　组编
主　编　邓洪军
副主编　冯菁菁
参　编　徐双钱　王子瑜　高振永
主　审　杨家武

机 械 工 业 出 版 社

本书是根据国家机械职业教育材料类教学指导委员会制定的高等职业教育焊接技术及自动化专业教学标准和“焊接结构生产”课程标准编写的，是适应三年制高等职业教育焊接技术及自动化专业使用的国家规划教材。

本书共九章，主要内容包括焊接结构件制造的基础知识、焊接结构加工应力与变形、焊接结构件的备料加工工艺及设备、焊接结构件的成形工艺及设备、焊接结构的装配、焊接结构生产中的技术管理、装配-焊接工艺装备、典型焊接结构的生产工艺、焊接结构生产的安全技术与劳动保护。为便于教学，本书配有电子教案、助教课件等教学资源。凡选用本书作为教材的教师，可登录机械工业教育服务网 www. cmpedu. com 注册后免费下载。咨询电话 010-88379375。

本书在编写过程中，根据最新国家职业技能要求，从现代高职人才培养目标出发，注重教学内容的实用性，结合焊接专业技术岗位特点，尽量贴近焊接生产实际组织教学内容，以达到让学生掌握焊接结构生产的基本知识和基本技能的目的。全书通俗易懂、实用性强，便于组织教学，可作为高等职业院校焊接技术及自动化专业教材，也可作为有关技术人员、管理人员的岗位培训教材。

图书在版编目（CIP）数据

焊接结构生产/邓洪军主编. —3 版. —北京：机械工业出版社，2014. 5（2023. 1 重印）

“十二五”职业教育国家规划教材

ISBN 978 – 7 – 111 – 45859 – 3

Ⅰ. ①焊…　Ⅱ. ①邓…　Ⅲ. ①焊接结构 – 焊接工艺 – 高等职业教育 – 教材　Ⅳ. ①TG44

中国版本图书馆 CIP 数据核字（2014）第 027929 号

机械工业出版社（北京市百万庄大街 22 号　邮政编码 100037）
策划编辑：于奇慧　责任编辑：于奇慧　王海霞
版式设计：霍永明　责任校对：程俊巧
责任印制：郜　敏
北京富资园科技发展有限公司印刷
2023 年 1 月第 3 版 · 第 9 次印刷
184mm × 260mm · 12. 75 印张 · 312 千字
标准书号：ISBN 978 – 7 – 111 – 45859 – 3
定价：39. 00 元

电话服务
客服电话：010 – 88361066
010 – 88379833
010 – 68326294

网络服务
机　工　官　网：www. cmpbook. com
机　工　官　博：weibo. com/cmp1952
金　　书　　网：www. golden-book. com
机工教育服务网：www. cmpedu. com

第3版前言

本书是“十二五”职业教育国家规划教材，是根据国家机械职业教育材料类教学指导委员会制定的高等职业教育焊接技术及自动化专业教学标准和“焊接结构生产”课程标准编写的，并结合当前高等职业教育的发展需求，在普通高等教育“十一五”国家级规划教材《焊接结构生产　第2版》的基础上修订而成。

本书在修订过程中，始终坚持以学生就业为导向，以企业用人标准为依据，在专业知识的安排上，坚持实用、够用的原则。在第2版的基础上，对“焊接结构备料及成形加工”“焊接结构的装配与焊接工艺”两部分内容进行了重新整合；并在“典型焊接结构的生产工艺”部分增加了“压力容器的生产工艺”相关内容。本书在修订过程中力求更好地将理论知识融入到能力培养的过程中，注重对实践教学和操作技能的培养。为了更好地实现校企合作，本书在编写过程中还邀请了企业一线的工程技术人员参与，使教材内容能够包含企业最前沿信息和体现职业岗位能力要求。

本书的主要内容、建议学时与教学形式见下表（共100学时）。

章　节	内　容	建议学时	教学形式
第一章	焊接结构件制造的基础知识	10	理论教学
第二章	焊接结构加工应力与变形	20	教学做一体化教学
第三章	焊接结构件的备料加工工艺及设备	10	教学做一体化教学
第四章	焊接结构件的成形工艺及设备	10	教学做一体化教学
第五章	焊接结构的装配	10	教学做一体化教学
第六章	焊接结构生产中的技术管理	10	教学做一体化教学
第七章	装配-焊接工艺装备	10	教学做一体化教学
第八章	典型焊接结构的生产工艺	16	教学做一体化教学
第九章	焊接结构生产的安全技术与劳动保护	4	理论教学

全书共九章，由渤海船舶职业学院邓洪军任主编，负责整体策划及组织协调，冯菁菁任副主编，渤海造船厂集团有限公司教授级高级工程师杨家武任主审。具体编写分工如下：第一章、第九章由邓洪军编写；第五章、第六章、第七章由冯菁菁编写；第二章、第三章由徐双钱编写；第四章由高振永编写；第八章由王子瑜编写。

在编写过程中，本书参阅了有关同类教材、书籍和网络资料，并得到了参编学校和企业的大力支持，在此一并致以深深的谢意。

由于编者水平有限，书中难免存在缺点和不足之处，敬请广大读者批评指正。

编　者

目　　录

第一章　焊接结构件制造基础知识

学习目标： 通过本章的学习，了解机器零部件、压力容器、梁柱及船舶等焊接结构基本构件的有关知识；熟悉常用焊接接头的基本形式和表示方法，能够识别焊缝代号；掌握焊接结构常见的破坏形式、防止措施，以及接头静载强度的计算方法。

第一节　焊接结构的基本构件

焊接作为一种金属连接工艺方法，已经在机械制造业中得到了广泛应用，许多传统的铸、锻制品，由于毛坯加工量大、零部件受力不理想等原因正逐步被焊接产品或铸-焊、锻-焊结构产品所代替。焊接结构形式各异，繁简程度不一，类型很多。

一、机器零部件焊接结构

机器焊接结构主要包括机床大件（机身、立柱、横梁等）、压力机机身、减速器箱体及大型机器零件等。这类结构通常在交变载荷或多次重复性载荷下工作，必须具有精确的尺寸，才能保证主要部件或仪表零件的加工质量。采用焊接或铸-焊、锻-焊联合的工艺制造机器零部件结构，可以解决铸、锻设备能力不足的问题，同时可大大缩短制造周期。

1. 切削机床的焊接机身

切削加工是一个精度较高的工艺过程，因此必须要求机床的机身具有很高的刚度。过去，由于铸铁的价格低，铸件适合成批生产，加上铸铁具有良好的减振性能，所以铸铁机床机身一直占有明显的优势。随着现代工业和新型加工技术的发展，为提高机床的整体工作性能，减轻结构重量，缩短机身的生产周期和降低制造成本，机床机身逐步改用焊接结构。尤其是单件小批量生产的大型、重型及专用机床，大量采用焊接结构后的经济效果十分明显。

图 1-1a 所示为卧式车床的焊接机身，主要由箱形床腿、加强肋、导轨、纵梁及斜板等零部件组成。如图 1-1b 所示，机身的断面结构由纵梁和斜板构成，它把整个方箱断面分割成两个三边形的断面，下方三边形完全闭合，这样的断面结构具有较大的抗弯扭刚度。

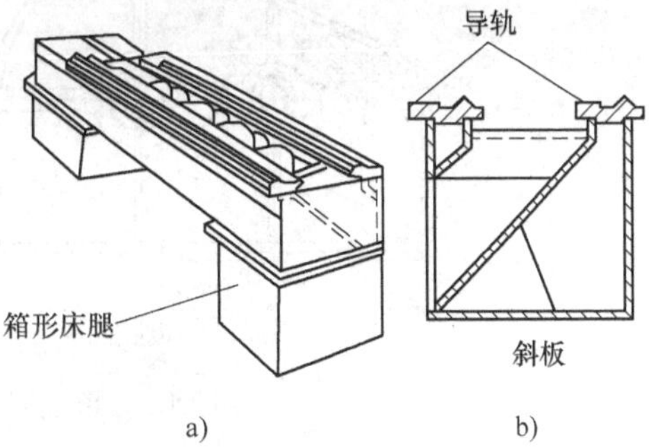

图 1-1　卧式车床焊接机身

a）机身简图　b）机身断面结构形式

在切削机床中采用焊接机身时，需要考虑以下几个方面的问题。

（1）经济效益问题　焊接机身的经济效益与生产批量有关，它特别适用于单件小批量生产的大型或专用机床。

（2）刚度问题　焊接机身一般采用轧制的钢板和型钢焊接而成，形状特殊的部分也采用一些小型锻件或铸件。焊接机身应用最多的材料主要是焊接性好的低碳钢和普通低合金钢，由于钢材的弹性模量比铸铁高，在保证相同刚度的条件下，焊接机身比铸铁机身的自重轻很多。

（3）减振性问题　机身的减振性不仅取决于所选用的材料，还与结构本身有关，故可以分为材料减振性和结构减振性两个方面。焊接机身钢质材料的减振性低于铸铁，因此，必须从结构上采取措施来保证焊接机身结构的减振性。

（4）尺寸稳定性问题　由于焊接机身中存在较严重的焊接残余应力，而这对焊接结构的尺寸稳定性有影响，特别是切削机床的机身要求尺寸的稳定性更高，故焊接机身在焊后必须进行消除应力处理。

（5）机械加工问题　机床焊接结构与建筑、石油化工和船舶工业所采用的焊接结构不同，机床焊接结构焊后需要进行一定的机械加工。机身采用的低碳钢尽管焊接性好，但机械加工性能却不如铸铁和中碳钢，所以在研究机身焊接结构的工艺性时，还应该考虑机械加工工艺性问题。

2. 减速器箱体焊接结构

减速器箱体是安装各传动轴的基础部件，由于减速器工作时各轴传递转矩要产生比较大的反作用力，并作用在箱体上，因此要求箱体应具有足够的刚度，以确保各传动轴的相对位置精度。如果箱体的刚度不足，不仅会使减速器的传动效率降低，还会缩短齿轮的使用寿命。采用焊接结构的箱体能获得较大的强度和刚度，且结构紧凑、重量较轻。

减速器箱体的结构形式繁多，在小批量生产时，采用焊接减速器箱体较为合理。焊接减速器箱体一般制成剖分式结构，即把一个箱体分成上、下两个部分，分别加工制造，然后在剖分面处通过螺栓将两个半箱体连成一个整体。图 1-2 所示为单壁剖分式减速器箱体的焊接结构。为了增加焊接箱体的刚度，通常在壁板的轴承支座处用垂直肋板进行加强，并与箱体的壁板焊接成一个整体。小型焊接箱体的轴承支座用厚钢板弯制而成，大型焊接箱体的轴承支座可以采用铸件或锻件。轴承支座必须有足够的厚度，以保证机械加工时有一定的加工余量。焊接箱体的下半部分承受的传动轴作用力较大并与地面接触，因此必须采用较厚的钢板制作。

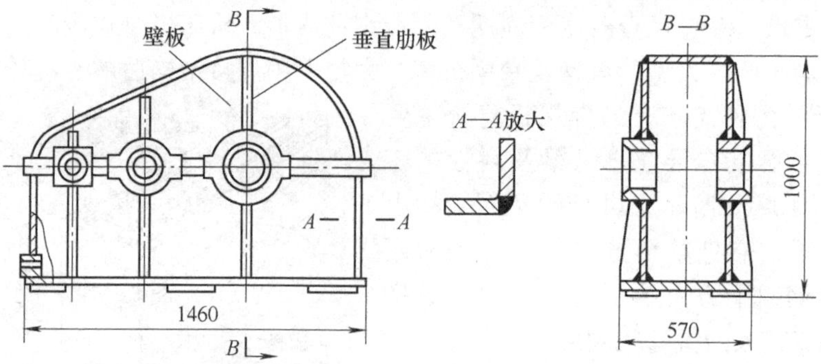

图 1-2　单壁剖分式减速器箱体焊接结构

对于工作条件比较平稳的减速器，箱体焊接时可以不必开坡口，焊脚尺寸也可以小一些；但对于承受反复冲击载荷的减速器箱体，则应该开坡口以增大焊缝的工作断面。焊接减速器箱体多用低碳钢制作，为保证传动稳定性，焊后需要进行热处理以消除残余应力。

承受大转矩的重型机器的减速器箱体，还可以采用双层壁板的焊接结构，并在双层壁板间设置加强肋以提高焊接箱体的整体刚度。

二、压力容器焊接结构

压力容器是能承受一定压力作用的密闭容器。按照国家劳动部颁发的《压力容器安全技术监察规程》的规定，其所监督管理的压力容器是指最高工作压力大于或等于0.1MPa，容积大于或等于25L，工作介质为气体、液化气体或最高工作温度高于或等于标准沸点的液体的容器。它主要用于石油化工、能源工业、科研和军事工业等方面，同时在民用工业领域也得到了广泛应用，如煤气或液化石油气罐、各种蓄能器、换热器、分离器及大型管道工程等。

1. 压力容器的分类及应用

（1）按工艺用途分类

1）反应压力容器。用于完成介质的物理、化学反应。

2）换热压力容器。用于完成介质的热量交换。

3）分离压力容器。用于完成介质的流体压力平衡和气体净化分离等。

4）储存压力容器。用于盛装生产用的原料气体、液体、液化气体等。

（2）按设计压力 P 分类

1）低压容器（代号L）。$0.1\text{MPa} \leq P < 1.6\text{MPa}$。

2）中压容器（代号M）。$1.6\text{MPa} \leq P < 10\text{MPa}$。

3）高压容器（代号H）。$10\text{MPa} \leq P < 100\text{MPa}$。

4）超高压容器（代号U）。$P \geq 100\text{MPa}$。

2. 压力容器的焊接结构

压力容器的结构形式虽然很多，但其最基本的结构是一个密闭的焊接壳体。根据压力容器壳体的受力特点，最适合的形状是球形，但球形容器的制造相对比较困难、成本高，因此在工业生产中，中、低压容器多数采用圆柱形结构。圆柱形容器由筒体、封头、法兰、密封元件、人孔接管及支座六大部件组成，并通过焊接构成一个整体，如图1-3所示。

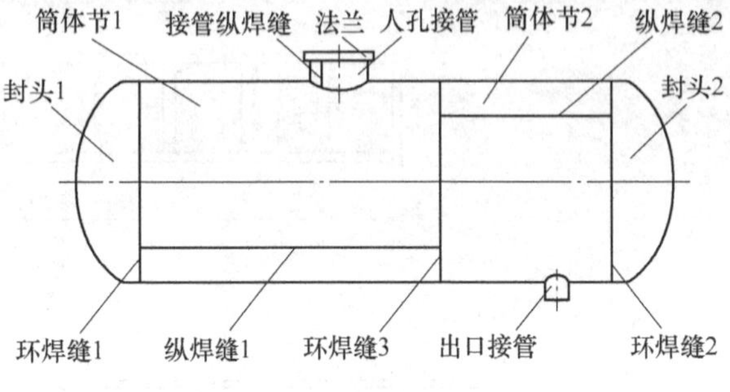

图1-3　圆柱形压力容器

一般用途的压力容器工作压力低，焊接结构比较简单。如图1-4所示的载重汽车的制动储气筒采用Q235钢材制成，筒体由钢板弯制，纵向焊缝用埋弧焊一次焊成，两封头采用冲压成形工艺，封头与筒体之间采用对接接头，为了保证焊接质量，在焊缝底部设置了残留垫板。

大型储运容器在结构和设计上有许多特别的地方。例如，铁路中运输石油产品用的油罐（如图1-5）虽然承受的内压力不高，但在运输车辆起动和制动时有较大的惯性力，因此要求罐体有适当的厚度，以保证其刚度。油罐罐体一般用低碳钢制造，筒体由上、下两部分组成，上半部分占整个筒体的3/4，用8～12mm厚的钢板成形后拼制而成；筒体下半部分占1/4，要求有较大的刚度，采用较厚的钢板弯制。筒体上、下部分用对接纵焊缝连接。封头为椭圆形封头，热压成形，与筒体之间采用对接焊缝。

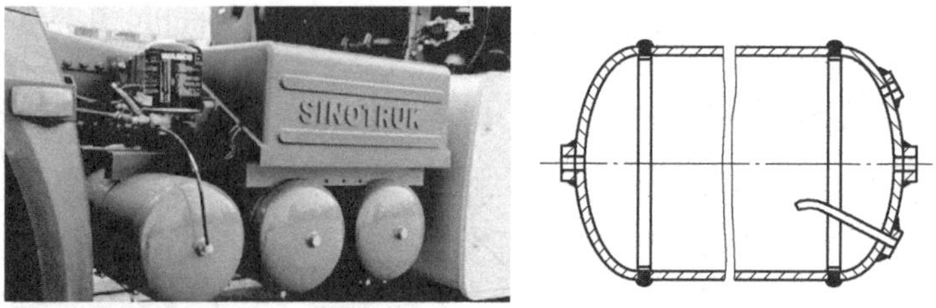

图 1-4　载重汽车的制动储气筒

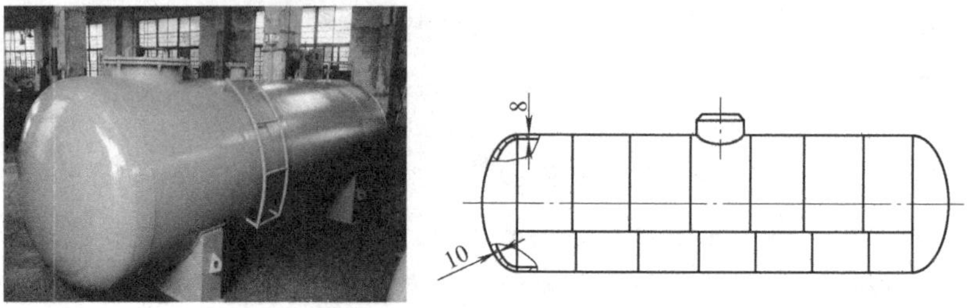

图 1-5　储运容器

三、梁、柱焊接结构

1. 焊接梁

梁是在一个或两个主平面内承受弯矩作用的构件。这类结构的工作特点是结构件受横向弯曲力，当多根梁通过焊接组成梁系结构时，其各梁的受力情况变得比较复杂。

焊接梁的用途很广，主要用于载荷和跨度都比较大的场合，多由翼板及一块腹板组成工字形，或由翼板和两块腹板组成箱形，故又称为工字梁或箱形梁，如图 1-6 所示。由于焊接梁的腹板厚度相对高度较薄，为防止失稳，通常在梁上加有竖向和水平方向的加强板。

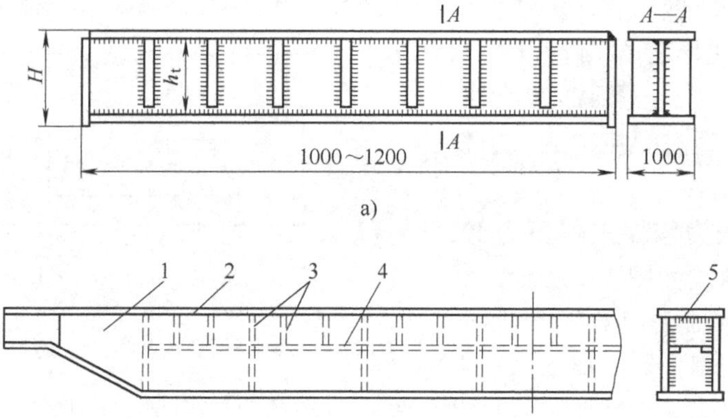

图 1-6　焊接梁结构简图

a）工字梁　b）箱形梁

1—腹板　2—翼板　3—竖向加强板　4—水平加强板　5—翼缘焊缝

工字梁主要用于只在一个主平面内承受弯矩作用的场合；而箱形梁的断面是封闭的，其水平刚度及抗扭刚度都比工字梁高，故适用于在两个主平面内承受弯矩及附加轴向力的场合，重型、大跨度的桥式起重机多采用箱形梁。

梁的组成形式很多，常见的组成形式有：利用钢板焊成板焊结构梁、利用型钢焊接成型钢结构梁及利用钢板和型钢焊接成组合梁，如图 1-7 所示。

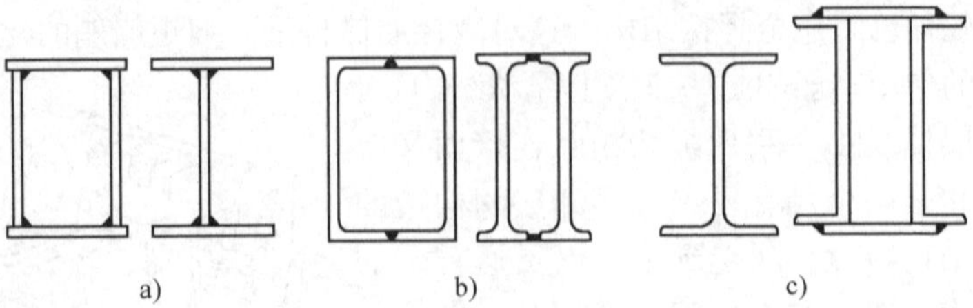

图 1-7　梁的组成形式

a）板焊结构梁　b）型钢结构梁　c）组合梁

2. 焊接柱

柱是主要承受压力并将受压载荷传递至基础的构件，广泛应用于建筑工程机械和机器结构中，在梁和桁架传递载荷时起支承作用。属于柱类结构的有起重机的支承臂和龙门起重机的支腿、自升式钻井船的柱腿等。

焊接柱是通过钢板拼焊、型材焊接以及采用钢板和型材组合施焊而形成的受压构件，主要由柱头、柱身和柱脚三部分组成，如图 1-8 所示。柱头承受外部施加的载荷并将其传递给柱身，柱身再将载荷传至柱脚和基础。柱和梁组成了厂房、高层房屋和工作平台的钢骨架。

按照受力特点不同，焊接柱一般分为轴心受压柱和偏心受压柱（带有纵向弯曲的）。轴心受压柱主要承受压力载荷，如工作平台的支承柱，网架结构中的压杆、塔架等；偏心受压柱在承受压力的同时还承受纵向弯曲作用，如厂房和高层建筑的框架柱、门式起重机的门架支柱等。

焊接柱常用的截面形式有两类：一类为实腹柱，如图 1-9a 所示，这种柱的结构形式和制作都比较简单；另一类为格构柱，如图 1-9b 所示，这种柱主要采用型钢和钢板组合焊接制成，制作稍费工时，但可节省材料。

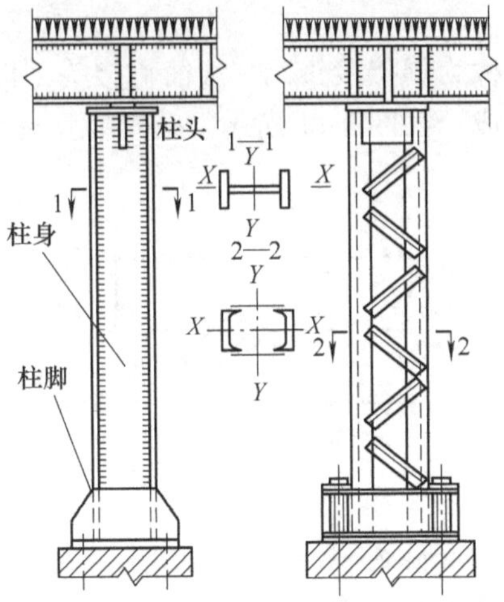

图 1-8　焊接柱结构

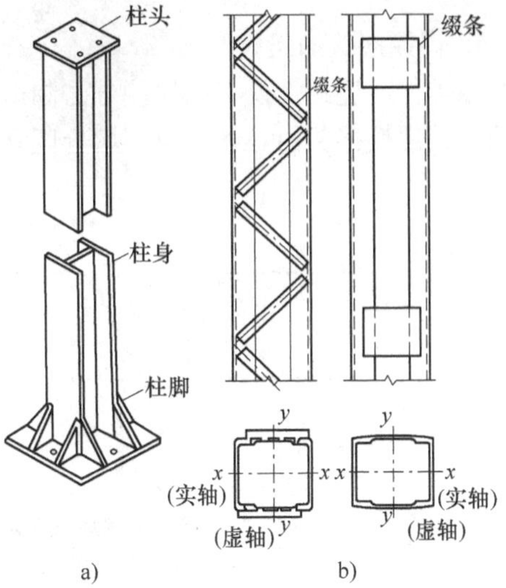

图 1-9　焊接柱截面形式

a）实腹柱　b）格构柱

四、船舶焊接结构

现代船舶的船体已采用全焊接结构，这对减轻船体自重、缩短船舶的建造周期和改善航运性能具有重要的作用。船舶是一座水上浮动结构物，而作为其主体的船体是由一系列板架相互连接而又相互支持构成的，它是一个具有复杂外形和空间构造的焊接结构。按其结构特点，从上到下，以贯通首尾的上甲板为界，分为主船体和上层建筑两部分。船体外板及甲板形成主船体的水密性外壳，其中外板包括平板龙骨、船底板、舭列板、舷侧板、舷顶列板等。船底板承受垂直于板平面的水压力，故在船体中采用纵向（沿船长方向）和横向（沿船宽方向）骨架予以加固，其焊接结构如图 1-10 所示。

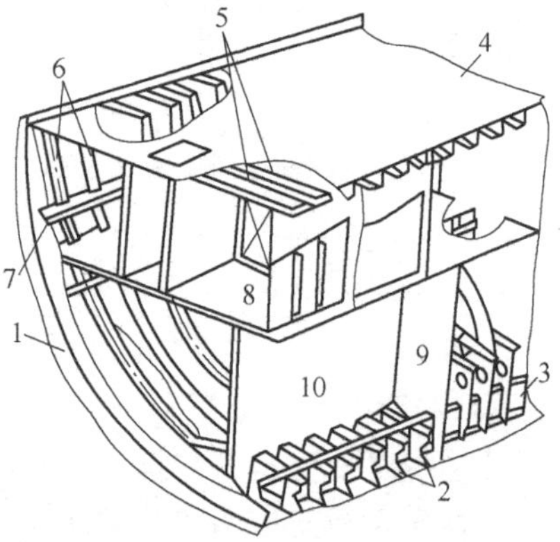

图 1-10　船体结构

1—外板　2—中内龙骨　3—肋板
4—肋骨和加强肋骨　5—舷侧纵桁
6—横梁　7—上甲板　8—下甲板
9—横隔壁　10—纵隔壁

现代船体结构多采用分段制造法，即将船体结构划分为部件、分段和总段，它们是平面和立体的结构。这些部件、分段和总段都有足够的刚度，它们的装配焊接工作可以在车间条件下，利用装配焊接夹具及机械化装置完成。这种生产方式易于实现专业化，便于组织流水线作业，有利于提高船舶的生产率和建造质量。

第二节　焊接接头的基本知识

一、焊接接头的组成及基本形式

1. 焊接接头的组成

在焊件需连接部位，用焊接方法制造而成的接头称为焊接接头，一般简称接头。以熔焊为例，其焊接接头由焊缝金属、熔合区和热影响区组成，如图 1-11 所示。

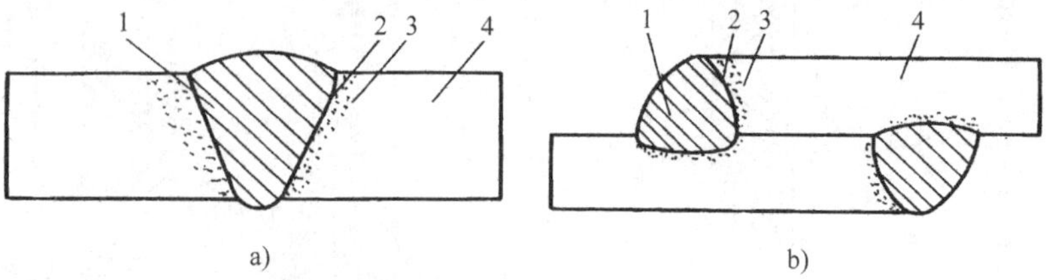

图 1-11　熔焊接头的组成

a）对接接头断面图　b）搭接接头断面图

1—焊缝金属　2—熔合区　3—热影响区　4—母材

焊缝金属是由焊接填充金属及部分母材金属熔化结晶后形成的铸态组织，其化学成分和组织与母材金属有较大差异。热影响区受焊接热循环的影响，其组织和性能都发生了变化，特别是熔合区的组织和成分更为复杂。因此，焊接接头是一个成分、组织和性能都不均匀的连接体。

2. 焊接接头的基本形式

焊接接头按所采用的焊接方法不同，可分为熔焊接头、压力焊接头和钎焊接头三大类。因熔焊接头在焊接结构制造中应用较广，故本节只介绍熔焊接头的基本类型。熔焊接头根据组对的形式，可分为对接接头、搭接接头、T形接头和角接接头。

（1）对接接头　两板件端面通过焊接形成135°～180°夹角，称为对接接头。对接接头是各种接头中受力最好、最省材料的形式，因此在焊接结构中应用最广。按照焊件的壁厚和所选用的焊接工艺方法，对接接头可以采用直边对接、V形坡口对接、双V形（X形）坡口对接、U形坡口对接、V形与U形组合坡口对接等多种形式，如图1-12所示。

（2）搭接接头　两板件部分重叠起来进行焊接所形成的接头称为搭接接头。搭接接头的应力分布极不均匀，疲劳强度较低，不是理想的接头形式。但是，搭接接头的焊前准备和装配工作比较简单，所以在受力较小的焊接结构中仍得到了广泛的应用。常见搭接接头的形式如图1-13所示。

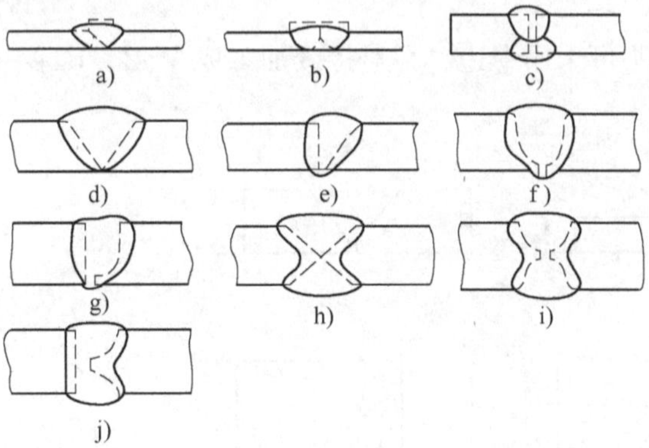

图1-12　对接接头的各种形式

a）单边卷边坡口接头　b）双边卷边坡口接头　c）I形坡口接头　d）V形坡口接头　e）单边V形坡口接头　f）带钝边U形坡口接头　g）带钝边J形坡口接头　h）双V形坡口接头　i）带钝边双U形坡口接头　j）带钝边双J形坡口接头

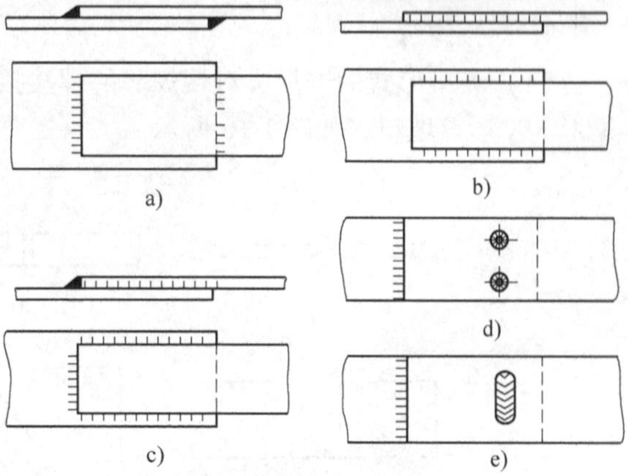

图1-13　常见搭接接头的形式

a）正面角焊缝连接　b）侧面角焊缝连接　c）联合角焊缝连接　d）正面角焊缝＋塞焊缝连接　e）正面角焊缝＋槽焊缝连接

（3）T形接头　将一个焊件的端面与另一焊件的表面构成直角或近似直角，用角焊缝连接起来的接头，称为T形接头。这类接头能承受各种方向的外力和力矩的作用。常见T形接头的形式如图1-14所示。

（4）角接接头　角接接头是指两板件端面构成30°～135°夹角的接头。角接接头多用于箱形构件，常见角接接头的形式如图1-15所示。

二、焊缝的基本形式

焊缝是构成焊接接头的主体部分，有对接焊缝和角焊缝两种基本形式。

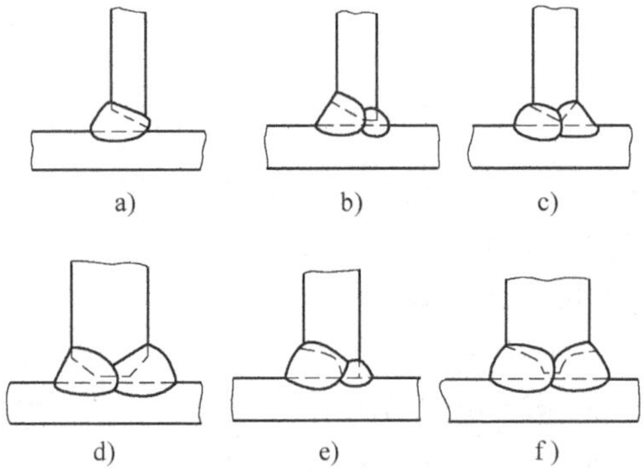

图 1-14　常见 T 形接头的形式

a）单边 V 形坡口接头　b）带钝边单边 V 形坡口接头　c）双 V 形坡口接头　d）带钝边双 V 形坡口接头　e）带钝边 J 形坡口接头　f）带钝边双 J 形坡口接头

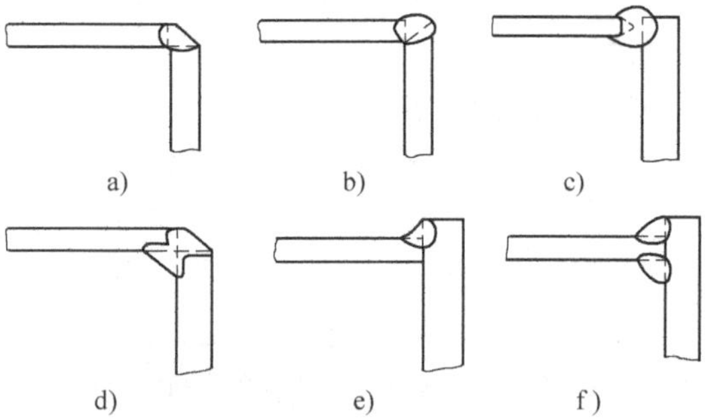

图 1-15　常见角接接头的形式

a）简单形　b）单 V 形　c）K 形　d）X 形　e）单 J 形　f）双 J 形

1. 对接焊缝

（1）坡口形式的选择　对接焊缝的焊接接头可采用卷边、平对接或加工成 V 形、U 形、X 形、K 形等坡口，如图 1-16 所示。

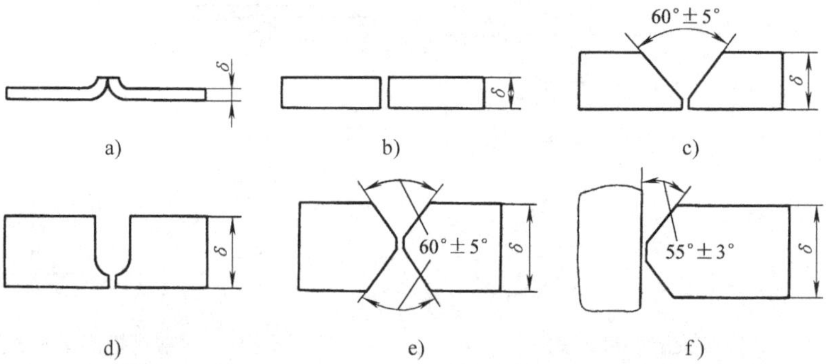

图 1-16　对接焊缝的典型坡口形式

a）$\delta=1\sim3$mm　b）$\delta=3\sim8$mm　c）$\delta=3\sim26$mm　d）$\delta=20\sim60$mm　e）$\delta=12\sim60$mm　f）$\delta>12$mm

对接焊缝开坡口的根本目的在于保证接头根部焊透，确保接头的质量。坡口形式的选择取决于板材厚度、焊接方法和工艺过程，通常必须考虑以下几个方面：

1）可焊到性或便于施焊。这是选择坡口形式的重要依据之一，一般而言，要根据构件能否翻转、翻转难易程度或内、外两侧的焊接条件而定。对不能翻转和内径较小的容器、转子及轴类的对接焊缝，为了避免大量的仰焊或不便从内侧施焊，宜采用 V 形或 U 形坡口。

2）节省焊接材料。对于同样厚度的焊接接头，采用 X 形坡口比 V 形坡口能节省较多的焊接材料、电能和工时。构件越厚，节省得越多，成本越低。

3）坡口易加工。V 形和 X 形坡口可用氧气切割或等离子弧切割，也可以采用机械切削加工。对于 U 形或双 U 形坡口，一般需用刨边机加工。在圆筒体上，应尽量少开 U 形坡口，因其加工困难。

4）焊接变形小。采用不适当的坡口形状容易产生较大的焊接变形。如平板对接的V形坡口，其角变形就大于X形坡口。因此，选择合理的坡口形式可以有效地减少焊接变形。

（2）坡口尺寸的选择　坡口尺寸主要包括坡口角度、根部间隙和钝边。

坡口角度的作用是使电弧能深入根部而使根部焊透，其大小与板厚和焊接方法有关。坡口角度越大，焊缝金属量越多，焊接变形也会增大，一般焊缝的坡口角度选60°左右。

采用根部间隙是为了保证根部能焊透。一般情况下，坡口角度小，需要同时增加间隙；而间隙较大时，又容易烧穿，为此，需要采用钝边防止烧穿。根部间隙过大时，还需要加垫板。

2. 角焊缝

角焊缝按其截面形状可分为平角焊缝、凹形角焊缝、凸形角焊缝和不等腰角焊缝四种，如图1-17所示。角焊缝的大小用焊脚尺寸K表示。各种截面形状角焊缝的承载能力与载荷性质有关：静载时，如母材金属的塑性好，则角焊缝的截面形状对承载能力没有显著影响；动载时，凹形角焊缝比平角焊缝的承载能力高，凸形角焊缝的承载能力最低；不等腰角焊缝的长边平行于载荷方向时，承受动载的效果较好。

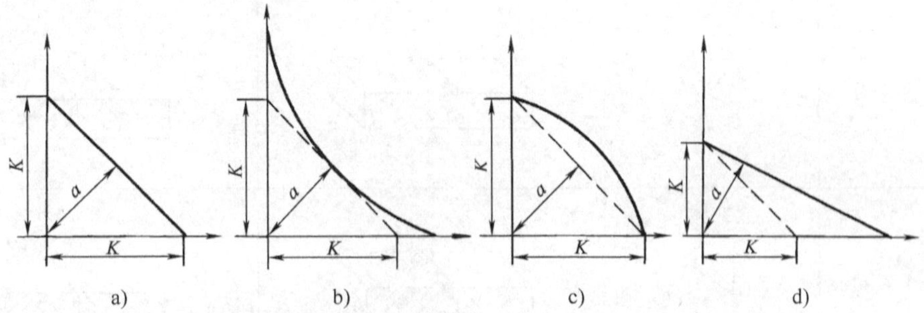

图1-17　角焊缝截面形状及其计算断面

a）平角焊缝　b）凹形角焊缝　c）凸形角焊缝　d）不等腰角焊缝

为了提高焊接效率、节约焊接材料、减小焊接变形，当板厚大于13mm时，可以采用开坡口的角焊缝。在等强度条件下，坡口角焊缝的焊接材料消耗量仅为普通角焊缝的60%。

三、焊缝代号

焊接图是焊接施工所用的工程图样。要看懂施工图，就必须了解各焊接结构中的焊缝代号及其标注方法。图1-18所示为支座的焊接图，其中多处标注有焊缝代号，用来说明焊接结构在加工

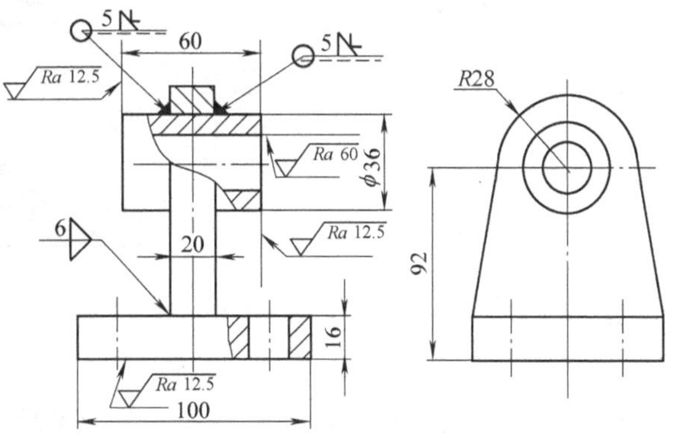

图1-18　支座焊接图

制作时的基本要求。

1. 焊缝代号的组成

完整的焊缝代号包括基本符号、指引线、补充符号、尺寸符号及数据等。

（1）基本符号　焊缝的基本符号表示焊缝横截面的形式或特征，见表 1-1。

表 1-1　常见的基本符号（摘自 GB/T 324—2008）

名　称	符　号	示意图	标注示例
I 形焊缝	‖	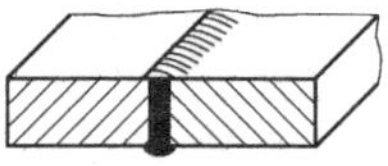	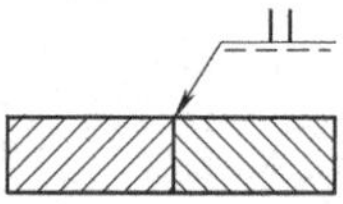
V 形焊缝	V	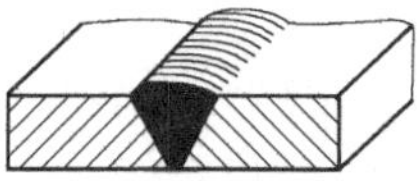	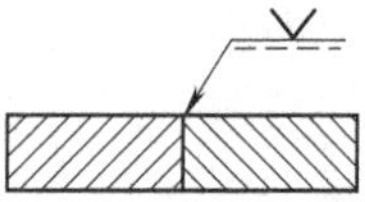
单边 V 形焊缝		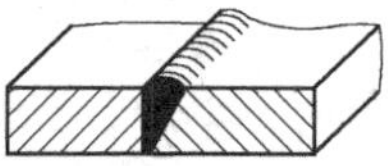	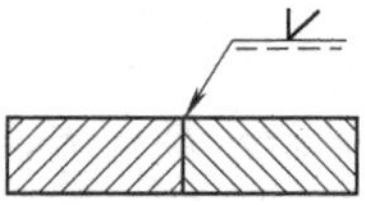
带钝边 V 形焊缝	Y	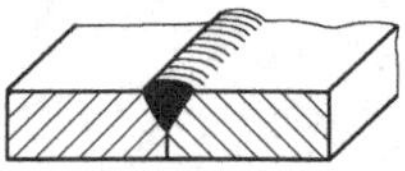	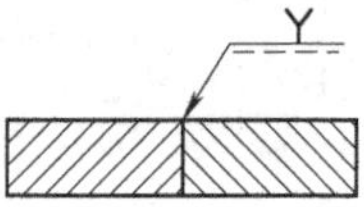
带钝边单边 V 形焊缝			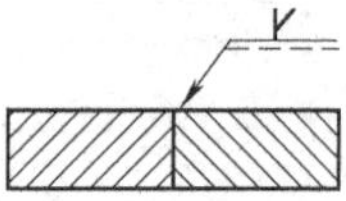
带钝边 U 形焊缝		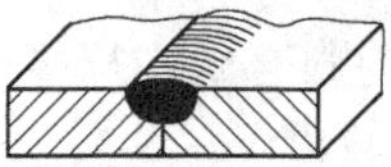	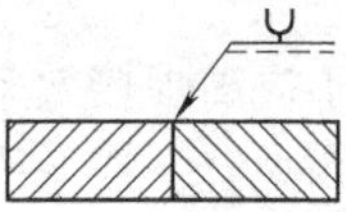
带钝边 J 形焊缝			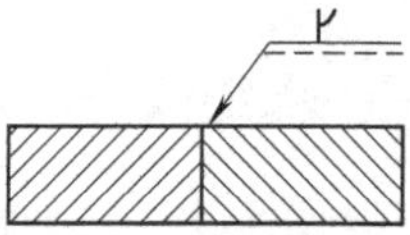
封底焊缝		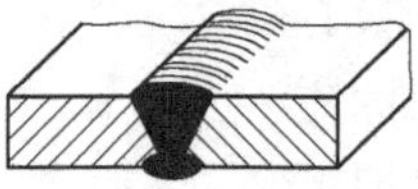	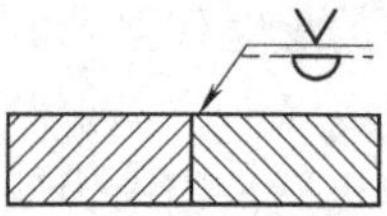

（续）

名　称	符　号	示意图	标注示例
角焊缝	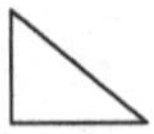	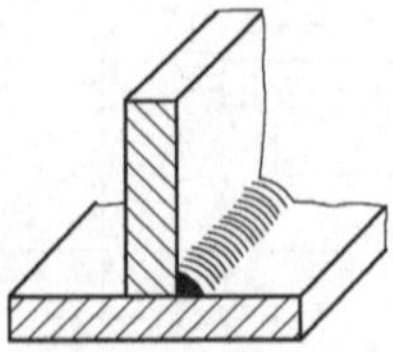	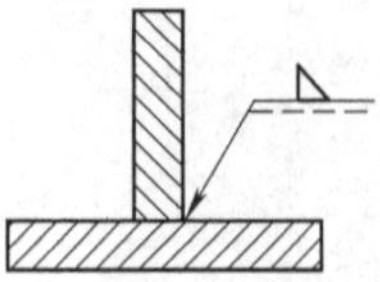
点焊缝	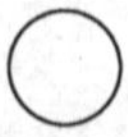		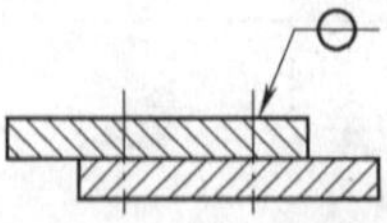

（2）补充符号　焊缝的补充符号用于补充说明有关焊缝或接头的某些特征（如表面形状、衬垫、焊缝分布、施焊地点等），见表1-2。

表1-2　补充符号（摘自GB/T 324—2008）

名　称	符　号	示 意 图	标注示例	说　明
平面			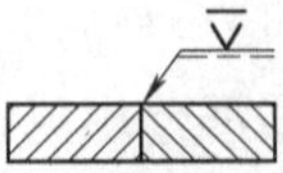	平齐的V形焊缝，焊缝表面经过加工后平整
凹面		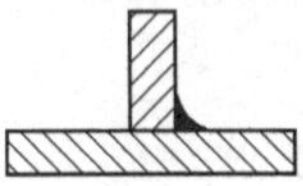	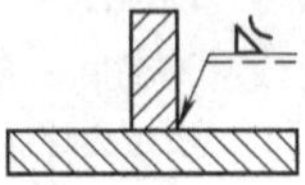	角焊缝表面凹陷
凸面			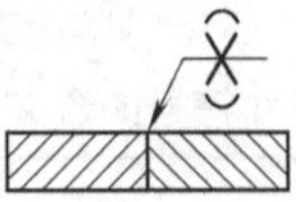	双面V形焊缝，焊缝表面凸起
圆滑过渡		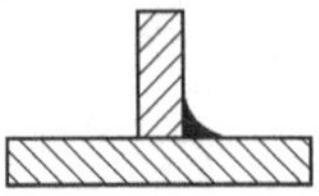	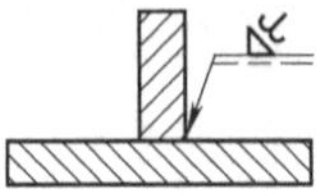	表面平滑过渡的角焊缝
永久衬垫	M	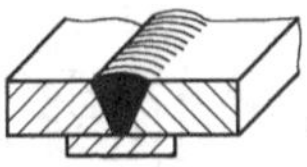	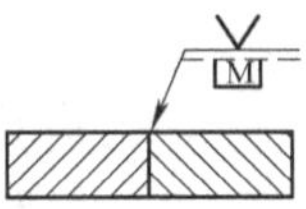	V形焊缝背面的衬垫永久保留
临时衬垫	MR	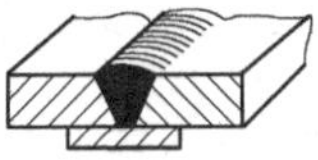	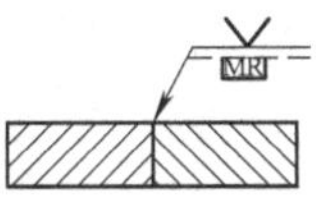	V形焊缝背面的衬垫在焊接完成后拆除

（续）

名　称	符　号	示　意　图	标注示例	说　明
三面焊缝		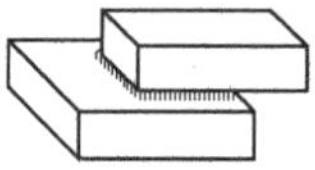	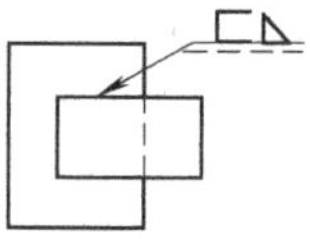	三面带有（角）焊缝，符号开口方向与实际方向一致
周围焊缝		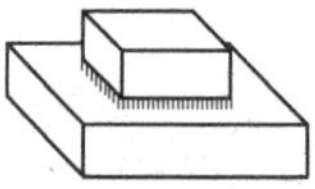	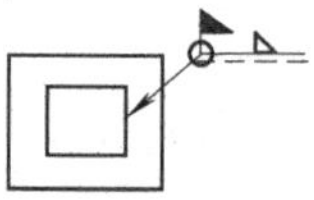	沿着工件周围施焊的焊缝，周围焊缝符号标注在基准线与箭头线的交点处
现场焊缝				在现场焊接的焊缝
尾部		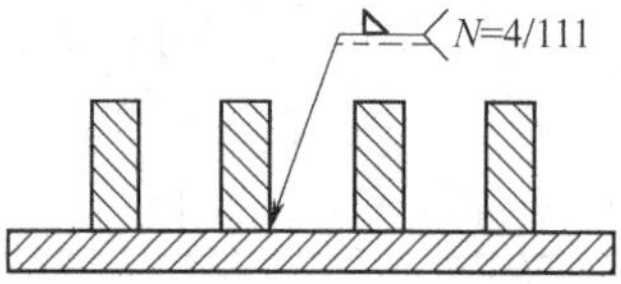		有 4 条相同的角焊缝采用焊条电弧焊

（3）指引线　指引线一般由带箭头的指引线（简称箭头线）和两条基准线（一条为细实线，另一条为细虚线）两部分组成，如图 1-19 所示。基准线一般与标题栏平行，指引线有箭头的一端指向有关焊缝，细虚线表示焊缝在接头的非箭头侧。在需要表示焊接方法等说明时，可在基准线末端加一尾部符号。

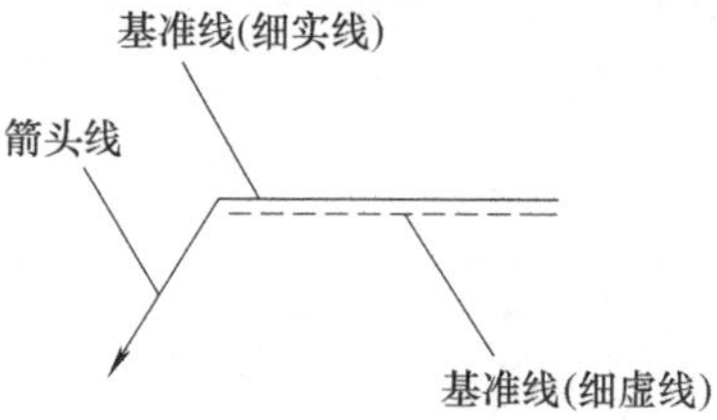

图 1-19　指引线的画法

（4）焊缝尺寸符号　尺寸符号用来表示焊缝的尺寸要求，当需要注明尺寸要求时才标注。常用的焊缝尺寸符号见表 1-3。

表 1-3　尺寸符号的含义及标注的位置（摘自 GB/T 324—2008）

名　称	符　号	标注位置
工件厚度	δ	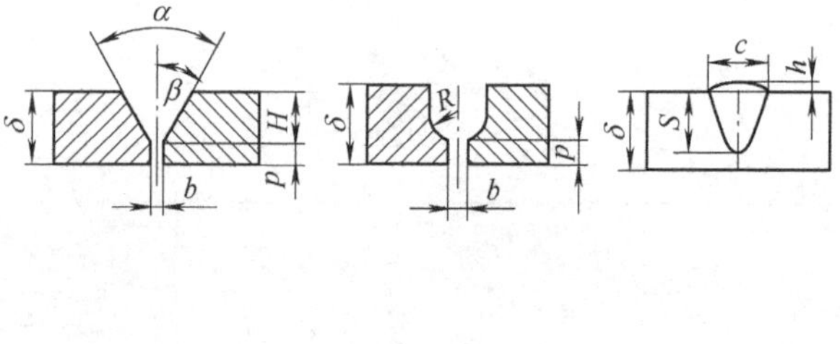
坡口角度	α	
坡口面角度	β	
根部间隙	b	
钝边	p	
坡口深度	H	
焊缝宽度	c	
余高	h	
焊缝有效厚度	S	
根部半径	R	
点焊：熔核直径 塞焊：孔径	d	

（续）

名 称	符 号	标注位置
焊脚尺寸	K	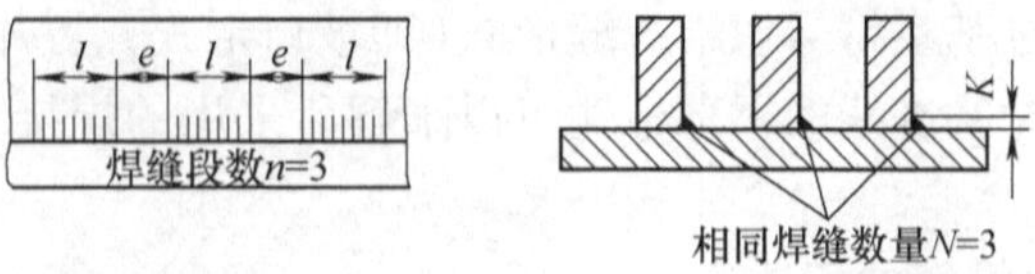
焊缝长度	l	
焊缝间距	e	
焊缝段数	n	
相同焊缝数量	N	

在焊缝符号中标注尺寸时，其标注规则如下（图1-20）：

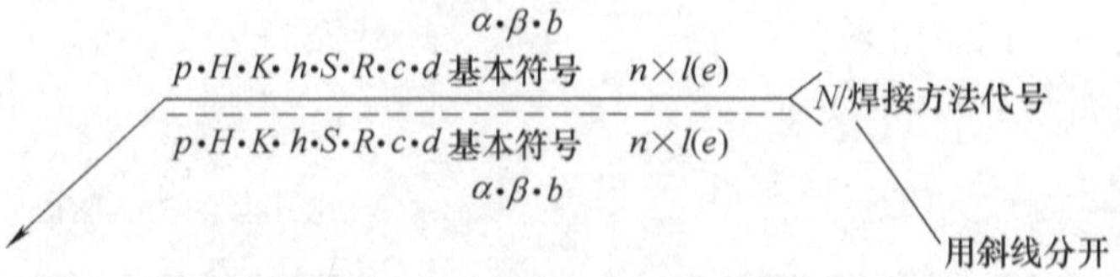

图1-20 焊缝尺寸的标注规则

1）焊缝横截面上的尺寸（横向尺寸）标注在基本符号的左侧。

2）焊缝长度方向的尺寸（纵向尺寸）标注在基本符号的右侧。

3）坡口角度、坡口面角度、根部间隙等尺寸标注在基本符号的上侧或下侧。

4）相同焊缝数量标注在尾部。

5）当需要标注的尺寸较多又不易分辨时，可在尺寸数据前面增加相应的尺寸符号。

注：当箭头线方向改变时，上述规则不变。

（5）焊接方法代号 按焊接过程中金属所处的状态不同，焊接方法分为熔化焊（熔焊）、压力焊和钎焊三大类。国家标准GB/T 5185—2005《焊接及相关工艺方法代号》规定，用阿拉伯数字代号表示各种焊接工艺方法，并可在图样中标出。焊接及相关工艺方法一般采用三位数代号表示：一位数代号表示工艺方法大类，二位数代号表示工艺方法分类，三位数代号表示某种工艺方法。常用的焊接及相关工艺方法代号见表1-4。

表1-4 常用的焊接及相关工艺方法代号

焊接方法	代 号	焊接方法	代 号
电弧焊	1	电阻焊	2
焊条电弧焊	111	点焊	21
埋弧焊	12	缝焊	22
熔化极惰性气体保护电弧焊	131	闪光焊	24
钨极惰性气体保护电弧焊	141	气焊	3
压力焊	4	氧乙炔焊	311
超声波焊	41	氧丙烷焊	312
摩擦焊	42	其他焊接方法	7
扩散焊	45	激光焊	52
爆炸焊	441	电子束焊	51

2. 识别焊缝代号的基本方法

1）根据箭头的指引方向了解焊缝在焊件上的位置。

2）看图样上焊件的结构形式（即组焊焊件的相对位置）识别出接头形式。

3）通过基本符号识别焊缝形式（即坡口形式），基本符号上下标有坡口角度及对装间隙。

4）通过基准线的尾部标注可以了解所采用的焊接方法、对焊接的质量要求及无损检验要求。

3. 常见焊缝的标注方法

例 1-1　一对接接头，焊缝形式及尺寸如图 1-21a 所示。其接头板厚为 10mm，根部间隙为 2mm，坡口面角度为 60°，共有 4 条焊缝，每条焊缝长 100mm，采用埋弧焊进行焊接。试用焊缝符号表示法将其标注出来。

解：标注结果如图 1-21b 所示。

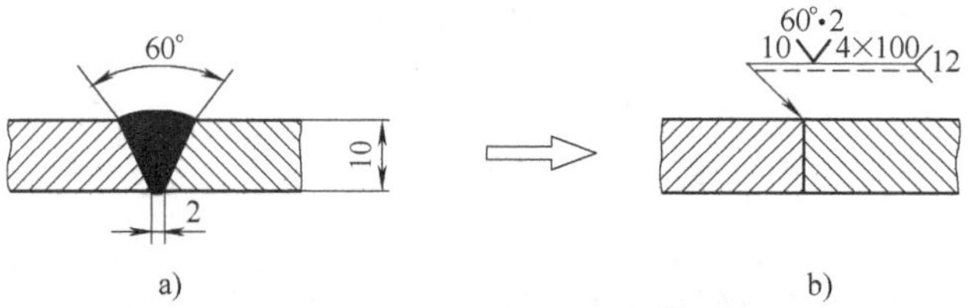

图 1-21　对接接头的标注方法

a）焊缝形式及尺寸　b）标注方法

例 1-2　一角接接头，焊缝形式及尺寸如图 1-22a 所示。该焊缝为双面焊缝，上面为带钝边单边 V 形焊缝，下面为角焊缝。钝边为 3mm，坡口面角度为 50°，根部间隙为 2mm，焊脚尺寸为 6mm。试用焊缝符号表示法将其标注出来。

解：标注结果如图 1-22b 所示。

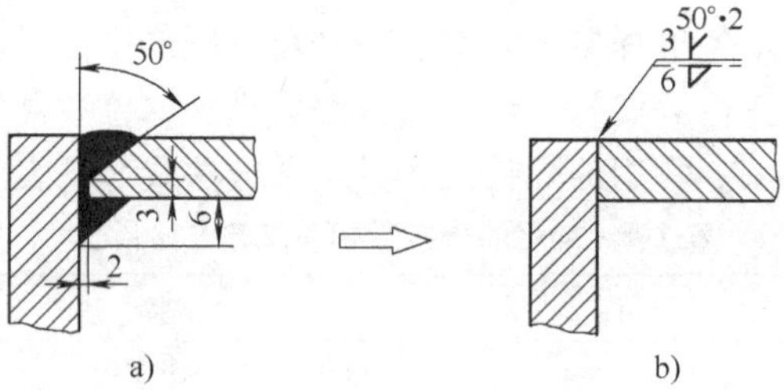

图 1-22　角接接头的标注方法

a）焊缝形式及尺寸　b）标注方法

第三节　接头强度的基本理论

一、电弧焊接头的工作应力

1. 应力集中

在焊接接头中，有时会存在变形和某种焊接缺陷，造成接头几何形状突变或不连续，从而在接头受外力作用时，导致接头中工作应力分布不均匀。在几何形状突变处或不连续处应力突然增大，高于平均应力的现象，称为应力集中。

应力集中程度的大小，常用应力集中系数 K_T 表示。K_T 越高，应力集中程度越大。在焊接接头中引起应力集中的主要原因有：

1）焊缝中有工艺缺陷。如气孔、夹杂、裂纹和未焊透等，在其周围都会引起应力集中，其中裂纹和未焊透引起的应力集中最严重。

2）焊缝外形不合理。如对接焊缝的余高过大，角焊缝为凸角焊缝等，在焊趾处都会形成较大的应力集中。

3）焊接接头设计不合理。如接头截面的突变、加盖板的对接接头等，均会造成严重的应力集中。焊缝布置不合理，如只有单侧焊缝的T形接头，也会引起应力集中。

2. 电弧焊接头的工作应力分布

（1）对接接头　在焊接结构生产中，对接接头的焊缝中略高于母材金属板面的部分称为余高。余高造成了构件表面不平滑，在焊缝与母材金属的过渡处会引起应力集中，如图1-23所示。K_T 的大小与余高 h 和焊缝向母材金属过渡的半径 r 有关。减小 r 和增大 h，均会使 K_T 增加。当余高 h 为0时，$K_T=1$，应力集中消失。由余高带来的应力集中对动载结构的疲劳强度是十分不利的，所以此时要求它越小越好。对重要的动载结构，可采用削平余高或增大过渡圆弧的措施来降低应力集中，以提高接头的疲劳强度。

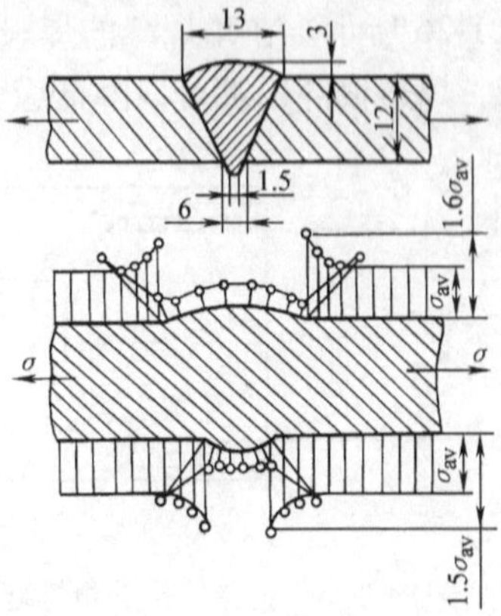

图1-23　对接接头的应力布（σ_{av}为平均值）

与其他形式的接头相比，对接接头外形的变化不大，所以它的应力集中较小，而且易于降低和消除。因此，对接接头是最好的接头形式，不但静载可靠，而且疲劳强度也较高。

（2）T形接头　由于T形接头中焊缝向母材金属过渡较急剧，接头中的应力分布极不均匀，因此在角焊缝的根部和过渡处易产生很大的应力集中，如图1-24所示。

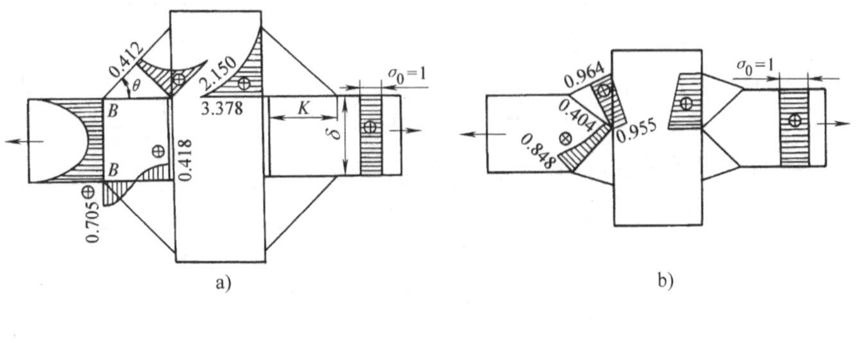

图1-24　T形（十字）接头的应力分布

a）未开坡口　b）开坡口

图 1-24a 所示为未开坡口 T 形接头中正面焊缝的应力分布状况。由于整个厚度没有焊透，焊缝根部应力集中很大。在焊趾截面 $B—B$ 上应力分布也不均匀，B 点的应力集中系数 K_T 值随角焊缝的形状而变，应力集中系数 K_T 随 θ 角的减小而减小，随焊脚尺寸 K 的增大而减小。

图 1-24b 所示为开 K 形坡口并焊透的 T 形接头，这种接头的应力集中程度大大降低。由此可见，保证焊透是降低 T 形接头应力集中的重要措施之一。因此，在焊接结构生产中，对重要的 T 形接头必须开坡口焊透或采用深熔法进行焊接。

（3）搭接接头　根据搭接角焊缝受力的方向，可以将搭接角焊缝分为正面角焊缝、侧面角焊缝和斜向角焊缝三种，如图 1-25 所示。焊缝与力的作用方向相垂直的角焊缝称为正面角焊缝（L_3 段），相平行的称为侧面角焊缝（L_1、L_5 段），介于两者之间的则称为斜向角焊缝（L_2、L_4 段）。

1）正面角焊缝的工作应力分布。在正面角焊缝的搭接接头中，应力分布很不均匀，如图 1-26 所示。在角焊缝的焊根 A 点和焊趾 B 点，都有较大的应力集中。减小 θ 角和增大熔深、焊透根部，都可以降低应力集中系数。

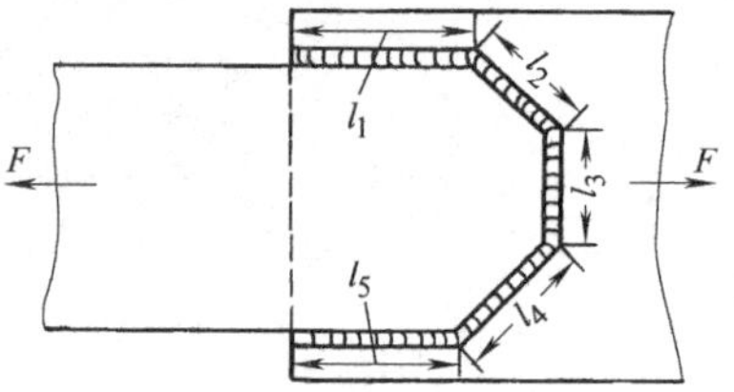

图 1-25　搭接接头的角焊缝

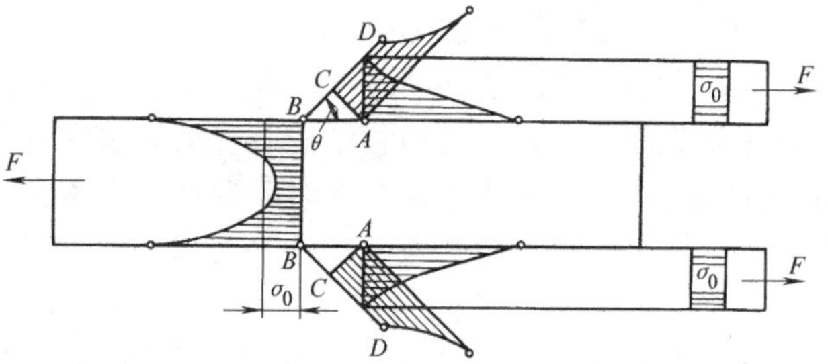

图 1-26　正面搭接角焊缝的工作应力分布

2）侧面角焊缝的工作应力分布。侧面角焊缝的工作应力分布如图 1-27 所示，其特点是最大应力在两端，中部应力最小，而且焊缝较短时应力分布较均匀，焊缝较长时，应力分布不均匀的程度就增加。因此，采用过长的侧面角焊缝是不合理的，通常规定侧面角焊缝不得大于 50K（K 为焊脚尺寸）。

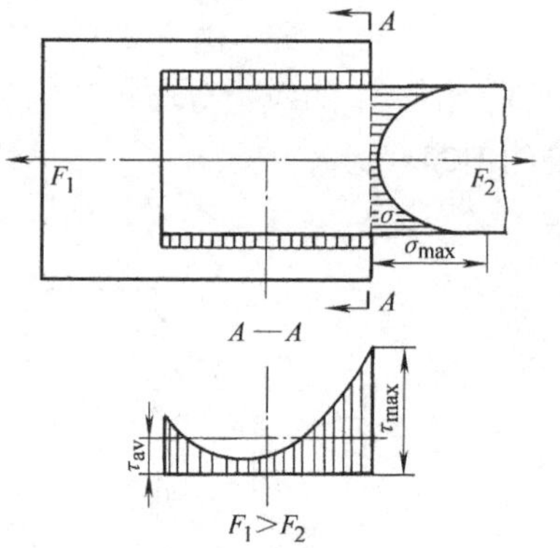

图 1-27　侧面角焊缝的工作应力分布

3）联合角焊缝的工作应力分布。既有侧面角焊缝又有正面角焊缝的搭接接头称为联合角焊缝搭接接头。在只有侧面角焊缝的搭接接头中，母材金属断面上的应力分布不均匀（图 1-27），增加正面角焊缝后应力分布较为均匀，$A—A$ 截面上两端点处的应力集中得到了改善，如图 1-28 所示。由于正面角焊缝能承担一部分外力，且比侧面角焊缝刚度大、变形小，所以侧面角焊缝的切应力也得到了改善。为此在设计搭接接头时，如增加正面角焊缝，不但可以改善应力分布情况，还可以缩短搭接长度。

实验证明，在各种角焊缝构成的搭接接头中，在焊脚尺寸相同的条件下，正面角焊缝单位长度的强度较侧面角焊缝高，而斜向角焊缝单位长度的强度介于二者之间。

二、焊接接头静载强度的计算

1. 工作焊缝和联系焊缝

任何一个焊接结构上都有若干条焊缝，根据其传递载荷的方式和重要程度，一般可将焊缝分为两种：一种焊缝与被连接元件是串联的，它承担着传递全部载荷的作用，即焊缝一旦断裂，结构就立即失效，这种焊缝称为工作焊缝，如图 1-29a 所示，其应力称为工作应力；另一种焊缝与被连接元件是并联的，它仅传递很小的载荷，主要起元件之间相互联系的作用，焊缝一旦断裂，结构不会立即失效，这种焊缝称为联系焊缝，如图 1-29b 所示，其应力称为联系应力。在结构设计时无需计算联系焊缝的强度，只需计算工作焊缝的强度。对于具有双重性的焊缝，既有工作应力又有联系应力，则只需计算工作应力，不考虑联系应力。

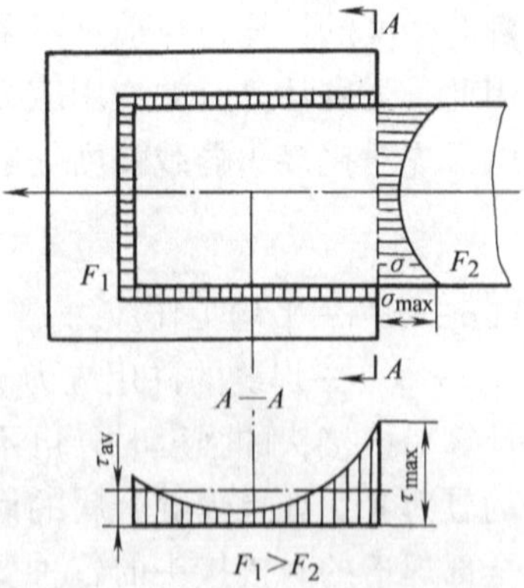

图 1-28　联合角焊缝的工作应力分布

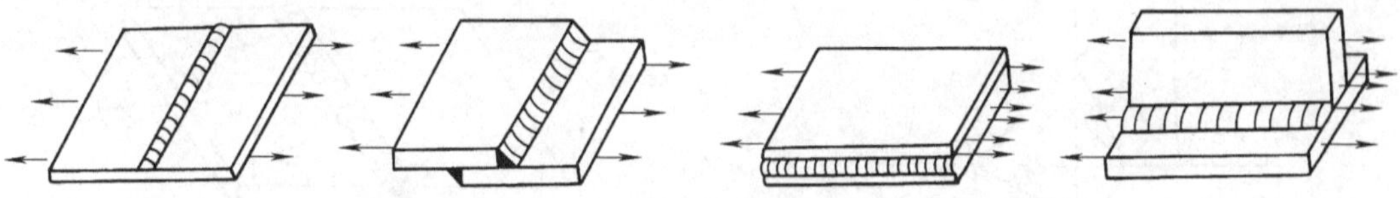
a)　b)

图 1-29　工作焊缝和联系焊缝

a）工作焊缝　b）联系焊缝

2. 焊接接头静载强度计算的假设

由于焊接接头的应力分布非常复杂，所以精确计算接头的强度是有困难的，常用的计算方法都是在一些假设的前提下进行的，称之为简化计算法。工程上为了计算方便常进行如下假设：

1）残余应力对接头强度没有影响。

2）焊趾处和余高处的应力集中对接头强度没有影响。

3）接头的工作应力是均布的，以平均应力计算。

4）正面角焊缝与侧面角焊缝的强度没有差别。

5）焊脚尺寸 K 的大小对角焊缝的强度没有影响。

6）角焊缝都是在切应力的作用下破坏的，按切应力计算其强度。

7）角焊缝的破断面（计算断面）在角焊缝截面的最小高度上，其值等于内接三角形的高 a，a 称为计算高度，直角等腰角焊缝的计算高度为

$$a = \frac{K}{\sqrt{2}} = 0.7K$$

8）余高和少量熔深对接头的强度没有影响，但是在采用熔深较大的埋弧焊和 CO_2 气体

保护焊时，应予以考虑，如图 1-30 所示。其角焊缝的计算断面高度 a 为

$$a=(K+p)\cos45°$$

当 $K\leqslant8$mm 时，可取 $a=K$；当 $K>8$mm 时，可取 $p=3$mm。

3. 电弧焊对接接头静载强度的计算

静载强度的计算，目前仍然采用许用应力法，而接头强度的计算实际上是计算焊缝的强度。因此，强度计算时的许用应力均为焊缝的许用应力。

电弧焊对接接头静载强度一般表达式为

$$\sigma\leqslant[\sigma']\text{或}\tau\leqslant[\tau'] \tag{1-1}$$

式中　σ、τ——平均工作应力；

$[\sigma']$、$[\tau']$——焊缝的许用应力。

计算对接接头的强度时，可不考虑焊缝余高，焊缝计算长度取实际长度，计算厚度取两板中的较薄者。如果焊缝金属的许用应力与基体金属相等，则可不必进行强度计算。

全部焊透的对接接头的各种受力情况如图 1-31 所示。图中 F 为接头所受的拉（或压）力，F_s 为剪切力，M_1 为板平面内的弯矩，M_2 为垂直平面内的弯矩。

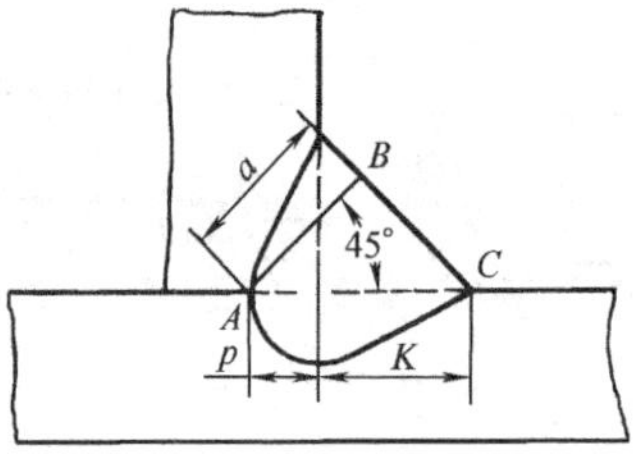

图 1-30　深熔焊的角焊缝

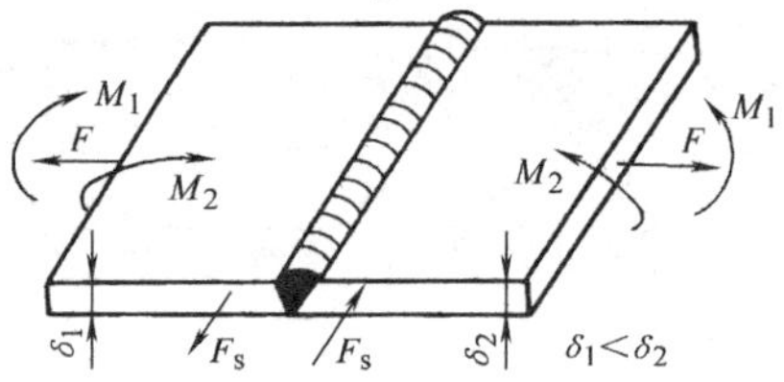

图 1-31　对接接头的受力情况

各种受力情况下的强度计算公式如下：

1）受拉时

$$\sigma_t=\frac{F}{L\delta_1}\leqslant[\sigma_t'] \tag{1-2}$$

2）受压时

$$\sigma_p=\frac{F}{L\delta_1}\leqslant[\sigma_p'] \tag{1-3}$$

3）受剪切时

$$\tau=\frac{F_s}{L\delta_1}\leqslant[\tau'] \tag{1-4}$$

4）受板平面内的弯矩（M_1）时

$$\sigma=\frac{6M_1}{\delta_1L^2}\leqslant[\sigma_t'] \tag{1-5}$$

5）受垂直平面内的弯矩（M_2）时

$$\sigma = \frac{6M_2}{\delta_1^2 L} \leqslant [\sigma_t'] \tag{1-6}$$

式中　σ_t、σ_p、τ、σ——焊缝所承受的工作应力（MPa）；

F、F_s——接头所受的力（N）；

M_1、M_2——接头所受的弯矩（N·mm）；

L——焊缝长度（mm）；

δ_1——接头中较薄板的板厚（mm）；

$[\sigma_t']$、$[\sigma_p']$、$[\tau']$——焊缝的许用应力（MPa）。

例 1-3　两块板厚为 5mm、宽为 500mm 的钢板对接在一起，两端受 284000N 的拉力，材料为 Q235A 钢，$[\sigma_t'] = 142\text{MPa}$，试校核其焊缝强度。

解：已知 $F = 284000\text{N}$，$L = 500\text{mm}$，$\delta_1 = 5\text{mm}$，$[\sigma_t'] = 142\text{MPa}$，代入式（1-2）得

$$\sigma_t = \frac{F}{L\delta_1} = \frac{284000\text{N}}{500\text{mm} \times 5\text{mm}} = 113.6\text{MPa} < [\sigma_t'] = 142\text{MPa}$$

即对接接头焊缝的强度满足要求，焊接结构在工作时是安全的。

三、焊接结构的疲劳破坏

1. 疲劳的定义

疲劳是由重复应力所引起的裂纹起始和缓慢扩展而产生的结构部件的损伤，疲劳极限是指试样受“无数次”应力循环而不发生疲劳破坏的最大应力值。在承受重复载荷结构的应力集中部位，当部件所受的公称应力低于其弹性极限时，就可能产生疲劳裂纹。由于疲劳裂纹发展的最后阶段——失稳扩展（断裂）是突然发生的，没有预兆，没有明显的塑性变形，难以采取预防措施，所以疲劳裂纹对结构的安全性有很大威胁。

焊接结构在交变应力或应变的作用下，也会由于裂纹引发（或）扩展而发生疲劳破坏。疲劳破坏一般从应力集中处开始，而焊接结构的疲劳破坏往往从焊接接头处产生。

2. 影响焊接接头疲劳性能的因素

焊接结构的疲劳强度在很大程度上取决于构件中的应力集中情况，不合理的接头形式和焊接过程中产生的各种缺陷（如未焊透、咬边等）是产生应力集中的主要原因。除此之外，焊接结构自身的一些特点，如接头性能不均匀性、焊接残余应力等，都对焊接结构的疲劳强度有影响。

（1）应力集中和表面状态的影响　结构上几何不连续的部位都会产生不同程度的应力集中，金属材料表面的缺口和内部的缺陷也可造成应力集中。焊接接头本身就是一个几何不连续体，不同的接头形式和不同的焊缝形状，有不同程度的应力集中，其中具有角焊缝的接头的应力集中较为严重。

构件上的缺口越尖锐，应力集中越严重（即应力集中系数 K 越大），疲劳强度降低得也越多。不同材料或同一材料因组织和强度不同，缺口的敏感性（或缺口效应）是不相同的。高强度钢较低强度钢对缺口敏感，即在具有同样缺口的情况下，高强度钢的疲劳强度比低强度钢低很多。焊接接头中，承载焊缝的缺口效应比非承载焊缝强烈，而承载焊缝中又以垂直于焊缝轴线方向的载荷对缺口最敏感。

表面状态粗糙相当于存在很多微缺口，这些缺口的应力集中会导致疲劳强度的下降。表面越粗糙，疲劳极限降低得就越严重。材料的强度水平越高，表面状态的影响也越大。若焊缝表面波纹过于粗糙，对接头的疲劳强度是不利的。

（2）焊接残余应力的影响　焊接结构的残余应力对疲劳强度是有影响的。焊接残余应力的存在，改变了平均应力 σ_m 的大小，而应力幅 σ_a 却没有改变。在残余拉应力区平均应力增大，其工作应力有可能达到或超出疲劳极限而使焊接结构遭到破坏，故残余拉应力对疲劳强度有不利影响；反之，残余压应力对提高疲劳强度是有利的。对于塑性材料，当循环特征 $r<1$ 时，材料先屈服然后才疲劳破坏，这时残余应力已不产生影响。

由于焊接残余应力在结构上是拉应力与压应力同时存在，如果能调整到残余压应力位于材料表面或应力集中区则是十分有利的；如果材料表面或应力集中区存在的是残余拉应力，则极为不利，应设法消除。

（3）焊接缺陷的影响　焊接缺陷对疲劳强度影响的大小与缺陷的种类、尺寸、方向和位置有关。片状缺陷（如裂纹、未熔合、未焊透）比带圆角的缺陷（如气孔等）影响大；表面缺陷比内部缺陷影响大；与作用力方向垂直的片状缺陷的影响比其他方向的大；位于残余拉应力场内的缺陷，其影响比在残余压应力场内的大；同样的缺陷，位于应力集中场内（如焊趾裂纹和根部裂纹）的影响比在均匀应力场中的影响大。

3. 提高焊接结构疲劳强度的措施

由上面讨论知道，应力集中是降低焊接接头和焊接结构疲劳强度的主要原因，只有当焊接接头和焊接结构的构造合理、焊接工艺完善、焊缝金属质量良好时，才能保证焊接接头和焊接结构具有较高的疲劳强度。提高焊接接头的疲劳强度，一般采取下列措施：

（1）降低应力集中　疲劳裂纹源于焊接接头和焊接结构上的应力集中点，消除或降低应力集中的一切手段，都可以提高焊接结构的疲劳强度。

1）采用合理的结构形式。

①优先选用对接接头，尽量不用搭接接头；对于重要结构，最好把 T 形接头或角接接头改成对接接头，让焊缝避开拐角部位；必须采用 T 形接头或角接接头时，应尽量采用全熔透的对接焊缝。

②尽量避免偏心受载的设计，使构件内力的传递流畅、分布均匀，不引起附加应力。

③减小断面突变，当板厚或板宽相差悬殊而需对接时，应设计平缓的过渡区；结构上的尖角或拐角处应做成圆弧状，其曲率半径越大越好。

④避免三向焊缝空间汇交，焊缝尽量不设置在应力集中区，尽量不在主要受拉构件上设置横向焊缝。当以上情况不可避免时，一定要保证焊缝的内外质量，减小焊趾处的应力集中。

⑤只能单面施焊的对接焊缝，在重要结构上不允许在背面放置永久性垫板；避免采用断续焊缝，因为每段焊缝的始末端都有较高的应力集中。

另外，在常温静载下工作的焊接结构和在动载或低温下工作的焊接结构，在构造设计上有着不同的要求，后者要更重视细部设计。表 1-5 列出了两种承载情况下构造设计上的差别。

表 1-5　常温下承受静载与承受变载的焊接结构在构造设计上的区别

序号	静载下工作	变载下工作
1		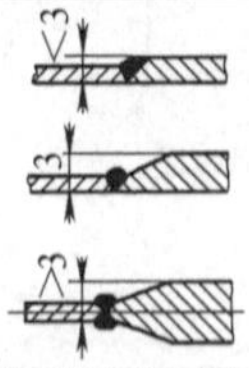
2	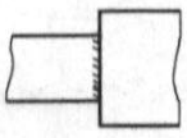	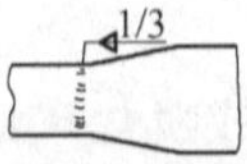
3	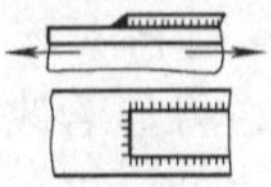	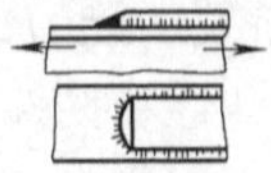
4	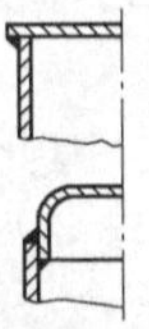	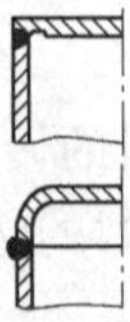
5	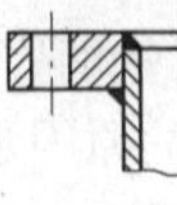	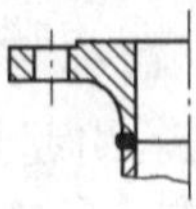
6	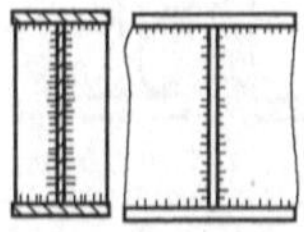	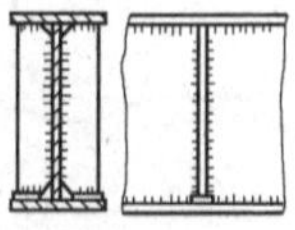
7	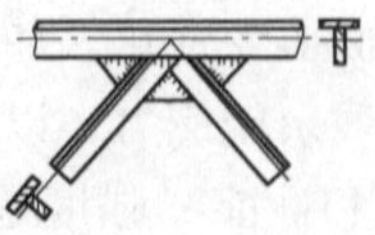	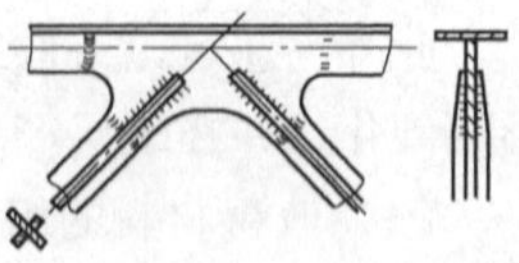
8	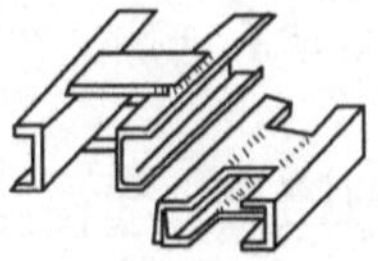	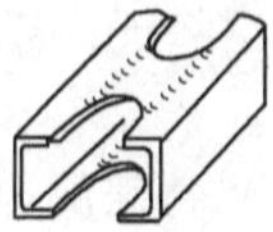
9	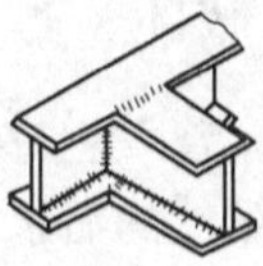	

2）正确的焊缝形状和良好的焊缝内外质量。

①对接接头焊缝的余高应尽可能小，焊后最好能刨（或磨）平而不留余高。

②T 形接头最好采用带凹度表面的角焊缝，不用带凸度的角焊缝。

③焊缝与母材表面交界处的焊趾应平滑过渡，必要时可对焊趾进行磨削或氩弧重熔，以降低该处的应力集中。

任何焊接缺陷都有不同程度的应力集中，尤其是片状焊接缺陷，如裂纹、未焊透、未熔合和咬边等对疲劳强度影响最大。因此，在结构设计上要保证每条焊缝易于施焊，以减少焊接缺陷，且发现超标的缺陷时必须予以清除。

（2）调整残余应力　残余压应力可以提高疲劳强度，而拉应力则会降低疲劳强度。因此，若能调整构件表面或应力集中处存在残余压应力，就能提高疲劳强度。例如，通过调整施焊顺序、局部加热等都有可能获得有利于提高疲劳强度的残余应力场。图 1-32 所示为工字梁对接，对接焊缝 1 所受弯曲应力最大且与之垂直。若在接头两端预留一段角焊缝 3 不焊，先焊焊缝 1，再焊腹板对接焊缝 2，则焊缝 2 的收缩会使焊缝 1 产生残余压应力。最后焊预留的角焊缝 3，它的收缩使焊缝 1 与焊缝 2 都产生残余压应力。试验表明，这种焊接顺序比先焊焊缝 2 后焊焊缝 1 的疲劳强度提高了 30%。图 1-33 所示为纵向焊缝连接节点板，纵向焊缝端部缺口处是应力集中点；采取点状局部加热，只要加热位置适当，就能使缺口处获得有利的残余压应力场。

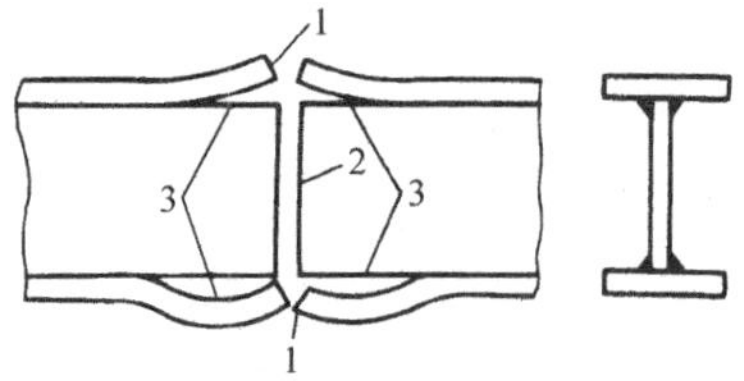

图 1-32　工字梁对接焊的顺序

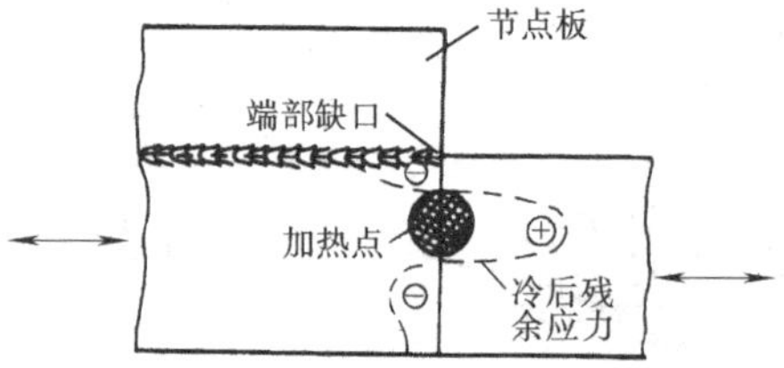

图 1-33　节点板局部加热的残余应力

此外，还可以采取表面形变强化，如滚压、锤击或喷丸等工艺，使金属表面产生塑性变形而硬化，并在表层产生残余压应力，以达到提高疲劳强度的目的。

（3）改善材料的组织和性能　强度是材料抵抗断裂的能力，但高强度材料对缺口比较敏感，因此设法提高一定的塑性和韧性，做到强度、塑性和韧性合理配合，将显著改善材料的抗疲劳能力。此外，还应提高材料的冶金质量，减少钢中夹杂物。重要构件可采用真空熔炼、真空除气，甚至电渣重熔等冶炼工艺的材料，以保证纯度，从而使材料具有较高的抗疲劳能力。

（4）特殊保护措施　大气及介质侵蚀往往会对材料的疲劳强度有影响，因此，采用一定的保护涂层是有利的。例如，在应力集中处涂上含填料的塑料层是一种实用的改进方法。

四、焊接结构的脆性破坏

焊接结构广泛应用以来，曾发生过一些脆性断裂（简称脆断）事故。这些事故无征兆，是突然发生的，一般都有灾难性的后果，必须高度重视。引起焊接结构脆断的原因是多方面的，涉及材料选用、构造设计、制造质量和运行条件等。防止焊接结构脆断是一个系统工程，只靠个别试验或计算方法是不能确保安全使用的。

1. 焊接结构脆断的特点

通过对大量焊接结构脆断事故进行分析，发现焊接结构脆断有下述特点：

1）多数脆断是在环境温度或介质温度降低时发生的，故称为低温脆断。

2）脆断的名义应力较低，通常低于材料的屈服极限，往往还低于设计应力，故又称为低应力脆性破坏。

3）破坏总是从焊接缺陷处或几何形状突变、应力和应变集中处开始的。

4）破坏时没有或极少有宏观塑性变形产生，一般都有断裂片散落在事故场地周围。断口是脆性的平断口，宏观外貌呈人字纹和晶粒状，根据人字纹的尖端可以找到裂纹源。微观上多为晶界断裂和解理断裂。

5）脆断时，裂纹传播速度极高，一般是声速的 1/3 左右，在钢中可达 1200 ~ 1800m/s。当裂纹扩展进入更低的应力区或材料的高韧性区时，裂纹就停止扩展。

6）若模拟断裂时的温度对断口附近的材料做韧性试验，则会发现其韧性均很差，对离断口较远的材料进行力学性能复验，其强度和伸长率往往仍符合原规范要求。

2. 焊接结构脆断的原因

对各种焊接结构脆断事故进行分析和研究，发现焊接结构发生脆断是材料（包括母材和焊材）、结构设计和制造工艺三方面因素综合作用的结果。就材料而言，主要原因是在工作温度下韧性不足；就结构设计而言，主要因为处于极为不利的应力状态，限制了材料塑性的发挥；就制造工艺而言，除了因焊接工艺缺陷造成严重应力集中外，还因为焊接热的作用改变了材质（如产生热影响区的脆化）和产生焊接残余应力与变形等。

（1）影响金属材料脆断的主要因素　研究表明，同一种金属材料由于受到外界因素的影响，其断裂的性质会发生改变，其中最主要的因素是温度、加载速度和应力状态，而且这三者往往共同起作用。

1）温度的影响。温度对材料断裂性质的影响很大，图 1-34 所示为热轧低碳钢的温度-拉伸性能关系曲线。从图中可以看出，随着温度的降低，材料的屈服强度和抗拉强度增加；而反映材料塑性的断面收缩率 Z 却随着温度的降低而降低，约在 -200℃时为零。这时对应的屈服强度与抗拉强度接近相等，说明材料断裂的性质已从延性断裂转化为脆性断裂。

温度不仅对材料的拉伸性能有影响，也对材料的冲击韧度和断裂韧度有影响。图 1-35 所示为温度对不同材料冲击吸收能量的影响，可以看出随着温度的降低，材料的韧性和韧度都下降。

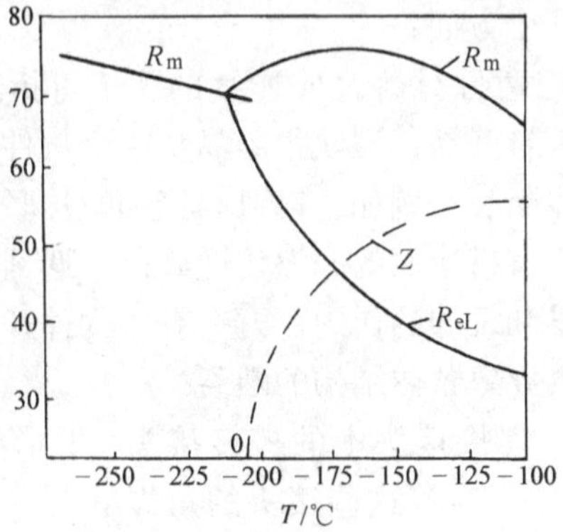

图 1-34　热轧低碳钢的温度-拉伸性能曲线

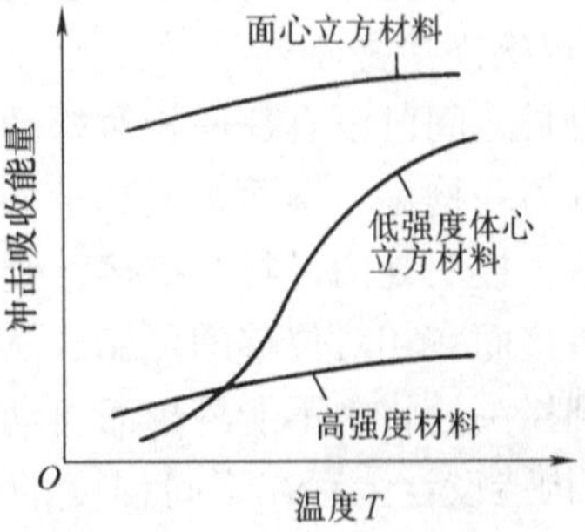

图 1-35　温度对三类不同材料冲击吸收能量的影响

2）加载速度的影响。试验证明，钢的下屈服强度 R_{eL} 随着加载速度的提高而提高，如图 1-36 所示。这说明钢材的塑性变形抗力随加载速度的提高而加强，促进了材料的脆性断裂。提高加载速度的作用相当于降低温度。

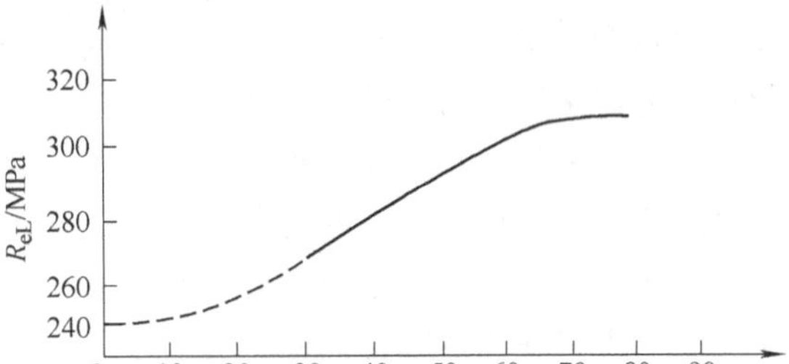

图 1-36　加载速度对 R_{eL} 的影响

3）应力状态的影响。金属材料断裂分为延性断裂和脆性断裂，结构是否发生脆性断裂与应力状态有关。如果平面上的最大切应力先达到材料的切断抗力，则发生延性断裂；若最大拉应力首先达到材料的正断抗力，则发生脆性断裂。

4）材料状态的影响。前述三个因素均属于引起材料脆断的外因，材料本身的质量则是引起脆断的内因，主要包括以下几方面：

①厚度的影响。厚度增大，发生脆断的可能性增大。

②晶粒度的影响。对于低碳钢和低合金钢来说，晶粒度越细，转变温度越低，越不易发生脆断。

③化学成分的影响。对于碳素结构钢，随着碳含量的增加，脆断倾向增大。其他如 N、O、H、S、P 等元素的加入会增大钢材的脆性，而适量加入 Ni、Cr、V、Mn 等元素则有助于减小钢的脆性。

必须指出，金属材料因韧性不足发生脆断时既有内因，又有外因，外因通过内因起作用，而外因往往不是单独的而是共同作用。对于同一材料，光滑试样拉伸要达到纯脆性断裂，其温度一般都很低（低碳钢约为 -200℃）；如果是带缺口的试样，则发生脆性断裂的温度将大大提高。缺口越尖锐，提高脆断的温度幅度就越大，这说明不利的应力状态会提高脆性转变温度。如果厚板再加上带有尖锐的缺口（如裂纹的尖端），则在常温下也会产生脆性断裂。提高加载速度（如冲击）同样会使材料的脆性转变温度大幅度提高。

（2）影响结构脆断的设计因素　焊接结构是根据焊接工艺特点和使用要求而设计的。设计上，有些不利因素是这类结构固有特点造成的，因而比其他结构更易于引起脆断；有些则是因设计不合理而引起脆断。这些因素包括以下几个方面：

1）焊接连接是刚性连接。焊接接头通过焊缝把两母材熔合成连续的、不可拆卸的整体，两母材之间已没有任何相对松动的可能。结构一旦开裂，裂纹很容易从一个构件穿越焊缝传播到另一构件，继而扩展到结构整体，造成整体断裂。例如，铆钉联接和螺栓联接不是刚性连接，接头处两母材为搭接，金属之间不连续，靠搭接面的摩擦传递载荷，遇到偶然冲击时，搭接面有相对位移的可能，从而起到吸收能量和缓冲的作用。万一有一构件开裂，裂纹扩展到接头处将因不能跨越而自动停止，从而不会导致整体结构的断裂。

2）构造设计上存在不同程度的应力集中因素。焊接接头中的搭接接头、T 形（或十字）接头和角接接头，本身就是结构上不连续的部位。连接这些接头的角焊缝，在焊趾和焊根处便是应力集中点。对接接头是最理想的接头形式，但随着余高的增加，也会使焊趾处的应力集中趋于严重。

3）结构细部设计不合理。焊接结构设计，必须重视选材和总体结构的强度和刚度的计算，若构造设计不合理，尤其是细部设计考虑不周，也会导致脆断的发生，因为焊接结构的脆断总是从焊接缺陷处或几何形状突变、应力和应变集中处开始的。下面列举几种不妥的构造设计，它们可能成为脆断的诱因：

①断面突变处不作过渡处理。

②造成三向拉应力状态的构造设计，如采用过厚的板、焊缝密集、三向焊缝汇交、在拘束状态下施焊、复杂的残余应力分布等。

③在高工作应力区布置焊缝。

（3）影响结构脆断的工艺因素　焊接结构在生产过程中一般要经历下料、冷（或热）成形、装配、焊接、矫形和焊后热处理等工序。金属材料经过这些工序后，其材质可能发生了变化，焊接时可能产生缺陷，焊后产生残余应力和变形等，都对结构脆断有影响。

1）应变时效对结构脆断的影响。钢材随时间发生脆化的现象称为时效。钢材经一定塑性变形后发生的时效称为应变时效。焊接结构生产过程中有两种情况可以产生应变时效：一种是当钢材经剪切、冷成形或冷矫形等工序产生了一定塑性变形（冷作硬化）后，经 150 ~

450℃的温度加热而产生应变时效；另一种是焊接时，由于加热不均匀，近缝区的金属受到不同热循环的作用，尤其是当近缝区上有某些尖锐刻槽或在多层焊的先焊焊道中存在缺陷时，便会在刻槽和缺陷处形成焊接应力-应变集中，从而产生较大的塑性变形，结果在热循环和塑性变形的共同作用下产生应变时效，这种时效称为热应变时效或动应变时效。

研究表明，许多低强度钢中由应变时效引起的局部脆化非常严重，它大大降低了材料的延性，提高了材料的脆性转变温度，使材料的缺口韧性和断裂韧度值下降；热（动）应变时效对脆性的影响比冷作硬化后的应变时效大，即前者的脆性转变温度高于后者。

2）焊接接头非均质性的影响。焊接接头中焊缝金属与母材之间有强度匹配问题，以及焊接时的快速加热与冷却使焊缝和热影响区发生金相组织变化。这些非均质性对结构脆断有很大影响。

①焊缝金属与母材不匹配。通过对不同强度级别钢材以不同强度匹配的焊接接头抗断裂试验研究发现，焊缝强度高于母材的焊接接头（高匹配）对抗脆断较为有利。这种高匹配接头的极限裂纹尺寸 a_{cr} 比等匹配和低匹配的接头大，而且焊缝金属的止裂性能也较高。这种现象被认为是高匹配的焊缝金属受到周围软质母材的保护，变形大部分发生在母材金属上。

②接头金相组织发生变化。焊接时的局部快速加热和冷却，使焊缝和热影响区发生一系列金相组织的变化，因而相应地改变了接头部位的缺口韧性。实践表明，对于高强度钢的焊接，用过小的热输入，接头散热快，会造成淬火组织并易产生裂纹；过大的热输入则会造成过热，因晶粒粗大而脆化，降低了材料的韧性。通常需要通过工艺试验，确定出最佳的焊接热输入。

3）焊接残余应力的影响。焊接残余应力对结构脆断的影响是有条件的，在材料的开裂转变温度以下（材料已变脆）时，焊接拉伸残余应力有不利影响，它与工作应力叠加，可以形成结构的低应力脆性破坏；而在转变温度以上时，焊接残余应力对脆性破坏无不利影响。焊接拉伸残余应力具有局部性质，一般只限于焊缝及其附近部位，离开焊缝区时其值迅速减小。峰值残余拉应力有助于断裂产生，若在峰值残余拉应力处存在应力集中因素，则是非常不利的。

4）焊接工艺缺陷的影响。焊接接头中，焊缝和热影响区是最容易产生焊接缺陷的地方。焊接缺陷可以分为平面缺陷（包括未熔合、未焊透、裂纹及其他类裂纹缺陷）、体积缺陷（气孔、夹渣和类似缺陷）和成形不佳（焊缝太厚、角变形、错边等）。

三类缺陷中，以平面缺陷对结构断裂的影响最为严重，而平面缺陷中又以裂纹缺陷的影响为甚。裂纹尖端应力应变集中严重，最易导致脆性断裂。裂纹的影响程度不但与其尺寸、形状有关，还与其所在位置有关，若裂纹位于高值拉应力区，就更容易引起低应力破坏。体积缺陷同样会削减工作截面而造成结构不连续，同时也是产生应力集中的部位，它对脆断的影响程度取决于缺陷的形态和所处位置。

3. 防止焊接结构脆性破坏的措施

材料在工作条件下韧性不足，结构上存在严重应力集中（包括设计上和工艺上）和过大的拉应力（包括工作应力、残余应力和温度应力）是造成结构脆性破坏的主要因素。若能有效地解决其中一方面因素所存在的问题，则发生脆断的可能性将显著减小。通常是从选材、设计和制造三方面采取措施来防止结构的脆性破坏。

（1）正确选用材料　所选钢材和焊接填充金属材料应保证在使用温度下具有合格的缺

口韧性。为此，选材时应注意以下两点：

1）在焊接结构工作条件下，焊缝、熔合区和热影响区的最脆部位应有足够的抗开裂性能，母材应具有一定的止裂性能。也就是说，首先不让接头处开裂，万一开裂，母材应能够阻止裂纹的传播。

2）钢材的强度和韧度要兼顾，不能片面追求强度指标。

（2）合理的结构设计　设计有脆断倾向的焊接结构时，应注意以下原则：

1）减少焊接结构或焊接接头部位的应力集中。

①应尽量采用应力集中系数小的对接接头，避免采用搭接接头。若有可能，应把 T 形接头或角接接头改成对接接头，如图 1-37 所示。

图 1-37　把角接接头改成对接接头

②尽量避免断面有突变。当不同厚度的构件对接时，应尽可能采用圆滑过渡，如图 1-38 所示。同样，宽度不同的板在拼接时，也应平缓过渡，避免出现急剧转角。

图 1-38　不同板厚的接头设计方案

③避免焊缝密集，焊缝之间应保持一定的距离，如图 1-39 所示。

图 1-39　焊缝错开布置

④焊缝应布置在便于施焊和检验的部位，以减少焊接缺陷。

2）在满足使用要求的前提下尽量减小结构的刚度，因为刚度过大会引起对应力集中的敏感性和大的拘束应力。

3）不采用过厚的截面，因为厚截面结构容易形成三向拉应力状态，约束塑性变形，从而降低断裂韧性并提高脆性转变温度，进而增加脆断危险。此外，厚板的冶金质量也不如薄板。

4）对附件或不受力的焊缝设计给予足够重视。应和主要承力构件或焊缝一样对待，精心设计，因为脆性裂纹一旦从这些不受重视的部位产生，就会扩展到主要受力构件中而使结构破坏。

（3）正确的制造过程　有脆断倾向的焊接结构在制造时应注意以下问题：

1）在结构上，应将所有焊缝看作工作焊缝，焊缝内、外质量同样重要。在选择焊接材料和制订工艺参数时应同等看待。

2）在保证焊透的前提下减少焊接热输入，或选择热输入较小的焊接方法。因为焊缝金属和热影响区过热会降低冲击韧度，尤其是焊接高强度钢时更应注意。

3）充分考虑应变时效对局部脆性的不利影响。尤其是结构上的受拉边缘，要注意加工硬化，一般不用剪切而采用气割或刨边机加工边缘。若焊后进行热处理，则不受此限制。

4）减小或消除焊接残余内应力。焊后热处理可消除焊接残余应力，同时能消除冷作硬化引起的应变时效和焊接引起的动应变时效的不利影响。

5）严格生产管理，加强工艺纪律。不能随意在构件上打火引弧，因为任何弧坑都是微裂纹源；减少造成应力集中的几何不连续性，如错边，角变形，焊接接头内、外缺陷（如裂纹及类裂纹缺陷）等。凡超标缺陷须返修，焊补工作应在热处理之前进行。

为防止重要焊接结构发生脆性破坏，除采取上述措施外，在制造过程中还要加强质量检查，采用多种无损检测手段，及时发现焊接缺陷。在使用过程中也应不间断地进行监控，如用声发射技术监测，发现不安全因素应及时处理，能修复的要及时修复。

【综合训练】

一、填空

1. 按工艺用途不同分类，压力容器可分为________、________、________和________四类。

2. 梁的受力特点是________，主要应用于________场合。焊接梁的组成形式有________、________和________三种。

3. 柱的受力特点是________，焊接柱由________、________和________三部分组成。焊接柱的常见截面形式有两种，分别为________和________。

4. 焊接接头是由________、________和________三部分组成的。

5. 焊接接头的基本形式有________、________、________和________四种。

6. 对接接头的坡口形式有________、________、________、________、________和________等多种。

7. 完整的焊缝代号包括：________、________、________、________及________。

8. 对重要的动载结构，可采用________或________的措施来降低应力集中，以提高接头的疲劳强度。

9. T形接头焊缝向母材金属过渡较急剧，接头中应力分布极不均匀，在________和________处，易产生很大的应力集中。

10. 在各种角焊缝构成的搭接接头中，在焊脚尺寸相同的条件下，________角焊缝单位长度的强度较________角焊缝高，而________角焊缝单位长度的强度介于二者之间。

二、简答

1. 常见的焊接结构基本构件有哪些？各有何特点？

2. 不同的焊接结构在制造方法上有何不同？

3. 选择焊缝的坡口形式，通常要考虑哪些因素？

4. 什么是应力集中？应力集中产生的原因有哪些？

5. T形接头应力分布情况如何？怎样减小T形接头的应力集中？

6. 两块钢板对接，$\delta_1 = 18\text{mm}$，$\delta_2 = 20\text{mm}$，焊缝受1600kN的拉力，受1400kN的切力，焊缝金属的许用拉应力［σ_t'］$=127\text{MPa}$，许用切应力［τ'］$=93\text{MPa}$，试设计焊缝长度。

7. 影响焊接结构疲劳强度的因素有哪些？

8. 金属发生脆性断裂时有哪些基本特点？

9. 预防金属结构脆性断裂的主要措施有哪些？

第二章　焊接结构加工应力与变形

学习目标：通过本章的学习，了解有关焊接应力与变形的相关知识，掌握焊接应力与变形产生的原因，熟悉焊接应力的分布规律及焊接变形的种类，掌握控制焊接应力与变形的工艺措施和焊后消除焊接残余应力、矫正焊接变形的方法。

第一节　焊接应力与变形的产生

焊接时一般采用集中热源在局部加热，因此会造成焊件上温度分布不均匀，最终导致在结构内部产生了焊接应力与变形。焊接应力是造成各种焊接裂纹的重要因素，焊接残余应力和变形在一定条件下还会严重影响焊件的强度、刚度、受压时的稳定性、加工精度和尺寸稳定性等。

一、应力与变形的基础知识

1. 应力

物体在受外力作用后，以及在物理、化学或物理化学变化过程中，如温度、金相组织或化学成分等发生变化时，其内部会产生内力。作用在物体单位截面上的内力叫做应力。根据引起内力的原因不同，应力分为工作应力和内应力。物体由于外力的作用在其单位截面上出现的内力称为工作应力。

物体在无外力作用的情况下而存在于内部的应力称为内应力。内应力是由于物体内部成分不均匀、金相组织及温度的变化等因素造成物体内部的不均匀性变形而引起的应力。内应力存在于许多工程结构中，如焊接结构、铸造结构等。内应力的主要特点是：在物体内部，内应力构成一平衡力系。

根据内应力产生的原因不同，可分为热应力、装配应力、相变应力和焊接应力等。还可以根据内应力所涉及的范围，将其分为宏观内应力、微观内应力和超微观内应力。

2. 变形

物体在外力或温度等因素的作用下，其形状和尺寸会发生变化，这种变化称为物体的变形。

按照物体变形的性质不同，变形可以分为弹性变形和塑性变形。当使物体产生变形的外力或其他因素去除后，变形也随之消失，即物体恢复原状，这样的变形称为弹性变形。当外力或其他因素去除后变形仍然存在，物体不能恢复原状，这样的变形称为塑性变形。

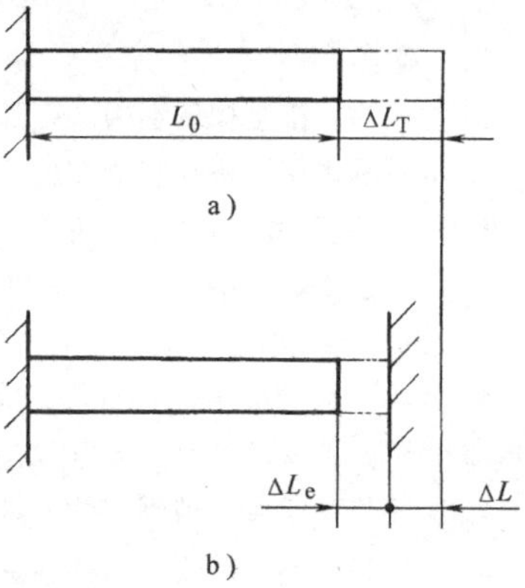

图 2-1　金属杆的变形

a）自由变形　b）非自由变形

物体的变形还可按拘束条件分为自由变形和非自由变形。以图 2-1 所示的金属杆为例，当温度为 T_0 时，长度为

L_0，均匀加热，在温度上升至 T 时，若金属杆不受阻，杆的长度会增加至 L，其长度的改变 $\Delta L_T = L - L_0$，ΔL_T 就是自由变形，如图 2-1a 所示。

单位长度的变形量称为变形率，自由变形率用 ε_T 表示，其数学表达式为

$$\varepsilon_T = \Delta L_T / L_0 = \alpha(T - T_0) \tag{2-1}$$

式中　α——金属的线膨胀系数，其数值随材料及温度而变化。

如果金属杆在温度变化过程中的伸长受到阻碍，则变形量不能完全表现出来，就成为非自由变形，如图 2-1b 所示。其中，把能表现出来的这部分变形称为外观变形，用 ΔL_e 表示，外观变形率 ε_e 可用下式表示

$$\varepsilon_e = \Delta L_e / L_0 \tag{2-2}$$

未表现出的变形称为内部变形，用 ΔL 表示

$$\Delta L = \Delta L_T - \Delta L_e \tag{2-3}$$

内部变形率 ε 用下式表示

$$\varepsilon = \Delta L / L_0 \tag{2-4}$$

3. 焊接应力与焊接变形

焊接应力是焊接过程中及焊接过程结束后，存在于焊件中的内应力。由焊接引起的焊件尺寸及形状的改变称为焊接变形。焊接加热及冷却过程中产生的应力与变形，称为焊接瞬时应力和焊接瞬时变形；焊接过程结束后，残留在焊接结构中的应力与变形，称为焊接残余应力和焊接残余变形。

二、研究焊接应力与变形的基本假定

由于在焊接过程中金属的物理性能和力学性能都会发生变化，所以产生焊接应力与变形的原因比较复杂，为了便于分析问题，对金属材料进行以下假定：

（1）平截面假定　假定构件在焊前所取的截面焊后仍保持平面。即构件只发生伸长、缩短和弯曲，构件变形时其横截面只发生平移或偏转，一直保持平面。

（2）金属性能不变的假定　假定在焊接过程中材料的某些热物理性质，如线膨胀系数（α）、热容（C）、热导率（λ）等均不随温度的变化而变化。

（3）金属屈服强度假定　低碳钢屈服强度与温度的关系如图 2-2 中实线所示，为了讨论问题的方便，可以将它简化为图中虚线所示。即在 500℃以下时，屈服强度与常温相同，不随温度的变化而变化；在 500 ~ 600℃之间，屈服强度呈线性下降；600℃以上时，屈服强度为零，呈全塑性状态。把材料屈服强度为零时的温度称为塑性温度。

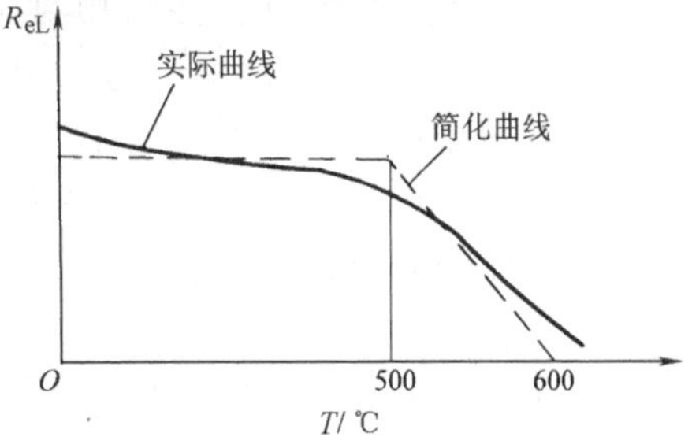

图 2-2　低碳钢的屈服强度与温度的关系

（4）焊接温度场假定　通常将焊接过程中的某一瞬时，焊接接头中各点的温度分布称为焊接温度场。在焊接热源作用下，构件上各点的温度在不断地变化，可以认为达到某一极限热状态时，温度场不再改变，这时的温度场称为极限温度场。

三、焊接应力与变形产生的原因

焊接应力和变形是由多种因素交互作用而导致的结果，主要因素包括焊件受热不均匀、焊缝金属的收缩、金相组织的变化及焊件刚性与拘束的影响等，其中最根本的原因是焊件受热不均匀。此外，焊缝在焊接结构中的位置、装配焊接顺序、焊接方法、焊接电流及焊接方向等对焊接应力与变形也有一定的影响。

1. 焊件受热不均匀

为了便于了解焊件在不均匀受热时如何产生应力与变形，首先对均匀加热时产生应力与变形的情况进行讨论。

（1）不受约束的杆件在均匀加热时的应力与变形　根据前面对变形知识的讨论，不受约束的杆件在均匀加热与冷却时，其变形属于自由变形，因此在杆件加热过程中不会产生任何内应力，冷却后也不会有任何残余应力和残余变形，如图 2-3a 所示。

（2）受约束的杆件在均匀加热时的应力与变形　根据前面对非自由变形情况的讨论，受约束杆件的变形属于非自由变形，既存在外观变形，也存在内部变形。

如果加热温度较低，没有达到材料的屈服强度温度（$T < T_s$），则材料的变形为弹性变形，加热过程中杆件内部存在压应力的作用。当温度恢复到原始温度时，杆件自由收缩到原来的长度，压应力全部消失，不存在残余变形和残余应力。

如果加热温度较高，达到或超过了材料屈服强度温度（$T > T_s$），则杆件中产生压缩塑性变形，内部变形由弹性变形和塑性变形两部分组成，甚至全部由塑性变形组成（$T > 600℃$）。当温度恢复到原始温度时，弹性变形恢复，塑性变形不可恢复，可能出现以下三种情况：

1）如果杆件加热时自由延伸，冷却时限制收缩，那么冷却后杆件内既有残余应力又有残余变形，如图 2-3b 所示。

2）如果杆件加热时不能自由延伸，可以自由收缩，那么杆件中没有残余应力，只有残余变形，如图 2-3c 所示。

3）如果杆件受绝对拘束，那么杆件中存在残余应力而没有残余变形，如图 2-3d 所示。

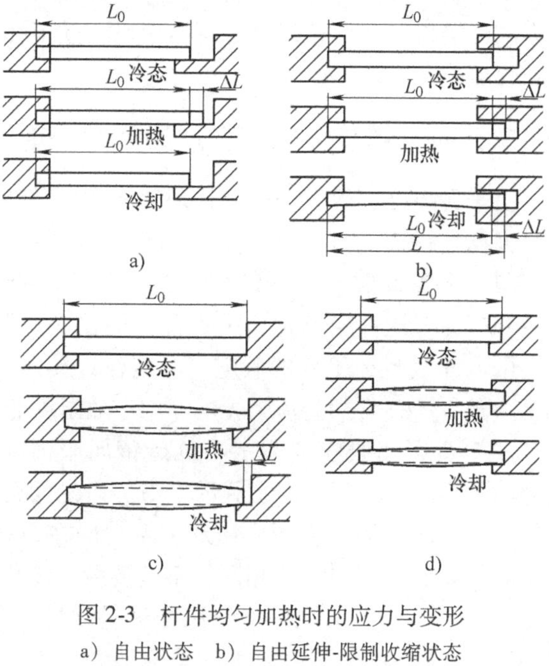

图 2-3　杆件均匀加热时的应力与变形

a）自由状态　b）自由延伸-限制收缩状态　c）限制延伸-自由收缩状态　d）限制延伸-限制收缩状态

实际生产中的焊件，与上述的第一种情况相似，焊后既有焊接应力存在，又有焊接变形产生。以上所述是一般杆件在均匀加热时的应力与变形。下面讨论材料在不均匀加热时的应力与变形。

（3）长板条中心加热（类似于堆焊）引起的应力与变形　如图 2-4a 所示的长度为 L_0，厚度为 δ 的长板条，其材料为低碳钢，在其中间沿长度方向进行加热。为简化讨论，将板条上的温度区域分为两种：中间为高温区，其温度均匀一致；两边为低温区，其温度也均匀一致。

加热时，如果板条的高温区与低温区是可分离的，则高温区将伸长，低温区则长度不变，如图 2-4b 所示。但实际上板条是一个整体，所以板条将整体伸长，此时高温区内将产生较大的压缩塑性变形和压缩弹性变形，如图 2-4c 所示。

冷却时，由于压缩塑性变形不可恢复，如果高温区与低温区是可分离的，则高温区将缩短，低温区应恢复原长，如图 2-4d 所示。但实际上板条是一个整体，所以板条将整体缩短，这就是板条的残余变形，如图 2-4e 所示。同时在板条内部也产生了残余应力，中间高温区为拉应力，两侧低温区为压应力。

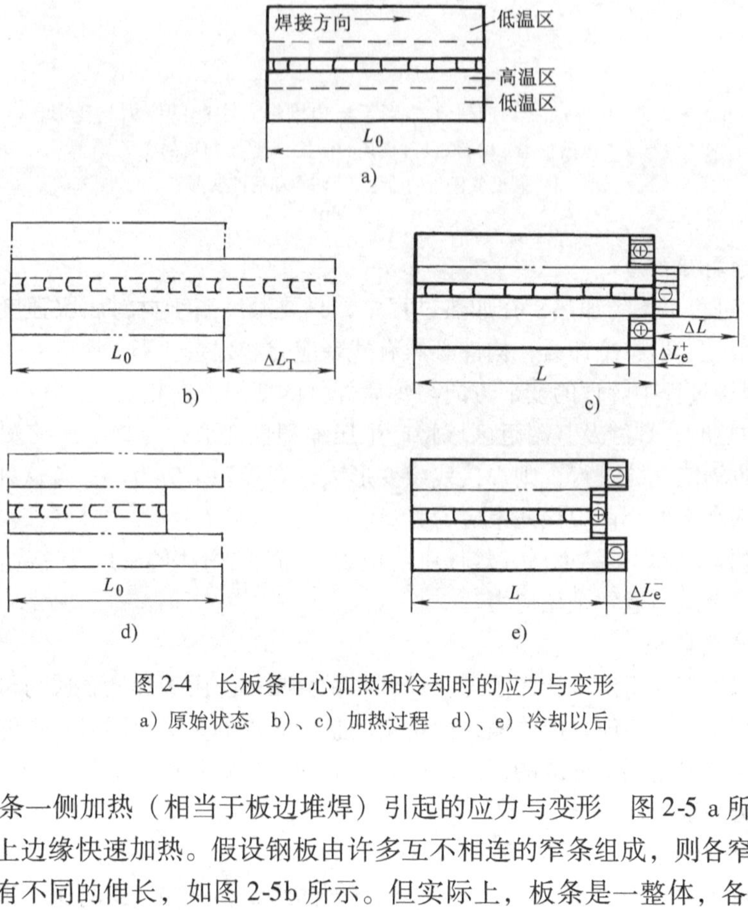

图 2-4　长板条中心加热和冷却时的应力与变形

a）原始状态　b）、c）加热过程　d）、e）冷却以后

（4）长板条一侧加热（相当于板边堆焊）引起的应力与变形　图 2-5 a 所示为材质均匀的钢板，在其上边缘快速加热。假设钢板由许多互不相连的窄条组成，则各窄条在加热时将按温度高低而有不同的伸长，如图 2-5b 所示。但实际上，板条是一整体，各板条之间是互相牵连、互相影响的，上一部分金属因受下一部分金属的阻碍作用而不能自由伸长，因此产生了压缩塑性变形。由于钢板上的温度分布是自上而下逐渐降低的，因此钢板产生了向下的弯曲变形，如图 2-5c 所示。

钢板冷却后，各板条的收缩应如图 2-5d 所示。但实际上钢板是一个整体，上一部分金属要受到下一部分金属的阻碍而不能自由收缩，所以钢板产生了与加热时相反的残余弯曲变形，同时在钢板内产生了如图 2-5e 所示的残余应力，即钢板中部为压应力，钢板两侧为拉应力。

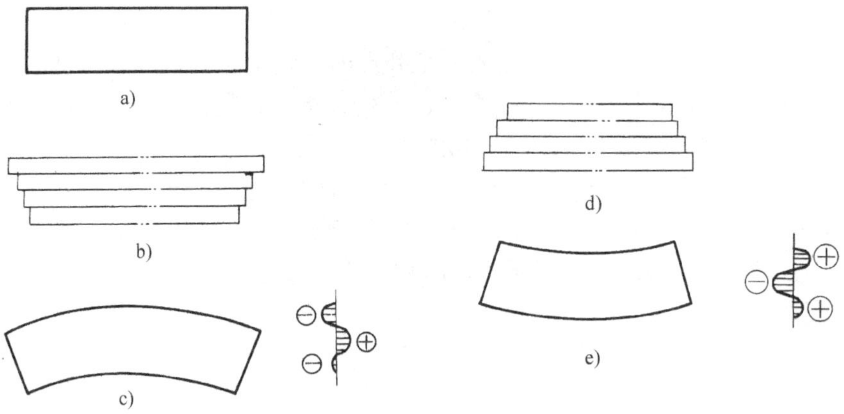

图 2-5　长板条一侧加热（相当于板边堆焊）引起的应力与变形

a）原始状态　b）假设各板条的伸长　c）加热后的变形

d）假设各板条的收缩　e）冷却后的变形

由上述讨论可知：

1）对构件进行不均匀加热，在加热过程中，只要温度高于材料屈服强度的温度，构件就会产生压缩塑性变形，冷却后，构件必然有残余应力和残余变形。

2）通常焊接过程中焊件的变形方向与焊后焊件的变形方向相反。

3）焊接加热时，焊缝及其附近区域将产生压缩塑性变形，冷却时压缩塑性变形区要收缩。如果这种收缩能充分进行，则焊接残余变形大，焊接残余应力小；若这种收缩不能充分进行，则焊接残余变形小而焊接残余应力大。

4）焊接过程中及焊接结束后，焊件中的应力分布都是不均匀的。焊接结束后，焊缝及其附近区域的残余应力通常是拉应力。

2. 焊缝金属的收缩

当焊缝金属冷却，由液态转为固态时，其体积会减小。由于焊缝金属与母材是紧密联系的，因此，焊缝金属并不能自由收缩，而将引起整个焊件的变形，同时在焊缝中产生残余应力。另外，一条焊缝是逐步形成的，焊缝中先结晶的部分要阻止后结晶部分的收缩，从而也会产生焊接应力与变形。

3. 金属组织的变化

钢在加热及冷却过程中发生相变，可得到不同的组织，这些组织的比体积各不相同，由此也会造成焊接应力与变形。

4. 焊件的刚性和拘束

刚性是指焊件抵抗变形的能力；而拘束是焊件周围物体对焊件变形的约束。刚性是焊件本身的性能，它与焊件材质、焊件截面形状和尺寸等有关；而拘束是一种外部条件。焊件的刚性和拘束对焊接应力和变形也有较大的影响。焊件自身的刚性及受周围的拘束程度越大，焊接变形越小，焊接应力越大；反之，焊件自身的刚性及受周围的拘束程度越小，则焊接变形越大，而焊接应力越小。

第二节　焊接残余应力

一、焊接残余应力的分布

厚板焊接时，出现的焊接应力是三向的。当焊件厚度不大时（小于20mm），沿厚度方向的应力（习惯上指 σ_z）相对较小，可将其忽略而看成双向应力 σ_x、σ_y。薄长板条对接焊时，因垂直焊缝方向的横向应力 σ_y 较小而予以忽略，主要考虑平行于焊缝轴线方向的纵向应力 σ_x。这里着重讨论纵向残余应力和横向残余应力的分布情况。

1. 纵向残余应力 σ_x 的分布

作用方向平行于焊缝轴线的残余应力称为纵向残余应力，用 σ_x 表示。

在焊接结构中，焊缝及其附近区域的纵向残余应力为拉应力，一般可达到材料的屈服强度，离开焊缝区，拉应力急剧下降并转为压应力。宽度相等的两板对接时，其纵向残余应力在焊件横截面上的分布情况如图 2-6 所示。

图 2-7 所示为板边堆焊时，其纵向残余应力 σ_x 在焊件横截面上的分布。两块宽度不等的板对接时，宽度相差越大，宽板中的应力分布越接近于板边堆焊时的情况。若两板宽度相差较小，则其应力分布近似于等宽板对接时的情况。

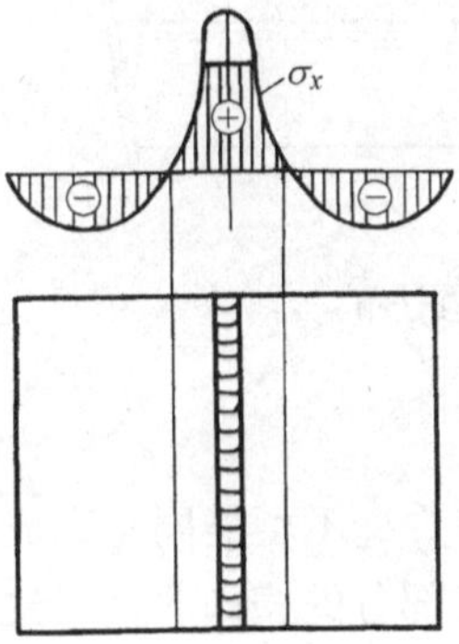

图 2-6　对接接头 σ_x 在焊件横截面上的分布

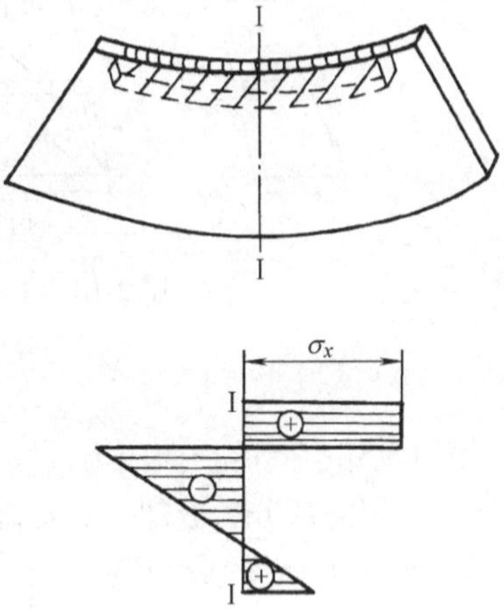

图 2-7　板边堆焊时的纵向残余应力与变形

纵向残余应力在焊件纵截面上的分布规律如图 2-8 所示。在焊件纵截面端头，由于拘束很小，纵向应力为零，因此焊缝端部存在一个残余应力过渡区，而焊缝中段是残余应力稳定区。当焊缝较短时，不存在稳定区，焊缝越短，σ_x 越小。

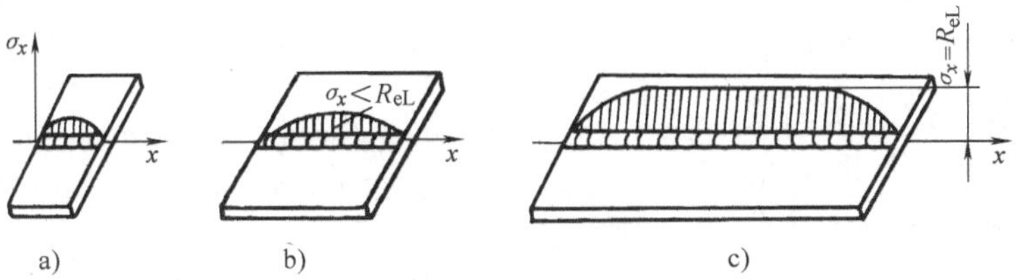

图 2-8　纵向残余应力在焊件纵截面上的分布规律

a）短焊缝　b）中长焊缝　c）长焊缝

2. 横向残余应力 σ_y 的分布

垂直于焊缝轴线的残余应力称为横向残余应力，用 σ_y 表示。

横向残余应力的产生原因比较复杂，一般认为它是由焊缝及其附近塑性变形区的纵向收缩引起的横向应力 σ_y' 和由焊缝及其塑性变形区的横向收缩的不均匀和不同时性所引起的横向应力 σ_y'' 两部分合成得来的。

1）焊缝及其附近塑性变形区的纵向收缩引起的横向应力 σ_y'。如图 2-9a 所示，该构件由两块平板条对接而成，如果假想沿焊缝中心将构件一分为二，即两块板条都相当于板边堆焊，将出现图 2-9b 所示的弯曲变形。要使两板条恢复到原来位置，必须在焊缝中部加上横向拉应力，在焊缝两端加上横向压应力。由此可以推断，焊缝及其附近塑性变形区的纵向收缩引起的横向应力如图 2-9c 所示，其两端为压应力，中间为拉应力。各种长度的平板条对接焊，其 σ_y' 的分布规律基本相同，但焊缝越长，中间部分的拉应力将有所降低，如图 2-10 所示。

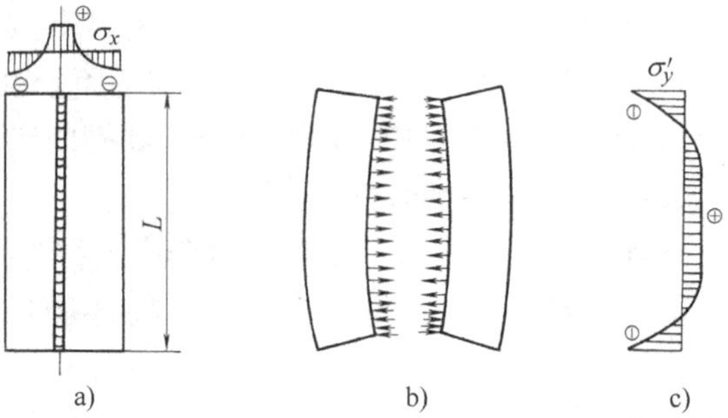

图 2-9　纵向收缩引起的横向应力 σ_y' 的分布

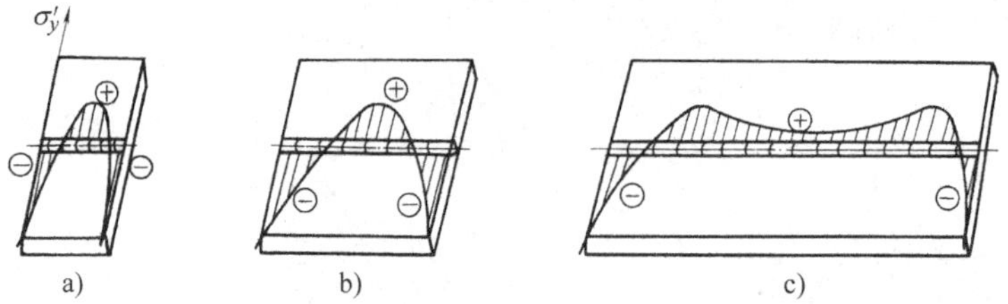

图 2-10　不同长度平板对接焊时 σ_y' 的分布

a）短焊缝　b）中长焊缝　c）长焊缝

2）横向收缩引起的横向应力 σ_y''。在焊接结构上，一条焊缝不可能同时完成，先焊的部分先冷却，后焊的部分后冷却。先冷却的部分会限制后冷却部分的横向收缩，这就引起了横向应力。横向应力 σ_y'' 的分布与焊接方向、分段方法及焊接顺序等因素有关。图 2-11 所示为不同焊接方向时 σ_y'' 的分布情况。其中图 2-11a 中的焊缝分两段由中间向两端焊接，中间部分先焊先收缩，两端部分后焊后收缩，则两端部分的横向收缩受到中间部分的限制，因此 σ_y'' 的分布是中间部分为压应力，两端部分为拉应力；在图 2-11b 中，焊缝是从两端向中间进行焊接，中间部分为拉应力，两端部分为压应力。

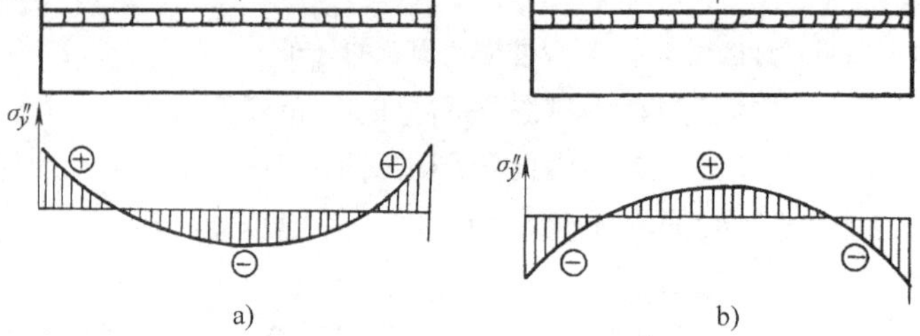

图 2-11　不同焊接方向时 σ_y'' 的分布

a）由中间向两端焊　b）由两端向中间焊

总之，在焊接结构中 σ_y'和 σ_y''是同时存在的，且横向残余应力 σ_y 的大小受 R_{eL}（屈服强度）限制。

3. 特殊情况下残余应力的分布

（1）厚板中的焊接残余应力　厚板结构中除了存在纵向残余应力和横向残余应力外，在厚度方向还存在较大的残余应力 σ_z。研究表明，残余应力在厚度上的分布是不均匀的，主要受焊接工艺方法的影响。图 2-12 所示为厚度为 240mm 的低碳钢电渣焊焊缝中心线上的应力分布。该焊缝中心存在三向均为拉伸的残余应力，且均为最大值，这与电渣焊工艺有关。因为电渣焊时，焊缝正、背面装有水冷铜滑块，表面冷却速度快，中心部位冷却较慢，最后部分的冷却收缩受周围金属制约，故中心部位出现了较高的拉应力。

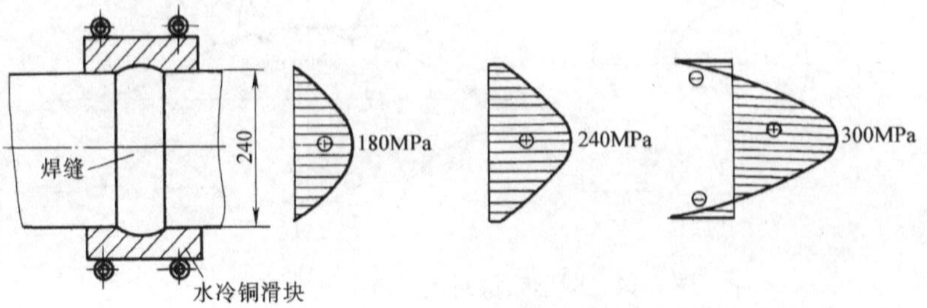

图 2-12　厚板电渣焊焊缝中心线上的应力分布

a）σ_z 在厚度上的分布　b）σ_x 在厚度上的分布　c）σ_y 在厚度上的分布

（2）拘束状态下的焊接残余应力　在生产中，焊接结构往往是在受拘束的情况下进行焊接的。如图 2-13a 所示，在焊件横向加以刚性拘束，焊后其横向收缩受到限制，因而产生了拘束横向的应力，其分布如图 2-13b 所示。拘束横向的应力与无拘束横向的应力（图 2-13c）叠加，结果是在焊件中产生了图 2-13d 所示的合成横向的应力。

图 2-13　拘束状态下对接接头的横向应力分布

a）拘束状态下的焊件　b）拘束横向残余应力　c）无拘束横向残余应力　d）合成横向残余应力

（3）封闭焊缝中的残余应力　在板壳结构中经常遇到接管、镶块和人孔法兰等封闭焊缝的焊接，它们是在较大拘束下焊接的，内应力都较大。其大小与焊件和镶入体本身的刚度有关，刚度越大，内应力也越大。图 2-14 所示为圆盘中焊入镶块后的残余应力，其中 σ_t 为切向应力，σ_r 为径向应力。从图 2-14b 中可以看出，径向应力均为拉应力；切向应力在焊缝附近最大，为拉应力，由焊缝向外侧逐渐下降为压应力，由焊缝向中心达到一均匀值。在镶块中部有一个均匀的双轴应力场，镶块直径越小，外板对它的约束越大，这个均匀双轴应力值就越高。

（4）焊接梁柱中的残余应力　图 2-15 所示为 T 形梁、工字梁和箱形梁纵向残余应力的分布情况。对于此类结构，可以将其腹板和翼板分别看作板边堆焊或板中心堆焊加以分析。一般情况下，焊缝及其附近区域中总是存在较高的纵向拉应力，而在腹板的中部则会产生纵向压应力。

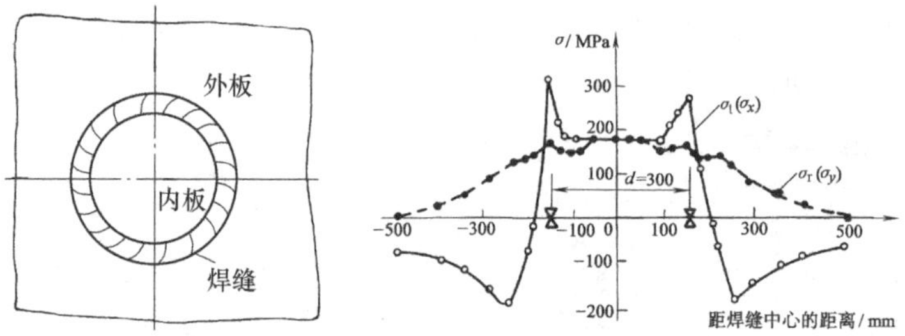

a)　　b)

图 2-14　圆形镶块封闭焊缝的残余应力

a）封闭焊缝　b）σ_t 和 σ_r 的分布

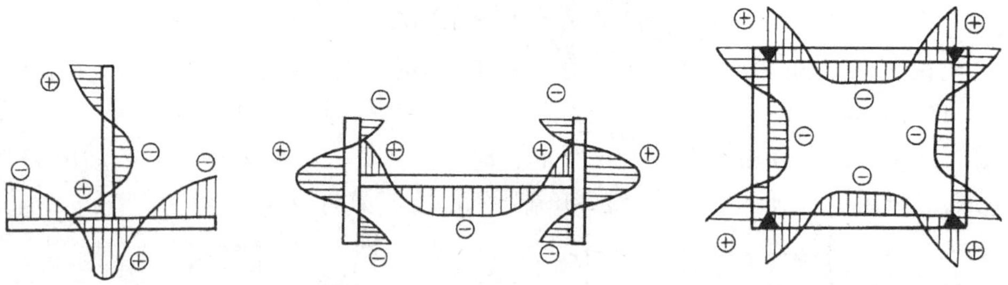

a)　　b)　　c)

图 2-15　焊接梁柱纵向残余应力的分布

a）焊接 T 形梁的残余应力　b）焊接工字梁的残余应力　c）焊接箱形梁的残余应力

（5）环形焊缝中的残余应力　管道对接时，环形焊缝中焊接残余应力的分布比较复杂，当管径和壁厚之比较大时，环形焊缝中的应力分布与平板对接类似，如图 2-16 所示，但焊接残余应力的峰值比平板对接焊时要小。

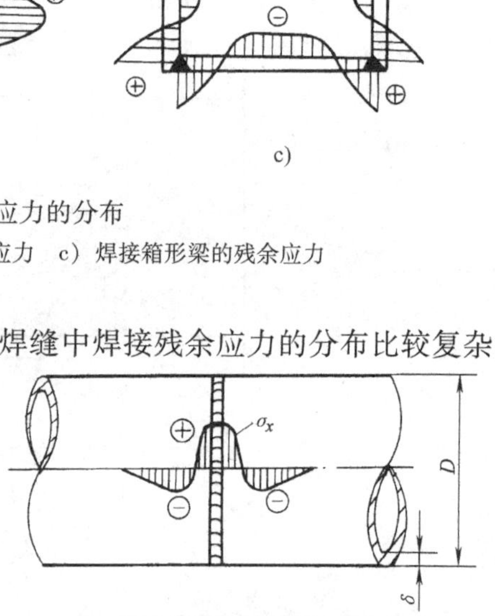

图 2-16　圆筒环缝纵缝纵向残余应力的分布

二、焊接残余应力对焊接结构的影响

1. 对构件承载能力的影响

在大多数焊接构件中，焊缝区的纵向拉伸残余应力峰值较高。对于钢材焊接接头，可接近其屈服强度。当外加的工作应力与其方向一致而相叠加时，在该区域会产生局部塑性变形，使这部分材料丧失继续承受外载的能力，从而减小了构件的有效承载截面。

2. 对结构脆性断裂的影响

在实际的焊接构件中，当采用韧性较低的钢材作为结构材料时，应当注意焊接残余应力的不利影响。残余拉应力和外载引起的拉应力叠加有可能使局部区域的应力首先达到断裂强度，导致结构早期破坏。因此，焊接残余应力的存在将明显降低脆性材料结构的静载强度。

3. 对焊接结构疲劳强度的影响

焊接接头在交变载荷的作用下产生疲劳裂纹时，焊接拉伸残余应力将促使裂纹进一步扩展，并提高了应力平均值和应力循环特征，从而加剧了应力循环损伤。当焊缝区的拉应力使应力循环的平均值增高时，焊接接头的疲劳强度会降低。此外，焊接接头往往会形成应力集中，残余拉应力对疲劳强度的不利影响会更加明显。

4. 对受压杆件稳定性的影响

当外载引起的压应力与残余压应力叠加之和达到屈服强度时，这部分截面就丧失了进一步承受外载的能力，于是削弱了杆件的有效截面，使压杆的失稳临界应力 σ_{cr} 下降，对压杆的稳定性有不利的影响。

5. 对焊件加工精度和尺寸稳定性的影响

某些焊件为达到图样要求的外形尺寸和精度，焊后要求进行机械加工。若焊件未经相应的消除应力处理，则在机械加工过程中由于一部分金属从焊件上被切除而破坏了其原来的平衡状态，于是残余应力会重新分布以达到新的平衡，与此同时构件产生变形，从而使加工精度受到影响。

三、控制焊接残余应力的措施

一般来说，控制焊接残余应力可以从设计和工艺两方面着手。设计焊接结构时，在不影响结构使用性能的前提下，应尽量考虑采用能减小和改善焊接应力的设计方案；另外，在制造过程中还要采取一些必要的工艺措施，以使焊接应力减小到最低程度。

1. 设计措施

1）在保证结构强度的前提下，尽量减少结构上焊缝的数量和减小焊缝尺寸。

2）避免焊缝过于集中，焊缝间应保持足够的距离。焊缝过于集中不仅会使应力分布更不均匀，而且可能出现双向或三向的复杂应力状态。此外，焊缝不要布置在高应力区及结构截面突变的地方，以防止残余应力与外力叠加，影响结构的承载能力。

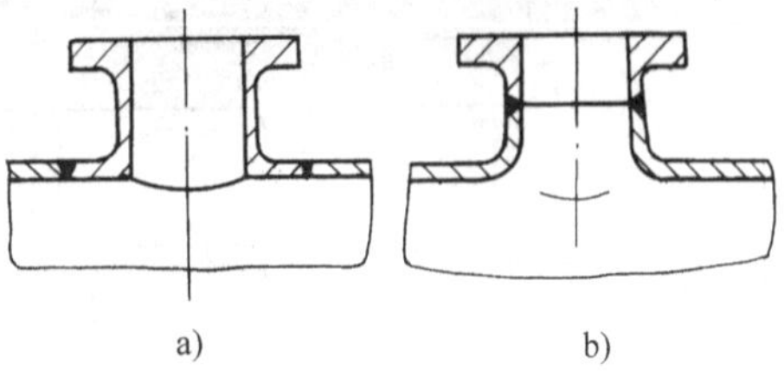

图 2-17 容器与接管的连接接头

a）插入式 b）翻边式

3）采用刚性较小的接头形式。图 2-17 所示为容器与接管之间连接接头的两种形式，插入式连接的拘束度比翻边式大，前者的焊缝上可能产生双向拉应力，且达到较高数值，而后者的焊缝上主要是纵向残余应力。

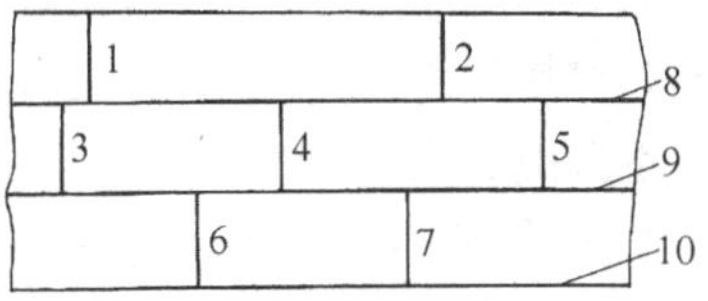

图 2-18 拼接焊缝合理的装配焊接顺序

2. 工艺措施

（1）采用合理的装配焊接顺序和方向 合理的装配焊接顺序应该能使每条焊缝尽可能自由收缩，具体应注意以下几点：

1）在一个平面上的焊缝，焊接时应保证焊缝的纵向和横向收缩均能比较自由。如图 2-18 所示的拼板焊接，其合理的装配焊接顺序应按图中的 1 ~ 10 施焊，即先焊相互错开的短焊缝，后焊直通长焊缝。

2）收缩量最大的焊缝先焊。因为先焊的焊缝收缩时受阻较小，因而残余应力也比较小。如图 2-19 所示的带盖板的双工字梁结构，应先焊盖板上的对接焊缝 1，后焊盖板与工字梁之间的角焊缝 2，原因是对接焊缝的收缩量比角焊缝的收缩量大。

3）工作时受力最大的焊缝先焊。如图 2-20 所示的大型工字梁，应先焊受力最大的翼板对接焊缝 1，再焊腹板对接焊缝 2，最后焊预先留出来的一段角焊缝 3。

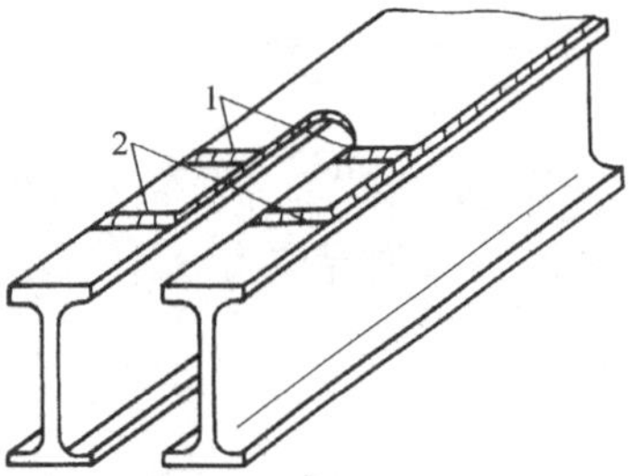

图 2-19　带盖板的双工字梁结构的焊接顺序

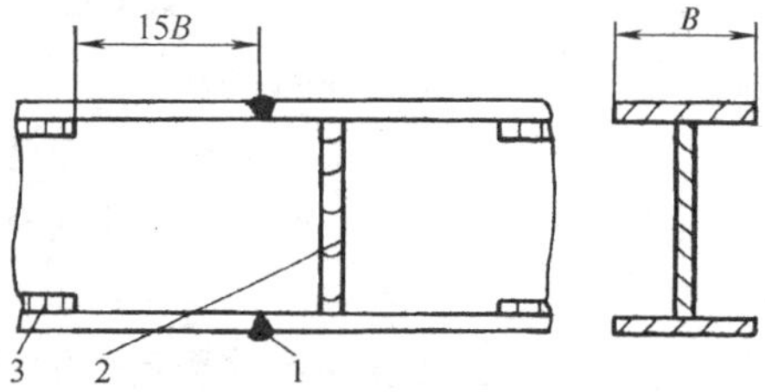

图 2-20　对接工字梁的焊接顺序

4）注意平面交叉焊缝的焊接顺序。图 2-21 所示为几种 T 形接头焊缝和十字接头焊缝，应采用图 2-21 中 a、b、c 中的焊接顺序，才能避免在焊缝的相交点产生裂纹及夹渣等缺陷。图 2-21d 所示为不合理的焊接顺序。

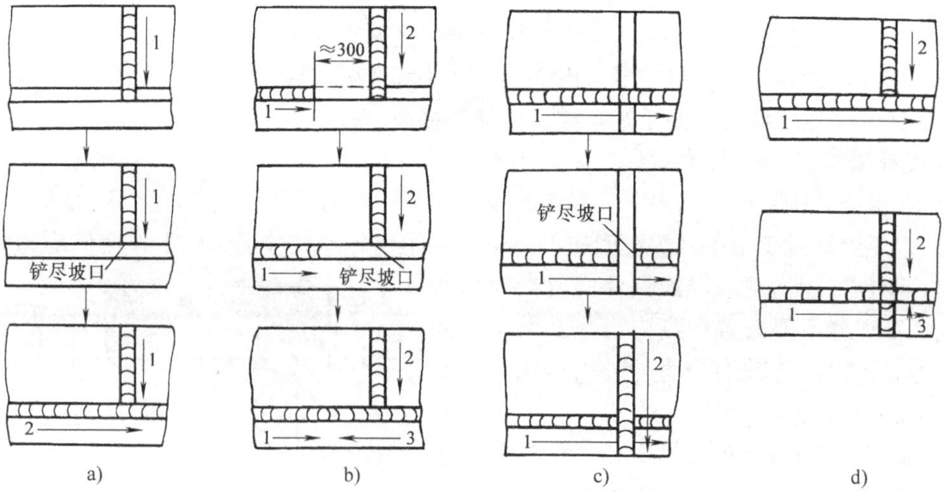

图 2-21　平面交叉焊缝的焊接顺序

图 2-22 所示为对接焊缝与角焊缝交叉的结构。由于对接焊缝 1 的横向收缩量大，因此必须先焊对接焊缝 1，后焊角焊缝 2。反之，如果先焊角焊缝 2，则焊接对接焊缝 1 时，其横向收缩不自由，极易产生裂纹。

（2）缩小焊接区与结构整体之间的温差　引起焊接应力与变形的根本原因是焊件受热不均匀，焊接区与结构整体之间的温差越大，引起的焊接应力与变形越大。工程中常用“预热法”和“冷焊法”减小焊接区与结构整体之间的温差。

预热法是在施焊前，预先将焊件局部或整体加热到150～650℃。焊接或焊补淬硬倾向较大的材料的焊件，以及刚性较大或脆性材料焊件时，常常采用预热法。

冷焊法是通过减少焊件受热来减小焊接部位与结构上其他部位间的温度差。具体做法有：尽量采用小的热输入施焊，选用小直径焊条、小电流、快速焊及多层多道焊。另外，应用冷焊法时，环境温度应尽可能高。

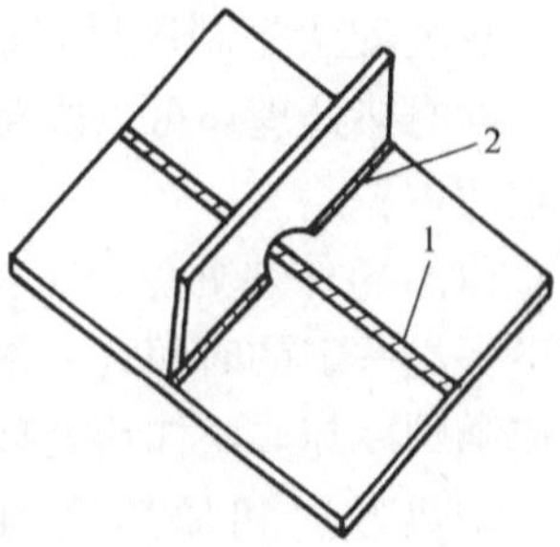

图2-22　对接焊缝与角焊缝交叉

(3) 降低焊缝的拘束度　平板上镶板的封闭焊缝焊接时拘束度大，焊后焊缝纵向和横向拉应力都较高，极易产生裂纹。为了降低残余应力，应设法减小该封闭焊缝的拘束度。图2-23所示是焊前对镶板的边缘适当翻边，作出角反变形，焊接时翻边处拘束度减小。若镶板收缩余量预留得合适，则焊后残余应力可减小且镶板与平板平齐。

(4) 加热“减应区”法　焊接时加热那些阻碍焊接区自由伸缩的部位（称为“减应区”），使之与焊接区同时膨胀或收缩，以起到减小焊接应力的作用，此方法称为加热“减应区”法。图2-24所示为加热“减应区”法的减应原理。图中框架中心已断裂，若直接焊接断口处，则焊缝横向收缩受阻，在焊缝中将存在相当大的横向应力。若焊前在两侧构件的“减应区”处同时加热，两侧受热膨胀，使中心构件断口间隙增大。此时对断口处进行焊接，焊后两侧也停止加热。于是焊缝和两侧加热区同时冷却收缩，互不阻碍，从而减小了焊接应力。

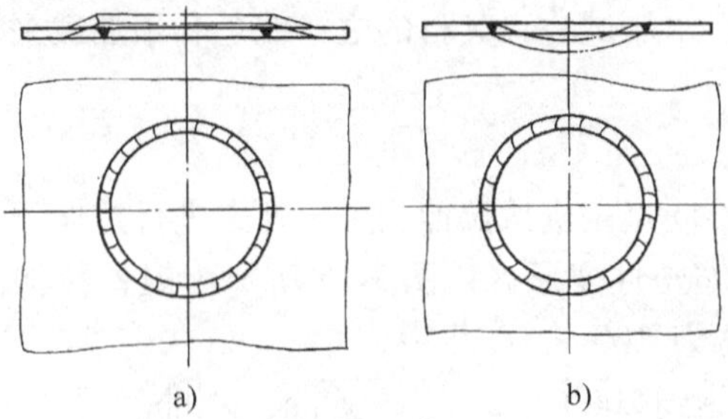

图2-23　降低局部刚度减少内应力

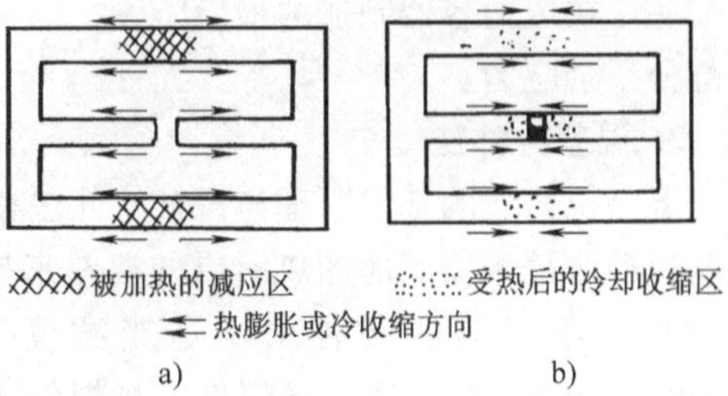

图2-24　加热“减应区”法示意图
a) 加热过程　b) 冷却过程

加热“减应区”法在铸铁补焊中应用最多，也最有效。此方法成败的关键在于正确选择加热部位，选择的原则是：只加热阻碍焊接区膨胀或收缩的部位。检验加热部位是否正确的方法是：用气焊焊炬在所选处试加热一下，若待焊处的缝隙是张开的，则表示选择正确，否则不正确。

四、消除焊接残余应力的方法

虽然在结构设计时考虑了残余应力的问题，在工艺上也采取了一定的措施来防止或减小焊接残余应力，但由于焊接应力的复杂性，结构焊接完以后仍然可能存在较大的残余应力。另外，有些结构在装配过程中还可能产生新的内应力，这些焊接残余应力及装配应力都会影响结构的使用性能。特别是重要的焊接结构，焊后应设法采取相应措施消除残余应力。常用的消除残余应力的方法如下。

1. 热处理法

热处理法是利用材料在高温下屈服强度下降和蠕变现象来达到松弛焊接残余应力的目的，同时热处理还可以改善焊接接头的性能。生产中常用的热处理法有整体热处理和局部热处理两种。

（1）整体热处理　是将整个构件缓慢加热到一定的温度（低碳钢为650℃），并在该温度下保温一定的时间（一般按每毫米板厚保温2～4min，但总时间不少于30min），然后空冷或随炉冷却。整体热处理消除残余应力的效果取决于加热温度、保温时间、加热和冷却速度、加热方法和加热范围。一般可消除60%～90%的残余应力，在生产中应用比较广泛。

（2）局部热处理　对于某些不允许或不可能进行整体热处理的焊接结构，可采用局部热处理。局部热处理就是对构件焊缝周围局部应力很大的区域及其周围，缓慢加热到一定温度后保温，然后缓慢冷却。其消除应力的效果不如整体热处理，它只能降低残余应力峰值，不能完全消除残余应力。对于一些大型筒形容器的组装环缝和一些重要管道等，常采用局部热处理来降低结构的残余应力。

2. 机械拉伸法

机械拉伸法是通过不同方式在构件上施加一定的拉伸应力，使焊缝及其附近产生拉伸塑性变形，与焊接时在焊缝及其附近所产生的压缩塑性变形相互抵消一部分，达到松弛残余应力的目的。实践证明，拉伸载荷加得越高，压缩塑性变形量抵消得就越多，残余应力消除得越彻底。在压力容器制造的最后阶段，通常要进行水压试验，其目的之一就是利用加载来消除部分残余应力。

3. 温差拉伸法

温差拉伸法的基本原理与机械拉伸法相同，不同点是机械拉伸法采用外力进行拉伸，而温差拉伸法是采用局部加热形成的温差来拉伸压缩塑性变形区。图2-25所示为温差拉伸法示意图，在焊缝两侧各用一适当宽度（一般为100～150mm）的氧乙炔焰嘴加热焊件，将焊件表面加热到200℃左右，在焰嘴后面一定距离处用水管喷头进行冷却，造成两侧温度高、焊缝区温度低的温度场，两侧金属的热膨胀对中间温度较低的焊缝区进行拉伸，产生的拉伸塑性变形抵消焊接时所产生的压缩塑性变形，从而达到消除残余应力的目的。如果加热温度和加热范围选择得适当，消除应力的效果可达50%～70%。

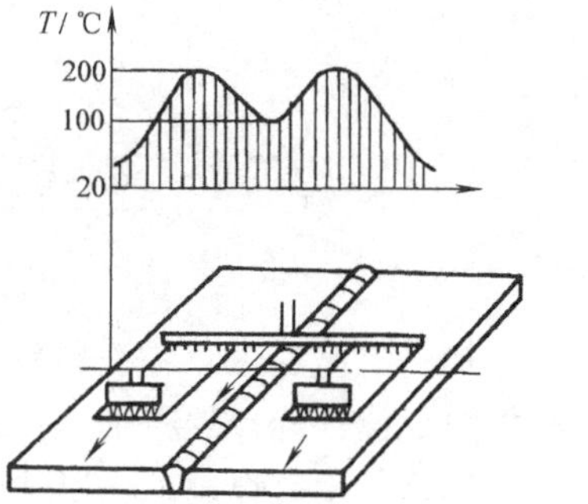

图2-25　温差拉伸法消除残余应力示意图

4. 锤击焊缝

在焊后用锤子或一定直径的半球形风锤锤击焊缝，可使焊缝金属产生延伸变形，能抵消一部分压缩塑性变形，起到减小焊接应力的作用。锤击时注意施力应适度，以免施力过大而产生裂纹。

5. 振动法

振动法又称振动时效或振动消除应力法（VSR）。它是利用由偏心轮和变速马达组成的激振器，使结构发生共振所产生的循环应力来降低内应力。其效果取决于激振器、工件支点位置、激振频率和时间。振动法所用设备简单、价廉，节省能源，处理费用低，时间短（从数分钟到几十分钟），也没有高温回火时金属表面氧化等问题。目前在焊件、铸件、锻件中，为了提高尺寸稳定性较多地采用此法。

第三节　焊 接 变 形

一、焊接变形的种类及其影响因素

焊接变形按其对整个焊接结构的影响程度，可分为局部变形和整体变形；按焊接变形的特征，可分为收缩变形、角变形、弯曲变形、波浪变形和扭曲变形，这五种基本变形形式如图 2-26 所示。

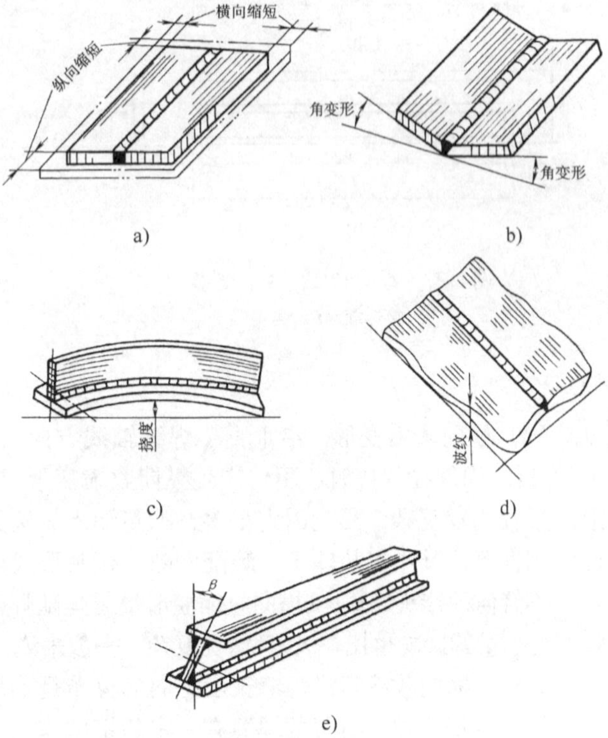

图 2-26　焊接变形的基本形式
a）收缩变形　b）角变形　c）弯曲变形
d）波浪变形　e）扭曲变形

1. 收缩变形

焊件在焊后所发生的尺寸缩短现象称为收缩变形，它分为纵向收缩变形和横向收缩变形。

（1）纵向收缩变形　如图 2-27 所示，沿焊缝轴线方向尺寸的缩短称为纵向收缩变形，用 Δx 表示。由于焊缝及其附近区域在焊接高温的作用下产生纵向的压缩塑性变形，焊件冷却后这个区域要收缩，于是引起纵向收缩变形。

纵向收缩变形量一般随长度的增加而增加；焊件的横截面积越大，焊件的纵向收缩量越小；纵向收缩变形量还取决于材料的弹性模量、压缩塑性变形区的面积和压缩塑性变形量等。压缩塑性变形量与纵向收缩变形量成正比，其大小与焊接方法、焊接参数、焊接顺序及母材的热物理性质有关，其中以热输入的影响最大。一般情况下，压缩塑性变形量与热输入成正比。对于同样截面的焊缝，可以一次焊成，也可以采用多层焊。多层焊每层所用的热输入比单层焊时小得多，因此，多层焊时每层焊缝所产生的压缩塑性变形区的面积比单层焊时小。但多层焊所引起的总变形量并不等于各层焊缝之和，因为各层焊缝所产生的塑性变形区的面积是相互重叠的。图 2-28 所示为单层焊和双层焊对接接头塑性变形区示意图。单层焊时，塑性变形区的面积为 $ABCD$；双层焊时，第一层焊道产生的塑性变形区为 $A_1B_1C_1D_1$，第二层的塑性变形区为 $A_2B_2C_2D_2$。由此可以得出以下结论：对截面相同的焊缝，采用多层焊引起的纵向收缩量比单层焊小，分的层数越多，每层的热输入越小，纵向收缩量就越小。

焊件的原始温度对焊件的纵向收缩也有影响。一般来说，焊件的原始温度提高，相当于热输入增大，焊后纵向收缩量增大。但是，当原始温度高到某一程度时，可能会出现相反的情况，因为随着原始温度的提高，焊件上的温差减小，温度趋于均匀化，压缩塑性变形率下降，可使压缩塑性变形量减小，从而使纵向收缩量减小。

焊件材料的线膨胀系数对纵向收缩量也有一定的影响，线膨胀系数大的材料，焊后纵向收缩量大，如不锈钢和铝焊件比碳钢焊件的收缩量大。

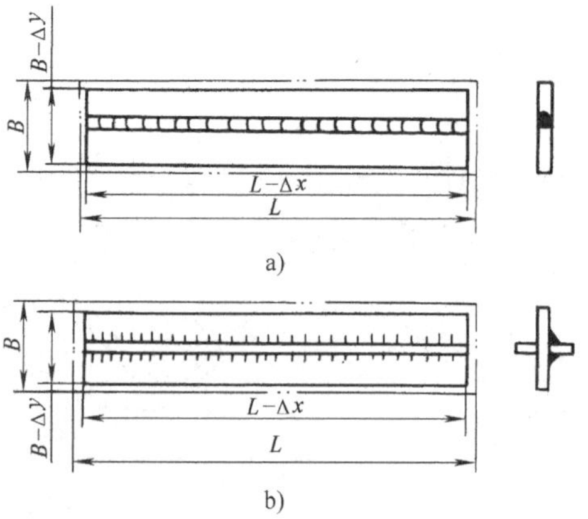

图 2-27　纵向和横向收缩变形

a）对接焊缝　b）角焊缝

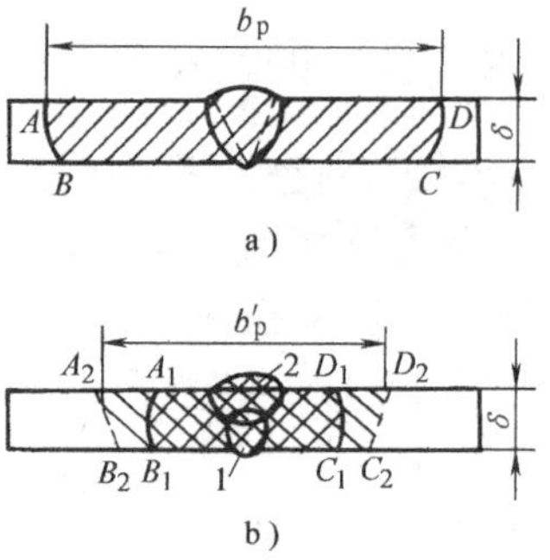

图 2-28　单层焊和双层焊对接接头塑性变形区示意图

a）单层焊塑性变形区　b）双层焊塑性变形区

（2）横向收缩变形　沿垂直于焊缝轴线方向尺寸的缩短即为横向收缩变形，如图 2-27 中的 Δy。构件在焊接时，不仅产生纵向收缩变形，也产生横向收缩变形。产生横向收缩变形的过程比较复杂，影响因素很多，如热输入、接头形式、装配间隙、板厚、焊接方法及焊件的刚性等，其中以热输入、装配间隙、接头形式等的影响最为明显。

不管何种接头形式,其横向收缩变形量总是随焊接热输入的增大而增加。装配间隙对横向收缩变形量的影响也比较大,且情况复杂。一般来说,随着装配间隙的增大,横向收缩量也增加。

另外，横向收缩量沿焊缝长度方向的分布是不均匀的。因为一条焊缝是逐步形成的，先焊的焊缝冷却收缩对后焊的焊缝有一定的挤压作用，使后焊的焊缝横向收缩量更大。一般来说，焊缝的横向收缩沿焊接方向是由小到大，逐渐增大到一定长度后便趋于稳定。由于这个原因，生产中常将一条焊缝的两端头间隙取不同值，后半部分比前半部分要大 1 ~ 3mm。

横向收缩的大小还与装配后定位焊和装夹情况有关，定位焊焊缝越长，装夹的拘束程度越大，横向收缩变形量就越小。

对接接头的横向收缩量随焊缝金属量的增加而增大；热输入、板厚和坡口角度增大，横向收缩量也增大，但是板厚的增大会使接头的刚度增大，可以限制焊缝的横向收缩，使横向收缩量减少。另外，多层焊时，先焊的焊道引起的横向收缩量较明显，后焊焊道引起的横向收缩量逐层减小。焊接方法对横向收缩量也有影响，如相同尺寸的构件采用埋弧焊时的横向收缩量比采用焊条电弧焊时的横向收缩量小；气焊的横向收缩量比电弧焊的大。

角焊缝的横向收缩量要比对接焊缝的横向收缩量小得多。同样的焊缝尺寸，板越厚，横向收缩变形量越小。

2. 角变形

焊后由于焊缝的横向收缩使得两连接件间相对角度发生变化的变形称为角变形。中厚板对接焊、堆焊、搭接焊及T形接头焊接时，都可能产生角变形。焊缝接头形式不同，其角变形的特点也不同，如图2-29所示。

（1）平板堆焊的角变形　平板堆焊时，在钢板厚度方向上的温度分布是不均匀的。温度高的一面受热膨胀较大，另一面膨胀小甚至不膨胀。由于焊接面膨胀受阻，因此出现了较大的压缩塑性变形，这样，冷却时在钢板厚度方向上就会产生收缩不均匀的现象，焊件一面收缩大，另一面收缩小，从而产生了如图2-29 a所示的角变形。

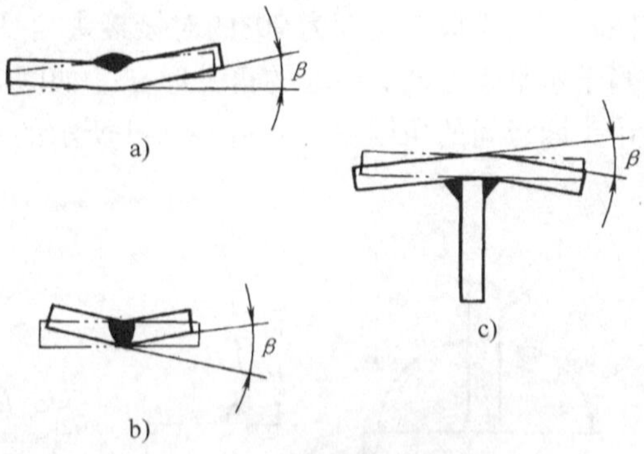

图2-29　几种接头的角变形
a）堆焊　b）对接接头　c）T形接头

角变形的大小与焊接热输入、板厚等因素有关，也与焊件的刚性有关。当热输入一定时，板厚越大，厚度方向上的温差越大，角变形增加；但当板厚增大到一定程度时，构件的刚性增大，抵抗变形的能力增强，角变形反而减小。另外，在板厚一定时，若热输入增大，则压缩塑性变形量增加，角变形增加；但热输入增大到一定程度时，堆焊面与背面的温差减小，角变形反而减小。

（2）对接接头的角变形　对接接头的角变形如图2-29b所示，它主要与坡口形式、坡口角度、焊接层数、焊接顺序等有关。坡口截面不对称的焊缝，其角变形大，因而用X形坡口代替V形坡口，有利于减小角变形；坡口角度越大，焊缝横向收缩沿板厚分布越不均匀，角变形越大。同样的板厚和坡口形式下，多层焊比单层焊的角变形大，多层多道焊比多层焊角变形大。另外，坡口截面对称，采用不同的焊接顺序时，所产生角变形的大小也不相同。图2-30a所示为X形坡口对接接头，先焊完一面后再翻转焊另一面，焊第二面时所产生的角变形不能完全抵消第一面产生的角变形，这是因为焊第二面时第一面已经冷却，增加了接头的刚性，使第二面的角变形小于第一面，最终产生了一定的残余角变形。如果采用正、反面各层对称交替焊，如图2-30b所示，则正、反面的角变形可相互抵消。但采用这种方法时焊件翻转次数比较多，不利于提高生产率。比较好的办法是先在一面少焊几层，然后翻转过来焊满另一面，使其产生的角变形稍大于先焊的一面，最后翻转过来焊满第一面，如图2-30c所示，这样就能以最少的翻转次数来获得最小的角变形。非对称坡口的焊接如图2-30d所示，应先焊焊接量少的一面，后焊焊接量多的一面，并且注意每一层的焊接方向应相反。

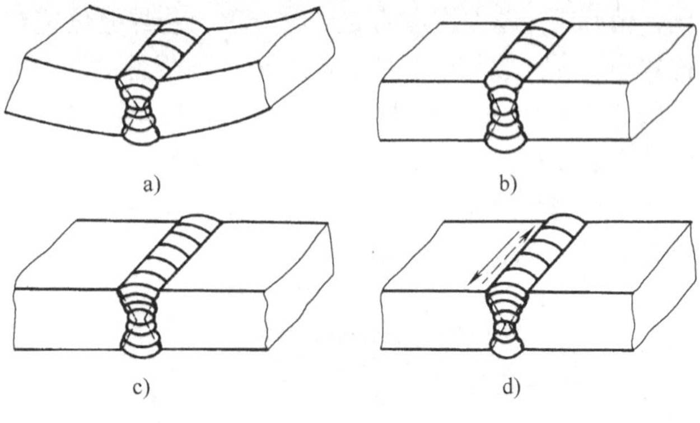

图2-30　角变形与焊接顺序的关系
a）对称坡口非对称焊（一次翻转）　b）对称坡口对称交替焊
c）对称坡口非对称焊（两次翻转）　d）非对称坡口非对称焊

薄板焊接时，正、反面的温差小，且薄板的刚度小，焊接过程中，在压应力的作用下易产生失稳，使角变形方向不定，没有明显的规律性。

（3）T 形接头角变形　T 形接头（图 2-31a）的角变形可以看成是由立板相对于水平板的回转与水平板本身的角变形两部分组成。T 形接头不开坡口焊接时，其立板相对于水平板的回转相当于坡口角度为 90°的对接接头角变形 β'，如图 2-31b 所示；水平板本身的角变形相当于水平板上堆焊引起的角变形 β''，如图 2-31 c 所示。这两种角变形综合的结果，是使 T 形接头两板间的角度发生如图 2-31 d 所示的变化。

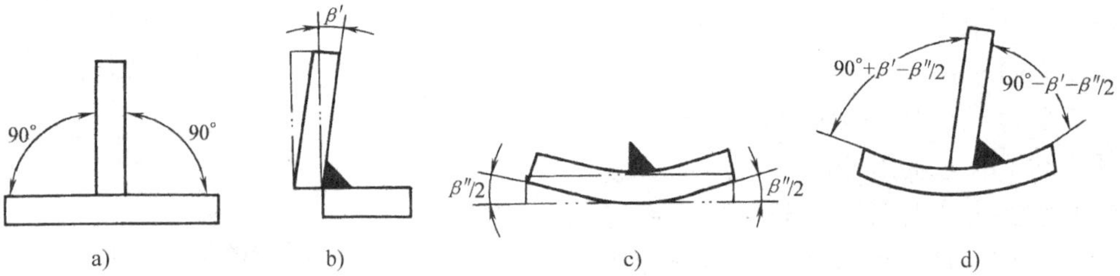

图 2-31　T 形接头的角变形

a）T 形接头　b）立板的回转变形　c）水平板的角变形　d）T 形接头的总变形

为了减小 T 形接头的角变形，一方面可以通过开坡口来减小立板与水平板间的焊缝夹角，以减小 β' 值；另一方面可以通过减小焊脚尺寸来减少焊缝金属量，以降低 β'' 值。

3. 弯曲变形

弯曲变形是由于焊缝的中心线与结构截面的中性轴不重合或不对称，焊缝的收缩沿构件宽度方向分布不均匀而引起的。由于焊缝的收缩分纵向收缩和横向收缩，因此弯曲变形分两种：纵向收缩引起的弯曲变形和横向收缩引起的弯曲变形。

（1）纵向收缩引起的弯曲变形　图 2-32 所示为板边的堆焊，由于焊缝的中心线在结构截面中性轴的一侧，因此焊缝的纵向收缩沿宽度方向呈不均匀分布，从而引起了弯曲变形。研究表明，弯曲变形的大小与塑性变形区的中心线到焊件截面中性轴的距离（偏心距 s）成正比，偏心距 s 越大，弯曲变形越严重；若焊缝位置对称或接近于截面中性轴，则弯曲变形就比较小。纵向收缩引起的弯曲变形还与焊件的刚度成反比。

（2）横向收缩引起的弯曲变形　如果焊缝的横向收缩在结构上分布不对称，也会引起构件的弯曲变形。如图 2-33 所示，工字梁上布置若干短肋板，由于肋板与腹板及肋板与上翼板的角焊缝均分布于结构中性轴的上部，它们的横向收缩沿梁高度方向的分布不对称，因而引起了工字梁的下挠变形。

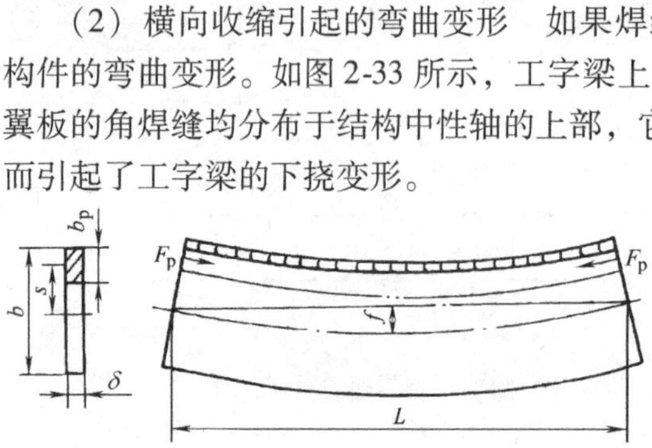

图 2-32　焊缝的纵向收缩引起的弯曲变形

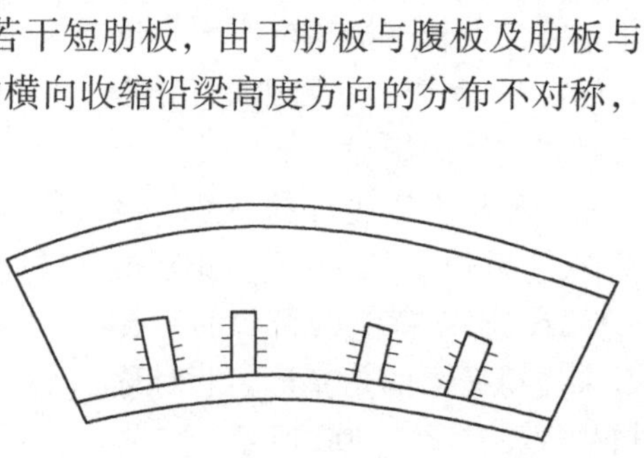

图 2-33　焊缝的横向收缩引起的弯曲变形

4. 波浪变形

波浪变形常发生于板厚小于6mm的薄板焊接过程中，又称为失稳变形。大面积平板拼接，如船体甲板、大型油罐罐底板等，极易产生波浪变形。

防止波浪变形可从两方面着手：一是尽量减少产生波浪变形的外部因素，即降低焊接残余压应力，如采用减小塑性变形区的焊接方法，选用较小的焊接热输入等；二是通过增加焊件刚度和拘束度来提高焊件的失稳临界应力，如给焊件增加肋板，适当增加焊件的厚度等。

焊接角变形也可能产生波浪变形。如图2-34所示，采用大量肋板的结构时，每块肋板的角焊缝引起的角变形连贯起来就造成了波浪变形。这种波浪变形与失稳的波浪变形有本质的区别，应采用不同的办法控制或预防。

5. 扭曲变形

在一些框架、杆件或梁柱等刚性较大的焊接构件上，往往会发生扭曲变形。如图2-35所示，工字梁上有四条纵向焊缝，如果按图中1～4的顺序和方向焊接，因为角焊缝引起的角变形在焊缝长度方向上逐渐增大，所以会产生扭曲变形。若两条角焊缝同时同向焊接，或在夹具中进行焊接，则可以减小或防止扭曲变形。

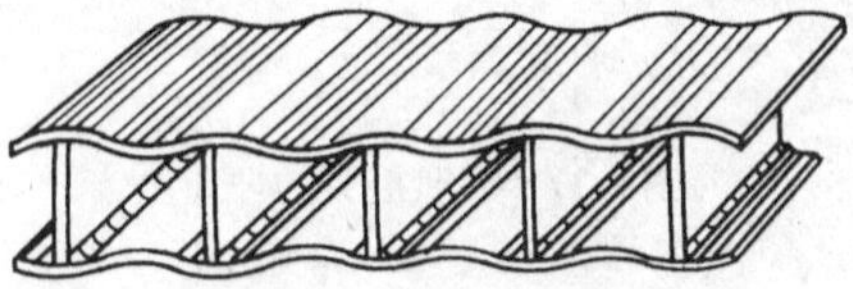

图2-34　焊接角变形引起的波浪变形

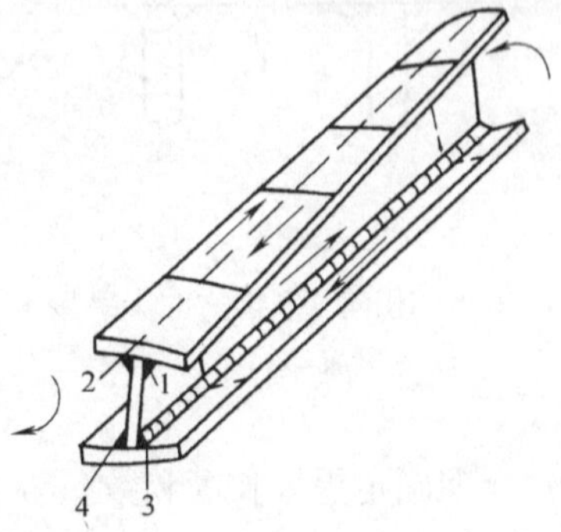

图2-35　工字梁的扭曲变形

在五种基本焊接变形中，最基本的是收缩变形，收缩变形再加上不同的影响因素，就构成了其他四种基本变形形式。

二、焊接变形的危害

焊接变形是焊接结构生产中经常出现的问题。焊接结构的变形对焊接结构生产有极大的影响。

首先，零件或部件的焊接残余变形给装配带来了困难，进而影响后续焊接的质量。在生产中，有时为了保证焊接后需要进行机械加工的工件尺寸而片面地多留余量，加大坯料尺寸，增加了材料消耗和机械加工工时。其次，过大的残余变形还要进行矫正，增加了结构的制造成本。另外，焊接变形还会降低焊接接头的性能和承载能力。

因此，实际生产中必须设法控制焊接变形，将变形控制在技术要求允许的范围之内。

三、控制焊接变形的措施

从焊接结构的设计开始，就应考虑控制变形可能采取的措施。进入生产阶段，可采用焊前预防变形的措施，以及在焊接过程中采取适当的工艺措施。

1. 控制焊接变形的设计措施

（1）选择合理的焊缝尺寸和坡口形式

1）选择合理的焊缝尺寸。焊接变形与焊缝金属的多少有很大关系，因此对结构焊缝进行设计时，在保证结构承载能力和焊接质量的前提下，应根据板的厚度选取工艺上合理的最小焊缝截面尺寸。尤其是角焊缝尺寸，最容易盲目加大。

对受力较大的T形或十字形接头，在保证强度相同的条件下，采用开坡口的焊缝可减少焊缝金属，对减小角变形有利，如图2-36所示。

2）选择合理的坡口形式。对于对接焊缝，选用对称的坡口形式比非对称的坡口形式容易控制角变形。因此，具有翻转条件的结构，宜选用双V形等对称的坡口形式。T形接头立板端开J形坡口比开单边V形坡口产生的角变形小，如图2-37所示。

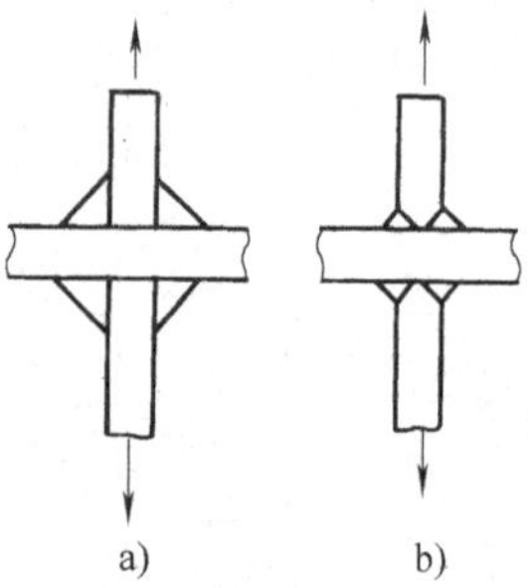

图2-36　相同承载能力的十字接头
a）不开坡口　b）开坡口

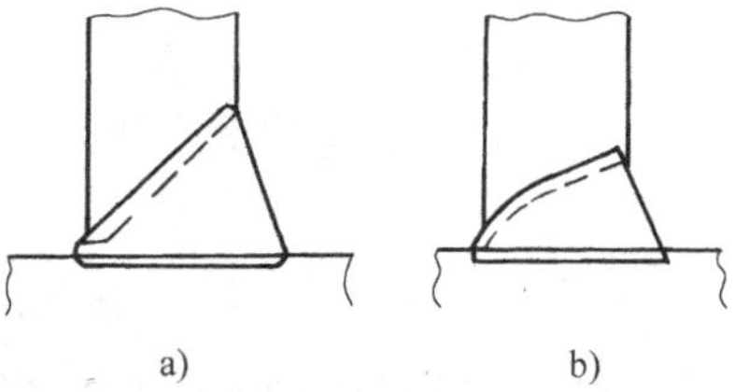

图2-37　T形接头的坡口
a）角变形大　b）角变形小

（2）合理确定焊缝长度和数量　由于焊缝长度对焊接变形有影响，所以在满足强度要求和密封性要求的前提下，可以用断续焊缝代替连续焊缝，以减小焊接变形。另外，在设计过程中还要尽可能地减少焊缝数量。如在薄壳结构中，适当增加壁板的厚度可以减少肋板的数量，从而减轻焊接变形的矫正工作量。如采用图2-38所示的压制型材代替肋板，对于防止焊接变形是非常有效的。

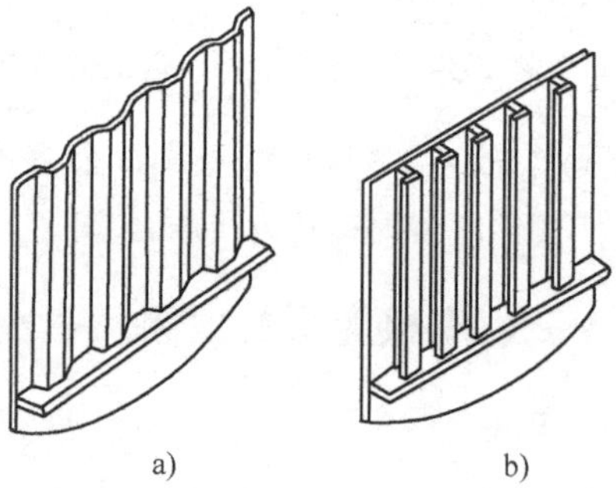

图2-38　采用压制型材代替焊接肋板减少焊缝数量和焊接变形
a）压制型加强肋板　b）焊接肋板

（3）合理安排焊缝位置　结构设计过程中，应尽量使焊缝中心线与结构截面的中性轴重合或靠近中性轴，力求使中性轴两侧的变形量大小相等且方向相反，以起到相互抵消的作用。图2-39所示为箱形结构，图2-39a中的焊缝集中于中性轴一侧，弯曲变形大，图2-39b、c中的焊缝安排得较合理。

图2-40a所示肋板设计中，焊缝集中在截面的中性轴下方，而肋板焊缝的横向收缩集中在中性轴下方将引起上拱的弯曲变形。改成图2-40b所示的设计形式后，可以减小和防止这种变形。

2. 控制焊接变形的工艺措施

（1）留余量法　此法就是在下料时，将零件的长度或宽度尺寸相对设计尺寸适当加大，以补偿焊件的收缩。余量的多少可根据公式并结合生产经验来确定。留余量法主要用于防止焊件的收缩变形。

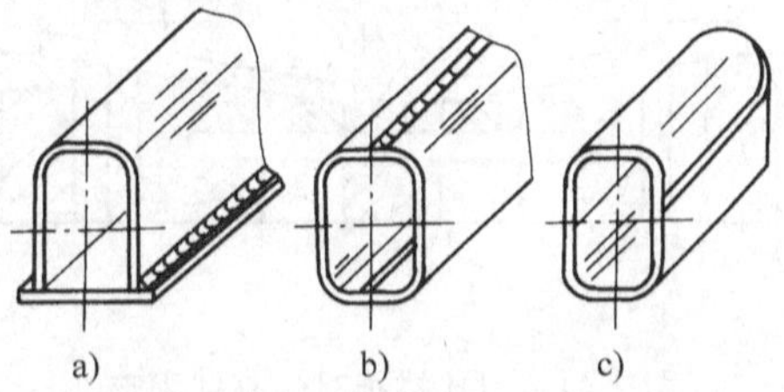

图 2-39　箱形结构的焊缝安排

a）不合理　b）、c）合理

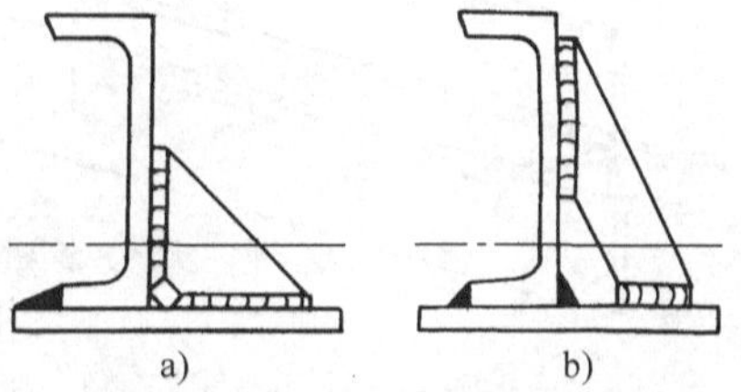

图 2-40　肋板焊缝的合理安排

a）不合理　b）合理

（2）反变形法　反变形法在生产中应用比较广泛，它是根据焊件的变形规律，焊前预先将焊件向与焊接变形相反的方向进行人为的变形（反变形量与焊接变形量相等），使之与焊接变形相抵消。此方法很有效，但必须准确地估计焊后可能产生的变形方向和大小，并根据焊件的结构特点和生产条件灵活地运用。图 2-41 所示为控制平板对接焊产生角变形的方法。反变形法主要用于控制焊件的角变形和弯曲变形。

（3）刚性固定法　将焊件固定在具有足够刚性的胎架上，或者临时装焊支承，来增加焊件的刚度或拘束度，以达到减小焊接变形的目的，即刚性固定法。常用的刚性固定法有以下几种：

1）将焊件固定在刚性平台上。薄板焊接时，为避免产生波浪变形，可采用定位焊将焊件固定在刚性平台上，并且用压铁压住焊缝附近，如图 2-42 所示。

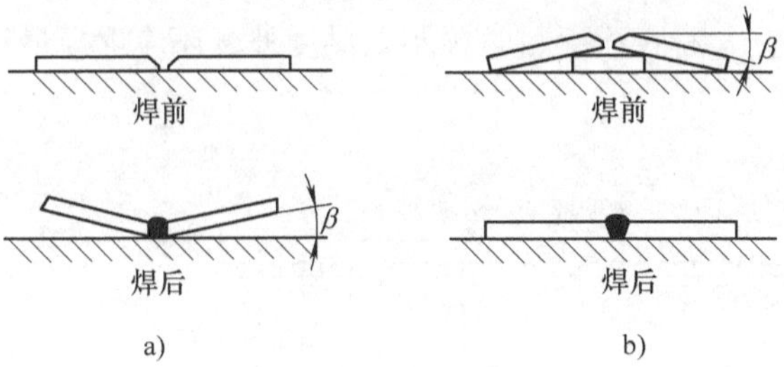

图 2-41　反变形法

a）未采用反变形法　b）采用反变形法

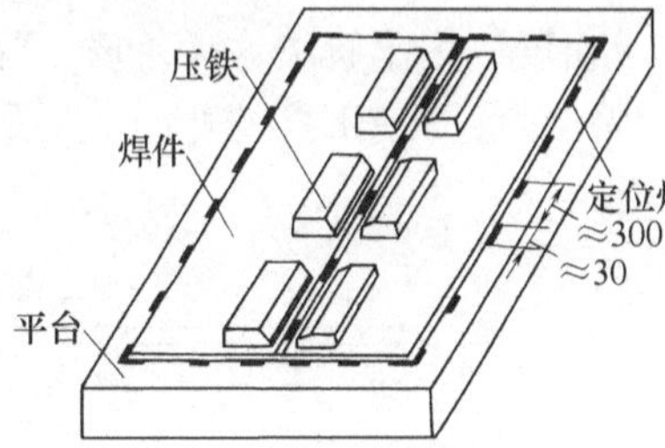

图 2-42　薄板拼接时的刚性固定

2）将焊件组合成刚性更大的或对称的结构。T 形梁焊接时容易产生角变形和弯曲变形，如图 2-43 所示，将两根 T 形梁组合在一起，使焊缝对称于结构截面的中性轴，同时增加了结构的刚性，并配合反变形法（采用垫铁），采用合理的焊接顺序，对防止弯曲变形和角变形有利。

3）利用焊接夹具增加结构的刚性和拘束。如图 2-44 所示，利用夹紧器将构件固定，增加构件的拘束，就可以有效地防止构件产生角变形和弯曲变形。

4）利用临时支撑增加结构的拘束。单件生产中，采用专用夹具在经济上不合理。因此，可在容易发生变形的部位焊上一些临时支撑或拉杆，增加局部的刚度，能有效地减小焊接变形。图 2-45 所示是防护罩用临时支撑来增加拘束的应用实例。

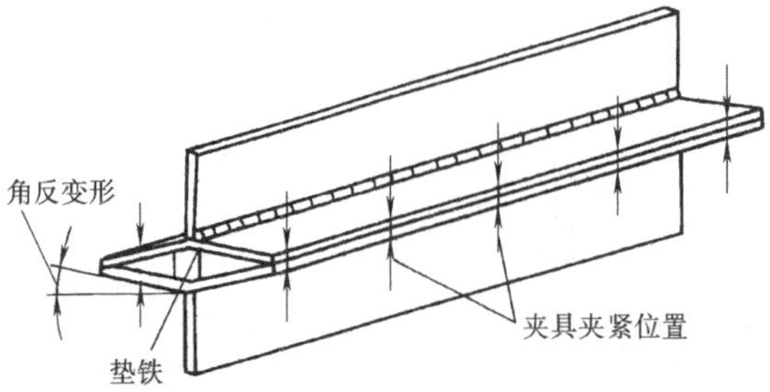

图 2-43　T 形梁在刚性夹紧下进行焊接

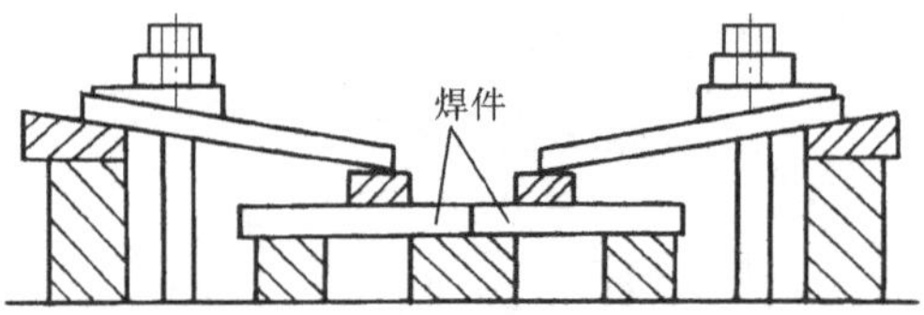

图 2-44　对接拼板时的刚性固定

(4) 选择合理的装配焊接顺序　由于装配焊接顺序对焊接结构变形的影响很大，因此，在无法使用胎夹具的情况下施焊时，采用合理的装配和焊接顺序也可使焊接变形减至最小。为了控制和减小焊接变形，装配焊接顺序的确定应按以下原则进行。

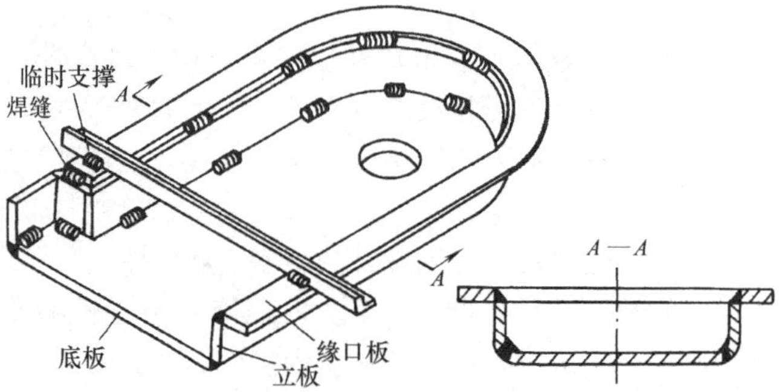

图 2-45　防护罩焊接时的临时支撑

1) 正在施焊的焊缝应尽量靠近结构截面的中性轴。箱形梁结构由上下翼板、左右腹板及中间的若干肋板组成，如图 2-46 所示。梁的大部分焊缝处于结构中性轴的上方，其横向收缩引起梁下挠的弯曲变形，而梁的制造技术中要求该箱形主梁具有一定的上拱度，为了解决这一矛盾，除了在左、右腹板下料时预制上拱度外，还应选择最佳的装配焊接顺序，使下挠的弯曲变形最小。

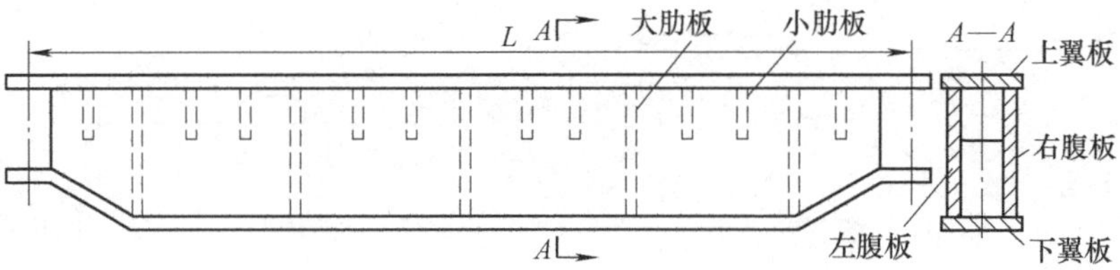

图 2-46　箱形梁结构

根据箱形梁的结构特点，一般先将上翼板与两腹板装成“Π”形梁，如图 2-47 所示，最后装下翼板，组成封闭的箱形梁。“Π”形梁的装配焊接顺序是影响主梁上拱度的关键，应先装配大、小肋板与上翼板，焊 *A* 焊缝，此时 *A* 焊缝基本接近结构截面的中性轴，变形最小；然后同时装配左、右腹板，焊 *C* 和 *B* 焊缝，由于焊缝基本对称于结构截面的中性轴，下挠变形很小。“Π”形梁装配完毕后，先不焊接上翼板与左、右腹板的角焊缝，等到下翼板装配完毕后再焊接左、右腹板与上、下翼板的四条焊缝，原因是四条角焊缝基本对称于结构截面的中性轴，可以使焊接变形控制在最小。该方案是最佳的装配焊接顺序，也是目前类似结构在实际生产中广泛采用的一种方案。

2）对于焊缝非对称布置的结构，装配焊接时应先焊焊缝少的一侧。图2-48所示为压力机的压型上模，截面中性轴 $x—x$ 以上有四条焊缝，多于中性轴 $x—x$ 以下的两条焊缝，如果装配焊接顺序不合理，最终将产生下挠的弯曲变形。解决办法是先由两人对称地焊接焊缝1和1′（图2-48b），此时将产生较大的上拱弯曲变形并增加了结构的刚性；再按图2-48c所示的位置焊接焊缝2和2′，此时将产生下挠弯曲变形；最后按图2-48d所示的位置焊接焊缝3和3′，此时将产生下挠弯曲变形。这样，上拱弯曲变形近似等于两次下挠弯曲变形的和，并且方向相反，弯曲变形基本相互抵消。

3）对于焊缝对称布置的结构，应由偶数焊工对称地施焊。如图2-49所示的圆筒体对接焊缝，应由两名焊工对称地施焊。

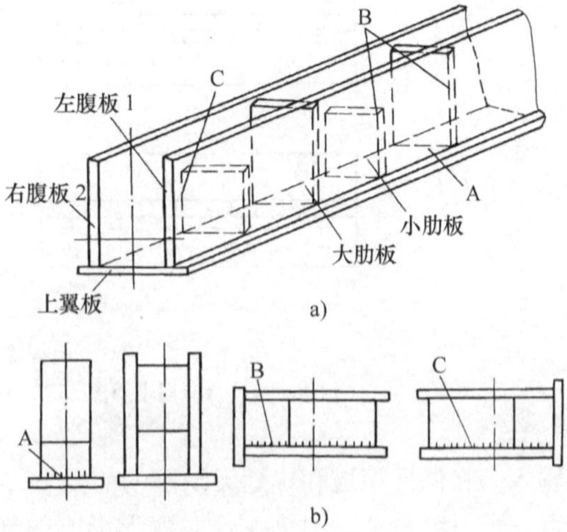

图2-47　箱形梁装配焊接

a）“Π”形梁结构示意图　b）“Π”形梁的装配焊接方法

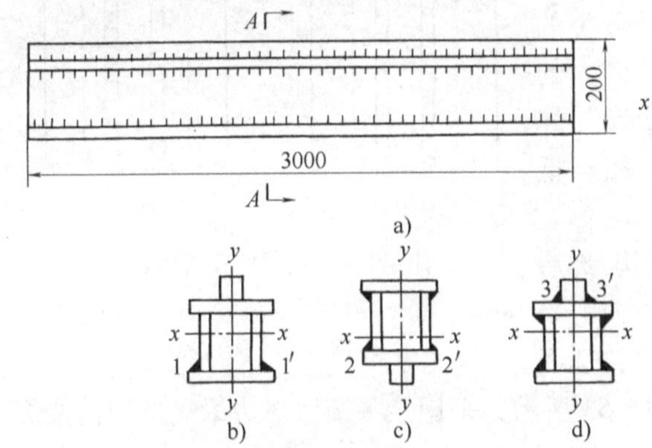

图2-48　压力机压型上模的焊接顺序

a）压型上模结构图　b）、c）、d）焊接顺序

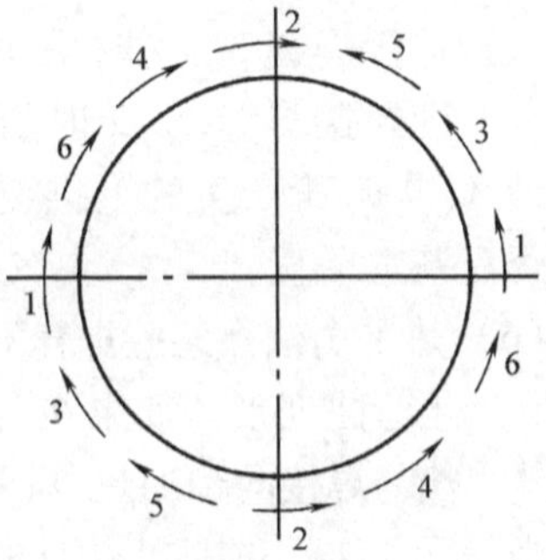

图2-49　圆筒体对接焊缝的焊接顺序

4）长焊缝（1m以上）焊接时，可采用图2-50所示的方向和顺序进行焊接，以减小焊后的收缩变形。

5）对于相邻的两条焊缝，为了防止产生扭曲变形，应按图2-51所示正确的方向和顺序焊接。

（5）合理地选择焊接方法和焊接参数　由于各种焊接方法的热输入不同，因而产生的焊接变形也不一样。能量集中和热输入较低的焊接方法，可有效地降低焊接变形。用 CO_2 气体保护焊焊接中厚钢板所产生的变形比用气焊和焊条电弧焊小得多，更薄的板可以采用脉冲钨极氩弧焊、激光焊等方法焊接。电子束焊的焊缝很窄，变形极小，一般经精加工的工件，焊后仍具有较高的精度。

焊接热输入是影响变形量的关键因素，当焊接方法确定后，可通过调节焊接参数来控制

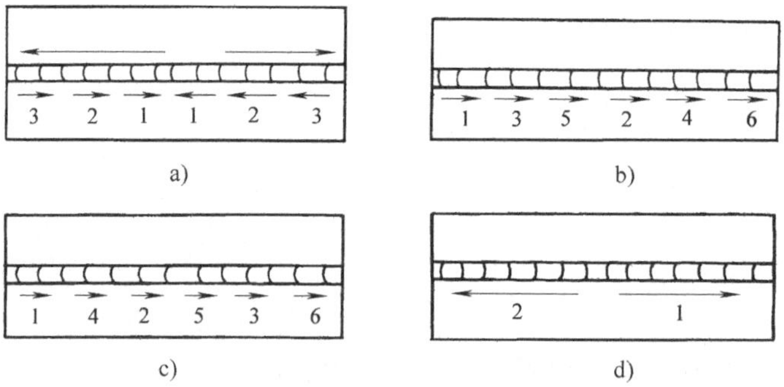

图 2-50　长焊缝的几种焊接顺序

a）分段退焊法　b）、c）跳焊法　d）分段焊法

热输入。在保证熔透和焊缝无缺陷的前提下，应尽量采用小的焊接热输入。根据焊件的结构特点，可以灵活地运用热输入对变形影响的规律来控制焊接变形。如图 2-52 所示的非对称截面梁，因焊缝 1、2 离结构截面中性轴的距离 s 大于焊缝 3、4 到中性轴的距离 s'，所以焊后会产生下挠的弯曲变形。如果在焊接焊缝 1、2 时采用多层焊，每层选择较小的热输入；焊接焊缝 3、4 时采用单层焊，选择较大的热输入，则焊接焊缝 1、2 时所产生的下挠变形与焊接焊缝 3、4 时所产生的上拱变形基本上可以相互抵消，焊后基本平直。

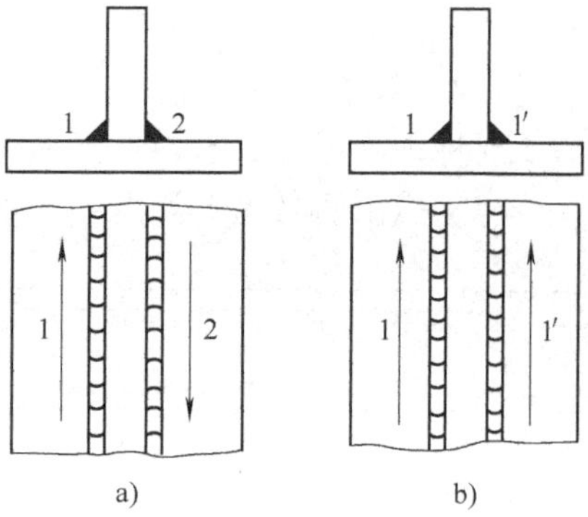

图 2-51　相邻两条焊缝的焊接方向和顺序

a）不正确　b）正确

（6）热平衡法　某些焊缝不对称布置的结构,焊后往往会产生弯曲变形。如果在与焊缝对称的位置上采用气体火焰与焊接同步加热,只要加热的工艺参数选择得适当,就可以减小或防止构件的弯曲变形。图 2-53 所示为采用热平衡法对边梁箱形结构的焊接变形进行控制。

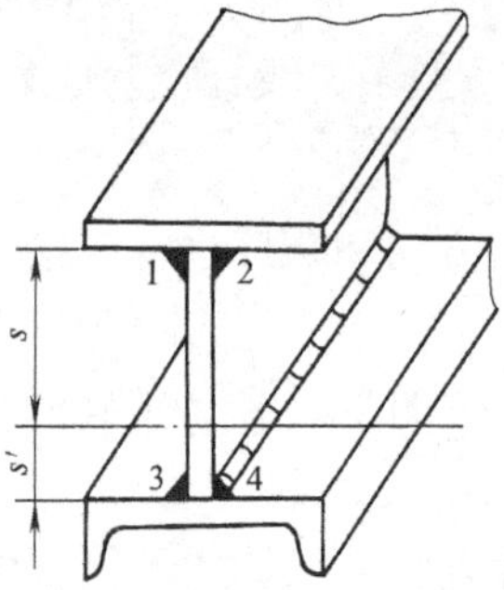

图 2-52　非对称截面结构的焊接

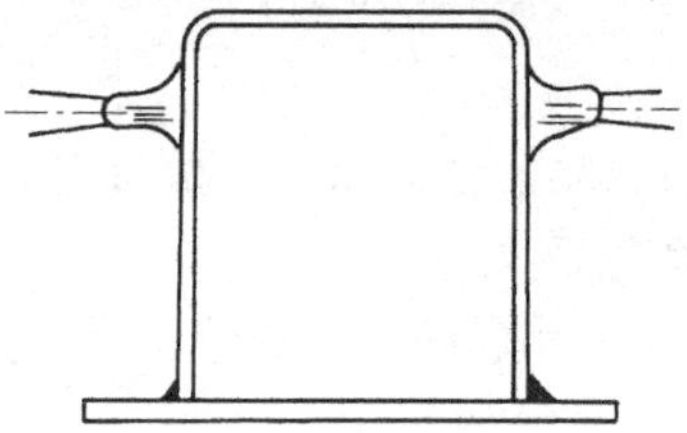

图 2-53　采用热平衡法防止焊接变形

（7）散热法　散热法就是通过各种方式将焊缝及其附近处的热量迅速带走，减小焊缝及其附近的受热区，达到减小焊接变形的目的。图 2-54a 所示为水浸法散热示意图，图 2-54b 所示为喷水法散热，图 2-54c 所示为采用在纯铜板上钻孔通水的散热垫法散热。

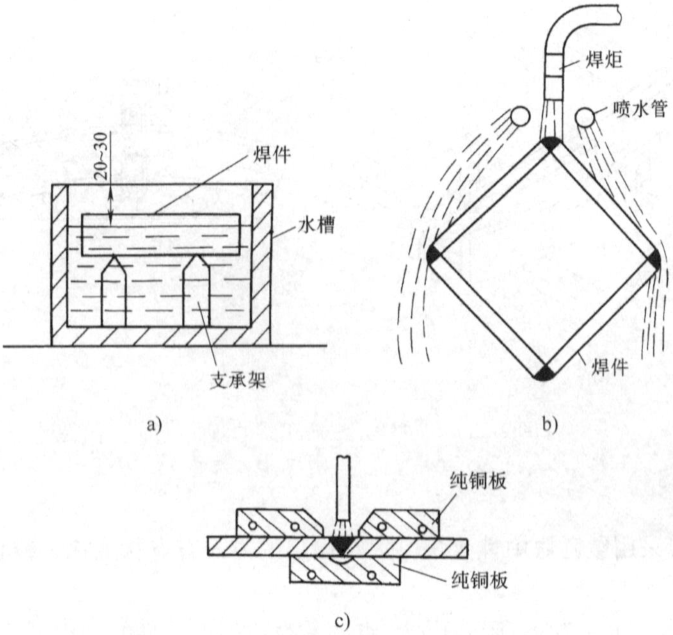

图 2-54　散热法示意图

a）水浸法散热　b）喷水法散热　c）散热垫法散热

以上所述为控制焊接变形的常用方法。在焊接结构的实际生产过程中，应充分估计各种变形，分析各种变形的变形规律，根据现场条件选用一种或几种方法，有效地控制焊接变形。

四、矫正焊接变形的方法

在焊接结构生产中，焊接变形十分复杂，所以虽然在结构设计和生产工艺方面已经采取了各种控制和减小焊接变形的措施，但是构件焊接后还是难以避免存在焊接变形。当焊接结构中的残余变形超出技术要求的变形范围时，就必须对焊件的变形进行矫正。

1. 手工矫正法

手工矫正法就是利用锤子、大锤等工具锤击焊件的变形处，使材料延伸以补偿焊接收缩。这种方法主要用于一些小型简单焊件的弯曲变形和薄板的波浪变形的矫正。

2. 机械矫正法

机械矫正法就是在机械力的作用下使部分金属得到延伸，产生拉伸塑性变形，使变形的构件恢复到所要求的形状。具体地说，就是用千斤顶、拉紧器、压力机等将焊件顶直或压平。机械矫正法一般适用于塑性比较好的材料及形状简单的焊件，如图 2-55 所示。

3. 火焰加热矫正法

火焰加热矫正法就是利用火焰对焊件进行局部加热，使焊件产生新的变形以抵消焊接变形。由于其设备简单、操作方便，所以火焰加热矫正法在生产中应用广泛，主要用于矫正弯曲变形、角变形、波浪变形等，也可用于矫正扭曲变形。

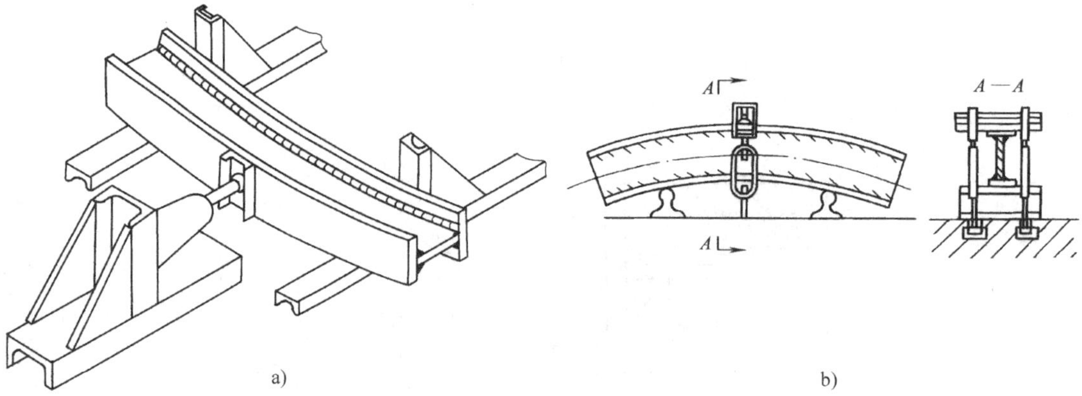

图 2-55　机械矫正法矫正梁的弯曲变形

a）千斤顶矫正　b）拉紧器矫正

加热火焰一般采用氧乙炔中性火焰，火焰加热的方式有点状加热、线状加热和三角形加热三种。

（1）点状加热　如图 2-56 所示，加热点的数目应根据焊件的结构形状和变形情况而定。对于厚板，加热点的直径 d 应大些；对于薄板，加热点的直径则应小些。一般来说，加热点的直径不超过 15mm。变形量大时，加热点之间的距离 a 应小一些；变形量小时，加热点之间的距离则应大一些。一般 a 值取 50 ~ 100mm。

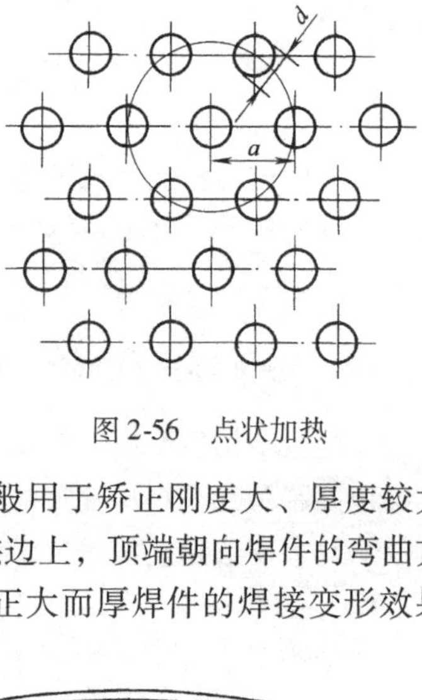

图 2-56　点状加热

（2）线状加热　火焰沿直线缓慢移动或同时进行横向摆动，形成一个加热带的加热方式，称为线状加热。线状加热有直通加热、链状加热和带状加热三种形式，如图 2-57 所示。线状加热可用于矫正波浪变形、角变形和弯曲变形等。

（3）三角形加热　三角形加热即加热区域呈三角形，一般用于矫正刚度大、厚度较大结构的弯曲变形。加热时，三角形的底边应在被矫正结构的拱边上，顶端朝向焊件的弯曲方向，如图 2-58 所示。三角形加热与线状加热联合使用，对矫正大而厚焊件的焊接变形效果更佳。

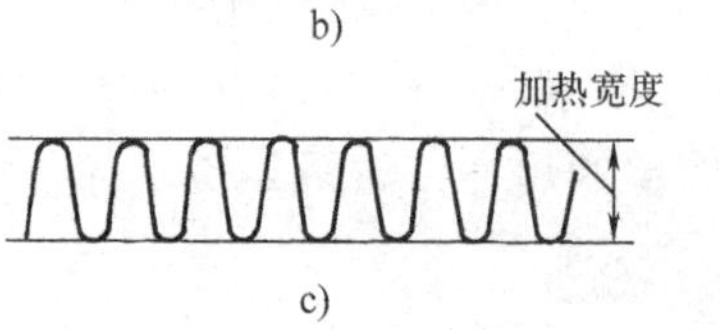

图 2-57　线状加热

a）直通加热　b）链状加热　c）带状加热

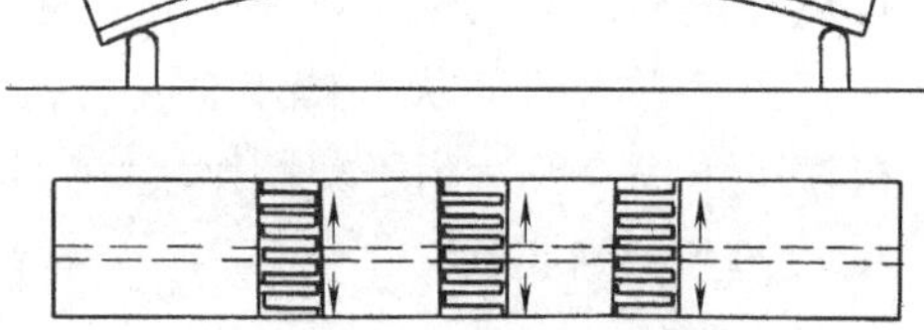

图 2-58　工字梁弯曲变形的火焰矫正

火焰加热矫正焊接变形的效果取决于下列三个因素：

1）加热方式。加热方式的确定取决于焊件的结构形状和焊接变形形式，一般薄板的波浪变形应采用点状加热；焊件的角变形可采用线状加热；弯曲变形则多采用三角形加热。

2）加热位置。加热位置的选择应根据焊接变形的形式和变形方向而定。

3）加热温度和加热区的面积。应根据焊件的变形量及焊件材质确定，当焊件变形量较大时，加热温度应高一些，加热区的面积应大一些。

【综合训练】

一、填空

1. 内应力是由于________、________及________的变化等因素造成物体内部的不均匀性变形而引起的应力。内应力的主要特点是________________________。

2. 内应力根据其产生的原因不同，可分为________、________、________和________等。

3. 物体的变形可按拘束条件分为________和________。物体单位长度的变形量称为________。

4. 通常焊接过程中焊件的变形方向与焊后焊件的变形方向________。

5. 在焊接结构中，焊缝及其附近区域的纵向残余应力为________，一般可达到材料的________，离开焊缝区________，急剧下降并转为________。

6. T形梁、工字梁和箱形梁纵向残余应力的分布情况为：一般情况下，焊缝及其附近区域中总是存在________，而在腹板的中部则会产生________。

7. 整体热处理消除残余应力的效果取决于________、________、________、________和________。一般可消除________的残余应力，在生产中应用比较广泛。

8. 焊接变形按变形特征可分为五种基本变形形式：________、________、________、________和________。

9. 由于焊缝及其附近区域在焊接高温的作用下产生纵向的________，焊件冷却后这个区域要收缩，于是引起了焊件的纵向收缩变形。

10. 弯曲变形是由于焊缝的中心线与________不重合或不对称，焊缝的收缩沿构件宽度方向分布不均匀而引起的。

11. 留余量法主要用于防止焊件的________。反变形法主要用于控制焊件的________和________。

12. 焊接热输入是影响变形量的关键因素，在保证熔透和焊缝无缺陷的前提下，应尽量采用________的焊接热输入。

二、简答

1. 什么叫弹性变形和塑性变形？
2. 焊接应力与变形产生的原因有哪些？
3. 焊件的刚性与拘束对焊接应力与变形有何影响？
4. 焊接残余应力对焊接结构的影响有哪些？
5. 消除焊接残余应力的方法有哪些？简述其原理。
6. 简述控制焊接变形的设计措施。
7. 常用的刚性固定法有哪几种？
8. 简述矫正焊接变形的方法。
9. 按变形形态不同，焊接变形可分为哪几类？

第三章　焊接结构件的备料加工工艺及设备

学习目标： 通过本章的学习，了解有关焊接结构件备料加工的基本程序，熟悉材料预处理、划线、下料及边缘加工的工艺设备，掌握材料预处理、划线、下料及边缘加工的工艺方法。

焊接结构生产中的备料加工工艺包括钢材的预处理、放样、划线、下料和边缘加工等。备料加工的质量对于保证焊件的质量和生产过程的顺利进行起到了十分重要的作用。钢材受外力、加热等因素的影响，表面会产生不平、弯曲、扭曲、波浪等变形缺陷；另外，钢材在轧制、运输和存放的过程中，也会在表面产生铁锈、氧化皮等，这些都将影响零件和产品的质量。因此，在焊接生产中应十分重视备料加工工艺，并通过采用先进的加工方法和设备来努力提高备料加工的机械化和自动化程度，确保备料加工的质量。

第一节　钢材的预处理工艺

一、钢材的矫正工艺

1. 钢材变形的原因

引起钢材变形的原因很多，从钢材的生产到零件加工的各个环节，都可能因各种原因而导致钢材的变形。钢材变形的原因主要有以下几个方面。

（1）钢材在轧制过程中产生的变形　钢材在轧制过程中可能产生残余应力而导致变形。例如，在轧制钢板时，由于轧辊调节机构失灵等使轧辊的间隙不一致，导致板料在宽度方向的压缩不均匀，延伸较多的部分受延伸较少部分的拘束产生压应力，而延伸较少的部分产生拉应力。因此，延伸较多的部分在压应力的作用下可能产生失稳而导致变形。

（2）钢材因运输和不正确堆放产生的变形　焊接结构使用的钢材均是较长、较大的钢板和型材，如果吊装、运输和存放不当，钢材就会因自重而产生弯曲、扭曲和局部变形。

（3）钢材在下料过程中引起的变形　钢材在划线以后，一般要经过气割、剪切、冲裁、等离子弧切割等工序。而气割、等离子弧切割过程，是对钢材的局部进行加热使其分离的过程，对钢材进行不均匀的加热必然会产生残余应力，进而导致钢材产生变形。

2. 钢材的矫正原理及允许变形量

钢材在吊装、运输和堆放过程中都会产生不同程度的变形，如局部弯曲、扭曲、波浪变形和表面凹凸不平等。对于这些变形，必须采取各种工艺措施加以矫正。对于板材应进行矫平，管材和型材则应矫直，这些措施统称为矫正。

钢材在厚度方向上可以假设是由多层纤维组成的。钢材平直时，各层纤维的长度都相等，即 $ab=cd$ 如图 3-1a 所示；钢材弯曲后，各层纤维的长度不一致，即 $a'b'\neq c'd'$，如图 3-

1b 所示。可见，钢材的变形是由其中一部分纤维与另一部分纤维长短不一致造成的。矫正采用加压或加热的方式进行，其过程是使已伸长的纤维缩短，把缩短的纤维拉长，最终使钢板厚度方向的纤维长度趋于一致，从而达到矫正的目的。钢材经矫正后表面不应有明显的凹坑及损伤，且矫正后允许的变形量应符合表 3-1 的规定。

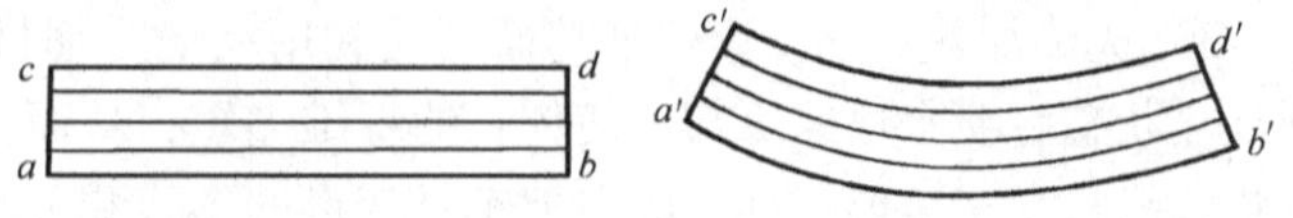

a)　　b)

图 3-1　钢材平直和弯曲时纤维长度的变化
a）平直　b）弯曲

表 3-1　钢材在矫正后允许的偏差

名　称	简　图	允许偏差/mm
钢板、扁钢的局部挠度	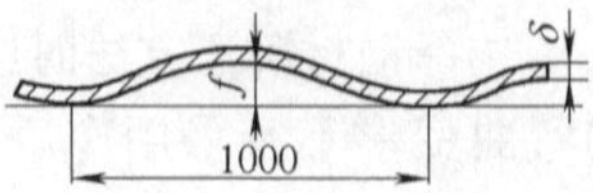	$\delta \geqslant 14$，$f \leqslant 1$ $\delta < 14$，$f \leqslant 1.5$
角钢、槽钢、工字钢、管子的挠度	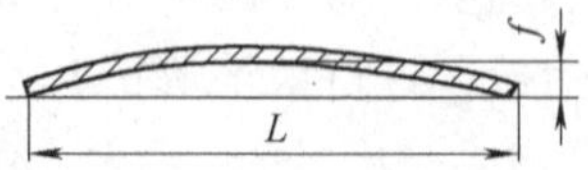	$f=\frac{L}{1000} \leqslant 5$
角钢两边的垂直度	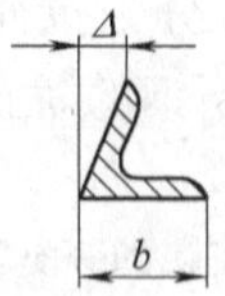	$\Delta \leqslant \frac{b}{100}$
工字钢、槽钢翼缘的倾斜度	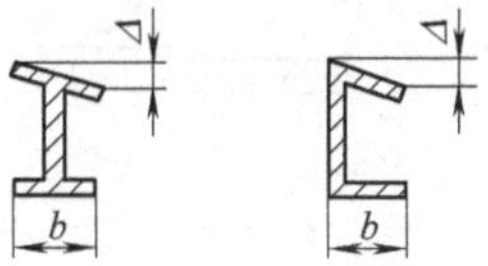	$\Delta \leqslant \frac{b}{80}$

3. 钢材的矫正方法及其选择

（1）钢材矫正方法的种类　矫正钢材变形的方法较多，根据矫正的温度不同，钢材的矫正可分为冷矫正和热矫正；根据外力的性质不同，通常分为手工锤击矫正、机械矫正、火焰加热矫正及高频热点矫正等。

1）手工锤击矫正。手工锤击矫正是将钢材局部变形区的短纤维通过锤击而延伸，以达到矫正变形的目的。手工矫正简便灵活，但由于矫正力小、劳动强度大、效率低，所以在实际生产中的应用有很大的限制，常用于矫正尺寸较小的薄板钢材。

2）机械矫正。机械矫正是利用各种矫正机械对变形的钢材施加一定的压力，使之产生反变形而实现矫正。机械矫正使用的设备有专用设备和通用设备两类。专用设备有钢板矫正机、圆钢与钢管矫正机、型钢矫正机、型钢撑直机等；通用设备是指一般的压力机、卷板机等。

3）火焰加热矫正。火焰加热矫正是利用火焰对钢材的伸长部位进行局部加热，待加热到红热状态后喷水快速冷却，使伸长的纤维缩短，从而使钢材的变形得到矫正。加热方式有点状、线状和三角形三种，应根据钢材变形的形式和大小来选择。火焰加热矫正操作方便灵活，所以应用比较广泛。

4）高频热点矫正。这是在火焰矫正的基础上发展起来的一种新工艺。其原理是：通入高频交流电的感应线圈产生交变磁场，当感应线圈靠近钢材时，钢材内部产生感应电流（即涡流），使钢材局部的温度立即升高，从而进行加热矫正。加热的位置与火焰矫正时相同，加热区域的大小取决于感应线圈的形状和尺寸。一般加热时间为4～5s，温度在800℃左右。

（2）钢材矫正方法的选择　矫正方法的选用，除与工件的形状、材料的性能和工件的变形程度有关外，还与生产设备有关。选择钢材矫正方法时应注意以下问题：

1）对刚性较大的钢结构产生的弯曲变形不宜采用冷矫正，应在与焊接部位对称的位置，采用火焰矫正法进行矫正。

2）火焰矫正时，要严格控制加热温度，避免因钢材组织变化而产生较大的热应力。

3）尽量避免在结构危险截面的受拉区进行火焰矫正。

二、钢材矫正的工艺设备

钢材机械矫正机按其加力方式不同，可分为拉伸矫正机、压力矫正机和辊式矫正机三种，其适用范围见表3-2。现分别以钢板和型钢的矫正为例，简单介绍通用矫正设备的原理及其应用。

表3-2　机械矫正机的分类及适用范围

名　称	简　图	适用范围
拉伸矫正机	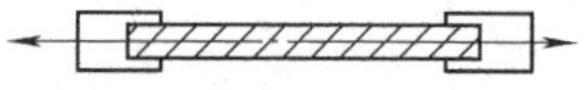	1. 钢板瓢曲的矫正 2. 型材扭曲的矫正 3. 管材、带材、线材的矫直
压力矫正机	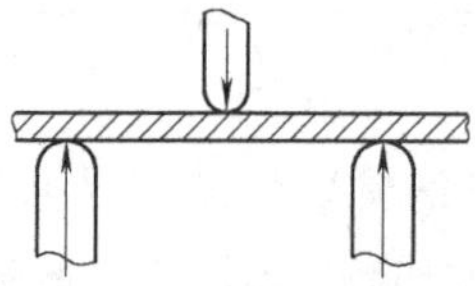	板材、管材、型材的局部矫正
辊式矫正机	正辊 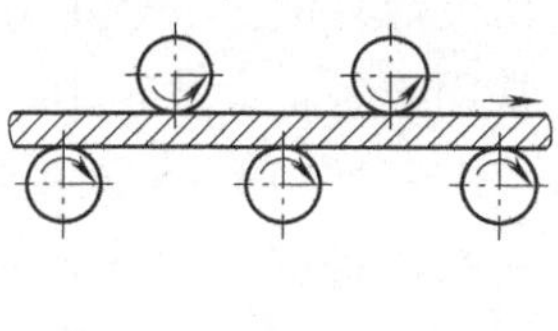	板材、管材、型材的矫正

（续）

名　称	简　图		适用范围
辊式矫正机	斜辊	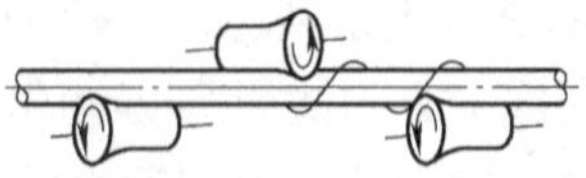	圆截面管材、棒材的矫正
		回转式 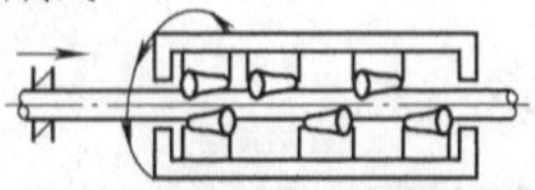	圆截面薄壁小直径管的精矫
		双辊式 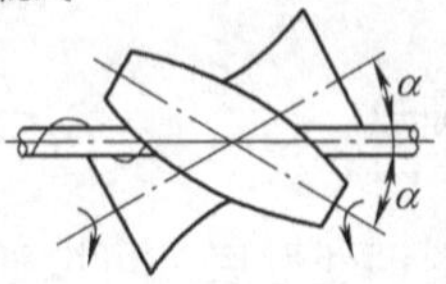	圆截面厚壁管和棒材的矫直

1. 钢板的矫正

钢板的矫正主要是在钢板矫正机上进行的。当钢板通过多对呈交错布置的轴辊时，钢板发生多次反复弯曲，使各层纤维长度趋于一致，从而达到矫正的目的。

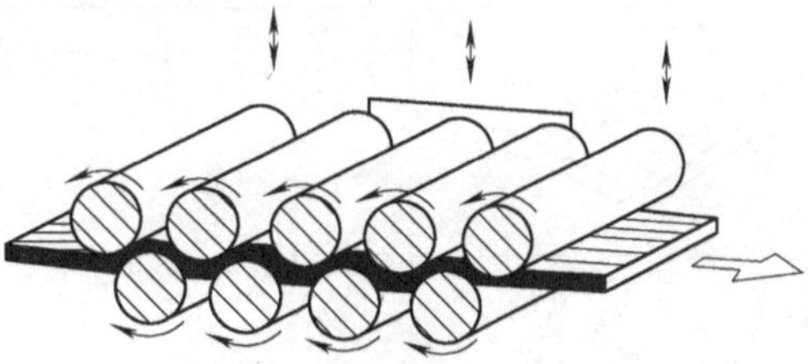

图 3-2　钢板矫正机的工作原理

图 3-2 所示为钢板矫正机的工作原理。下排轴辊是主动轴辊，由电动机带动旋转；上排轴辊是被动的，能进行上下调节以适应矫正不同厚度的钢板。一般两端的轴辊是导向辊，能单独上下调节，以引导板料出入矫正机。钢板矫正机有多种形式，轴辊的数量越多，矫正的质量越好。通常 5 ~ 11 辊用于矫正中厚板；11 ~29辊多用于矫正薄板。

当钢板中间平、两边纵向呈波浪形时，应在中间加铁皮或橡胶以碾压中间。当钢板中间呈波浪形时，应在两边加垫板后碾压两边以提高矫平的效果。矫平薄板时，一般可加一块较厚的平钢板作为衬垫一起矫正，也可将数块薄板叠在一起进行矫正。矫平扁钢或小块板材时，应将相同厚度的扁钢或小块板材放在一个用作衬垫的钢板上通过矫正机矫平后，将原来朝上的面翻动朝下，再通过矫正机矫平。

2. 型钢的矫正

型钢的矫正一般在多辊型钢矫正机、型钢撑直机和压力机上进行。

（1）多辊型钢矫正机矫正　多辊型钢矫正机与钢板矫正机的工作原理相同，矫正时，型钢通过上下两列辊轮之间反复弯曲，使型钢中原来各层纤维不相等的变为相等，以达到矫正的目的。

图 3-3 所示为型钢矫正机的工作原理。矫正辊轮分上下两排交错排列，使型钢得以弯曲。下辊轮为主动轮，由电动机变速后带动；上辊轮为被动轮，可通过调节机构作上下调节，产生不同的压力。辊轮的形状可根据被矫正型钢的断面形状作相应的调换。

（2）型钢撑直机矫正　型钢撑直机是利用反变形原理来矫正型钢的。图 3-4 所示为单头型钢撑直机的工作原理，两个支撑 1 之间的距离可调整，间距的大小随型钢弯曲程度而定。推撑 2 由电动机的变速机构、偏心轮带动，作周期性的往复运动，推撑力的大小可通过调节推撑与支撑间的距离来实现。型钢撑直机主要用于矫正角钢、槽钢、工字钢等，也可以用来进行弯曲成形。

图 3-3　型钢矫正机的工作原理

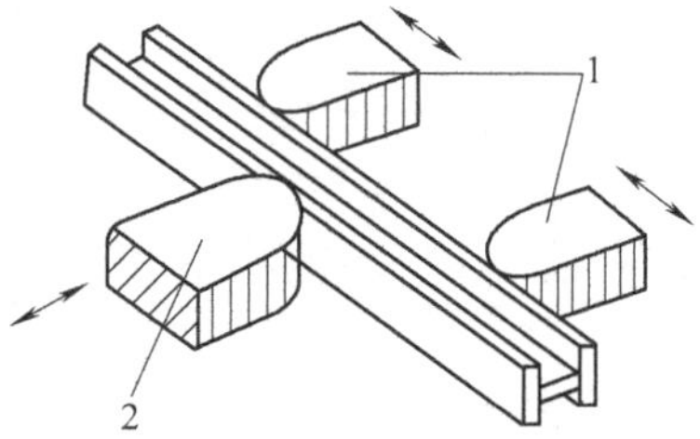

图 3-4　单头型钢撑直机的工作原理
1—支撑　2—推撑

（3）压力机矫正　钢板和型钢变形后，可以通过油压机、水压机、摩擦压力机等进行矫正。矫正钢板的尺寸大小，主要由压力机的工作台尺寸而定。型材在矫正时会产生一定的回弹，因此，矫正时应使型材产生适量的反变形。压力机矫正钢板和型钢的方法见表 3-3。

表 3-3　压力机矫正钢板和型钢的方法

简　图	适用范围	简　图	适用范围
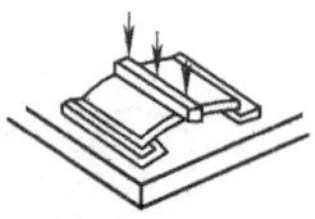	中厚板弯曲矫正	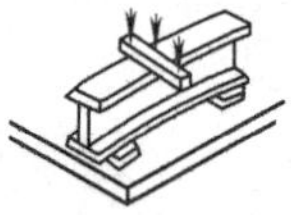	工字钢、箱形梁等的上拱矫正
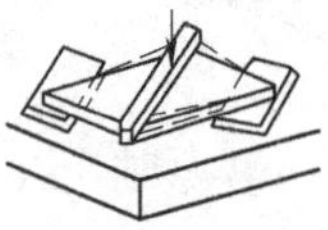		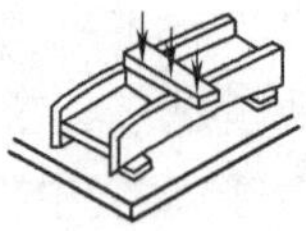	工字钢、箱形梁等的旁弯矫正
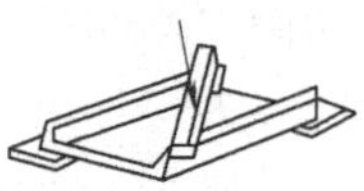	型钢的扭曲矫正	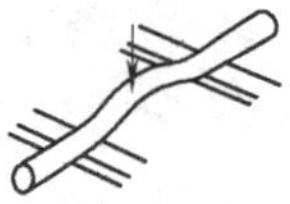	较大直径圆钢、钢管的弯曲矫正

三、原材料的表面清理工艺

对钢材表面进行去除铁锈、油污、氧化皮等处理，为后续加工做准备的工艺称为原材料的表面清理工艺。原材料表面的氧化皮、锈蚀和油污将对产品的焊接质量产生不可忽视的影响，严重的氧化皮甚至会破坏自动切割过程的连续性。对此，在采用各种高效焊接法的自动生产线中，为确保焊接质量，对材料表面的清洁度也提出了严格的要求。所以，原材料的表面清理是焊接生产中不可缺少的重要工序。原材料表面清理的方法主要有机械清理法和化学清理法两大类。

1. 机械清理法

常用的机械清理法有喷砂，抛丸，手动砂轮、钢丝刷或砂带打磨，刮光或抛光等。喷砂（或抛丸）工艺是将干砂（或铁丸）从专门的压缩空气装置中急速喷出，轰击到金属表面，将其表面的氧化物、污物打落，这种方法清理较彻底，效率也较高。但喷砂（或抛丸）工艺粉尘大，需要在专用车间或封闭条件下进行，同时经喷砂（或抛丸）处理的材料会产生一定的表面硬化，对零件的弯曲加工有不良影响。另外，喷砂（或抛丸）也常用在结构焊后涂装前的清理上。在一些需要进行表面局部清理的场合，电动或风动砂轮、砂带打磨也得到了较为广泛的应用。

2. 化学清理法

化学清理法即用腐蚀性的化学溶液对钢材表面进行清理。此法效率高、质量均匀而稳定，但成本高，并会对环境造成一定的污染。化学清理法通常用于大批量生产的薄板冲压件。

化学清理法一般分为酸洗法和碱洗法。酸洗法可除去金属表面的氧化皮、锈蚀物等污物；碱洗法主要用于去除金属表面的油污。常用的化学清理法是将钢材浸入质量分数为2%~4%的硫酸储槽内，浸泡一定时间后取出，再立即放入质量分数为1%~2%的温石灰液槽内。石灰液可中和钢板表面残留的硫酸溶液。钢材从石灰槽内取出后进行烘干。钢材表面会被一层石灰粉覆盖，可防止钢材再度被氧化。

四、原材料的表面清理设备

1. 抛丸除锈设备

在我国，抛丸除锈设备已定型生产，并以抛丸处理生产线的方式投入使用。图3-5所示为钢材抛丸处理生产线的布置及主要组成设备。其工艺路线为：电磁起重机上料→升降输送→辊道输送→预热（40℃）→抛丸除锈→清理丸料→自动喷漆→烘干（60℃）→快速输送→出料。

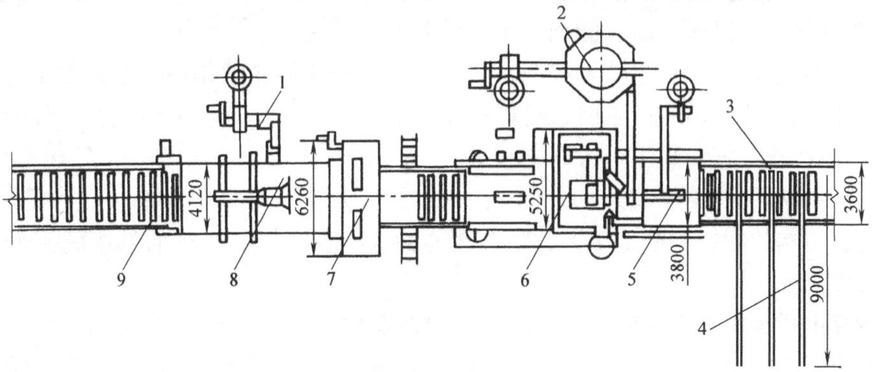

图3-5　钢材抛丸处理生产线

1—滤气器　2—除尘器　3—进料辊道　4—横向上料机构　5—预热室
6—抛丸机　7—喷漆机　8—烘干室　9—出料辊道

钢材抛丸处理生产线既可用于钢板、型钢的表面处理，也可用于金属结构部件的表面清理。钢材经抛丸清理、喷保护底漆、烘干处理后，既可保护钢材在生产和使用过程中不再生锈，又不影响后续工序的加工。

2. 砂轮砂带磨光机

砂轮砂带磨光机在锅炉、压力容器和管道制造行业的应用较为普遍，如图3-6所示。大型、大长度焊件的抛丸除锈往往受到抛丸设备规格的限制，对于这些焊件，砂轮砂带表面清理是一种更为经济实用的方法。砂轮砂带磨光机作为一种标准的工艺装备已投放世界市场。

图3-6　砂轮砂带磨光机

第二节　划线与放样

一、划线的基本知识

划线、放样是原材料切割下料前的准备工序。划线是根据设计图样上的图形和尺寸，准确地按1∶1的比例在待下料的钢材表面上划出加工界线的过程。对于成批生产的部件和标准件，可采用样板进行划线。划线的作用是确定零件各加工表面的余量和孔的位置，使零件加工时有明确的标志；还可以检查毛坯是否正确；对于有些误差不大、但已属不合格的毛坯，可以通过借料得到挽救。划线的精度要求为0.25～0.5mm。

1. 划线的基本规则及方法

划线时必须遵循以下基本规则：

1）垂线必须用作图法作出。

2）用划针或石笔划线时，应紧抵直尺或样板的边沿。

3）用圆规在钢板上划圆、圆弧或分量尺寸时，应先打上样冲眼，以防圆规尖滑动。

4）平面划线应遵循先划基准线，然后按由外向内、从上到下、从左到右的顺序划线的原则。一般情况下，以底平面、侧面、轴线为基准。

划线可分为平面划线和立体划线两种。平面划线与几何作图相似，是指在工件的一个平面上划出图样的形状和尺寸，有时也可以采用样板一次划成。立体划线是在工件的几个表面上划线，亦即在长、宽、高三个方向上划线。

2. 划线时需要注意的问题

1）熟悉结构的图样和制造工艺，根据图样检验样板、样杆，核对选用的钢号、规格是否符合规定的要求。

2）检查钢板表面是否有麻点、裂纹、夹层及厚度不均匀等缺陷。

3）划线前应将材料垫平、放稳，划线时要尽可能使线条细且清晰，笔尖与样板边缘间不要内倾和外倾。

4）划线时应标注各道工序用线，并加以适当标记，以免混淆。

5）弯曲零件时，应考虑材料的轧制纤维方向。

6）钢板两边不垂直时，一定要去边。划尺寸较大的矩形时，一定要检查对角线。

7）划线的毛坯，应注明产品的图号、件号和钢号，以免混淆。

8）注意合理安排用料，以提高材料的利用率。

二、放样

根据构件的图样，按 1:1 的比例或一定的比例在放样台或平台上划出其所需图形的过程称为放样。对于不同行业，如机械、船舶、车辆、化工、冶金、飞机制造等，其放样工艺各具特色，但就其基本程序而言却大体相同。

1. 放样方法

放样方法是指将零件的形状最终划到平面钢板上的方法，主要有实尺放样、展开放样和光学放样等。

（1）实尺放样　根据图样的形状和尺寸，用基本的作图方法，以产品的实际大小划到放样台的工作称为实尺放样。

（2）展开放样　把各种立体的零件表面摊平的几何作图过程称为展开放样。立体的表面如能全部平整地摊平在一个平面上，而不发生撕裂或皱褶，则称这种表面为可展开表面。相邻素线位于同一平面上的立体表面都是可展表面，如柱面、锥面等。如果立体的表面不能自然平整地展开摊平在一个平面上，则称为不可展表面，如圆球和螺旋面等。可展表面的展开方法有平行线展开法、放射线展开法和三角形展开法三种。

1）平行线展开法。展开原理是将立体的表面看作由无数条相互平行的素线组成，取两相邻素线及两端点所围成的微小面积作为平面，只要将每一小平面的真实大小，依次顺序地画在平面上，就得到了立体表面的展开图。所以只要立体表面的素线或棱线是互相平行的几何形体，如各种棱柱体、圆柱体等，就可用平行线法展开。

例 3-1　已知斜口圆管的两面视图（图 3-7a、b），求作其展开图。

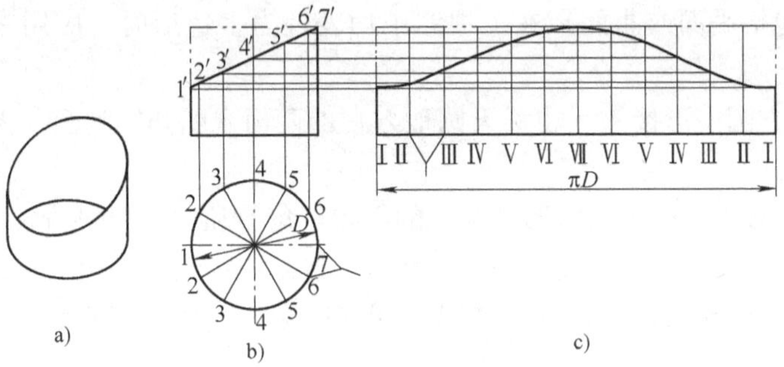

图 3-7　斜口圆管的展开

a）轴测图　b）视图　c）展开图

分析：斜口圆管表面素线相互平行且垂直于水平面，其水平投影为一圆；表面素线的长短虽然不同，但其正面投影均反映素线的实长。

作图方法如下：

①首先将底圆进行 12 等分，即在圆管表面确定 12 条素线，如图 3-7b 所示。

②用等分的弦长将底圆展成直线 πD，确定各等分点所在的位置Ⅰ～Ⅶ～Ⅰ；过这些点

作该直线的垂线，在各垂线上截取各素线的实长，将各素线的端点连成圆滑的曲线即得其展开图，如图 3-7c 所示。

2）放射线展开法。放射线展开法适用于立体表面的素线相交于一点的锥体。由于锥体表面由无数条交汇于锥顶的直素线构成，即锥体表面可看作由无限多个三角形平面组成，因此，把所有三角形平面不重叠、不褶皱地依次铺平，则锥体表面也就被展开了。

例 3-2　图 3-8a 所示为正圆锥的轴测图，求作其展开图。

分析：由于圆锥轴线垂直于底面且平行于正面，因此圆锥表面所有素线的实长相等，其中最左和最右两条素线平行于正面，其正面投影反映素线实长。

作图方法如下：

①画展开图时，首先对底圆进行等分（本例分为 12 等分），即在圆锥表面上确定出 12 条素线。

②以 s' 为圆心，以素线的实长（$s'7'$）为半径画圆弧，以弦长代替弧长在圆弧上量取全部等分点，依次连接各等分点，即得到圆锥的扇形展开图，如图 3-8b 所示。

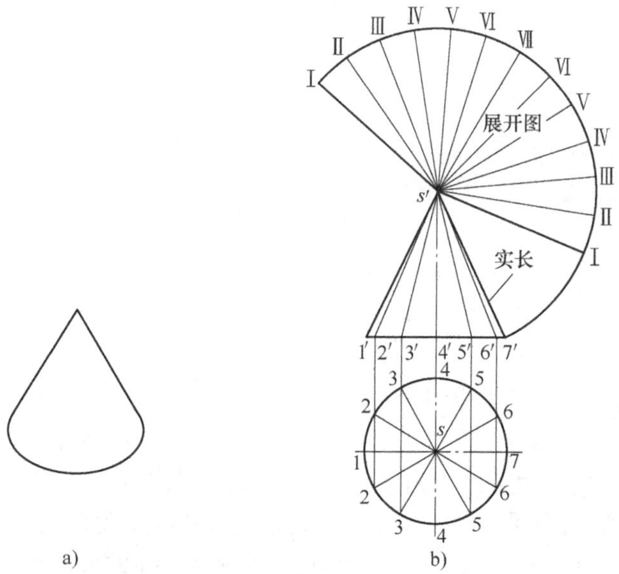

图 3-8　正圆锥的展开
a）轴测图　b）视图

3）三角形展开法。三角形展开法是将立体表面分割成一定数量的三角形平面，然后求出各三角形每边的实长，并把它的实形依次画在平面上，从而得到整个立体表面的展开图。当立体的表面（包括平面或曲面）在三视图中均表现为多边形时，应用三角形展开法比较合适。

例 3-3　已知方圆变形接头（也称天圆地方）的两面视图和轴测图（图 3-9a、b），求其展开图。

分析：方圆变形接头的表面由四个全等的等腰三角形和四个相同的局部锥面组成。接头的上口在水平投影中反映实形，接头的下口在水平投影中反映四条边的实长；三角形的另外两条边（ⅠA、ⅠB）和锥面上的所有素线（ⅡA）均为一般位置直线，只有求出其实长，才能画出展开图。

作图方法如下：

①将水平投影中的圆周进行等分，将等分点和相近的角点相连接（其意义在于将部分锥表面分割成若干个小三角形）；采用直角三角形法求出素线（ⅠA、ⅡA）的实长，如图 3-9b 所示。

②画出直线 AB（$AB=ab$），分别以 A、B 为圆心线段，线段ⅠA 为半径画弧，交于点Ⅰ，得△ABⅠ；再以 A 和Ⅰ为圆心，分别以线段ⅡA 和线段$\overline{12}$为半径画弧，交于点Ⅱ，得△AⅠⅡ，采用同样的方法可依次作出其他各三角形；光滑地连接Ⅰ、Ⅱ、Ⅱ、Ⅰ各点，即得到方圆变形接头的展开图，如图 3-9c 所示。

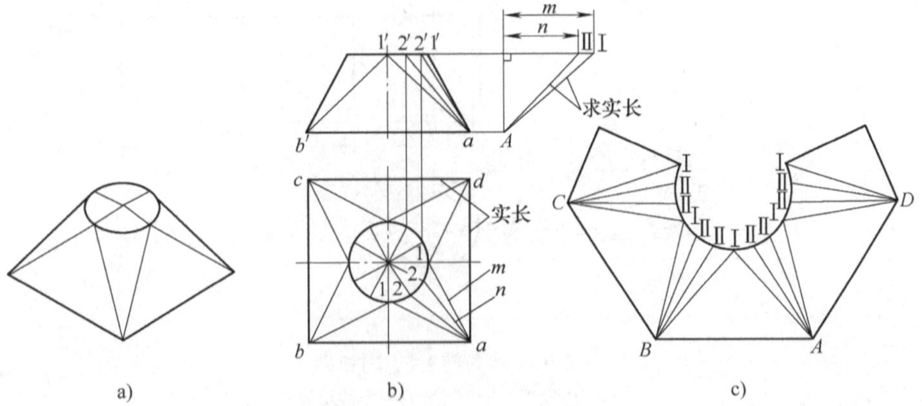

图3-9　方圆变形接头的展开
a）轴测图　b）视图　c）展开图

（3）光学放样　用光学手段（比如摄影），将图样投射在钢板上，然后依据投射线进行划线。

2. 放样程序

放样程序一般包括结构处理、划基本线型和展开三个部分。

（1）结构处理　结构处理又称结构放样，它是根据图样进行工艺处理的过程。一般包括确定各连接部位的接头形式、图样计算或量取坯料实际尺寸、制作样板与样杆等。

展开图完成后，就可以为下料制作样板，下料样板又称号料样板，但它不是必需的。如果焊接产品批量较大，每一个零件都作图展开的效率会很低，而利用样板不仅可以提高划线效率，还可避免每次作图的误差，提高划线精度。

（2）划基本线型　划基本线型是在结构处理的基础上，确定放样基准和划出工件的结构轮廓。

（3）展开　展开是对不能直接划线的立体零件进行展开处理，将零件摊开在平面上。

3. 板材、型材展开长度的计算

在对需要进行弯曲成形的零件进行下料之前，需要进行零件展开长度的计算。当弯曲件的板厚较小时，可直接按标注的直径或半径计算展开长度，但当板厚大于1.5mm时，弯曲内、外径相差较大，就必须考虑板厚对展开长度、高度以及相关构件接口尺寸的影响。板厚越大，对这些尺寸的影响也越大。考虑钢板厚度而改变展开作图的图形处理称为板厚处理。

现将一厚板卷弯成圆筒，如图3-10a所示。从图中可以看出纤维沿厚度方向的变形是不同的，弯曲后内缘的纤维受压而缩短，而外缘的纤维受拉而伸长。在内缘与外缘之间必然存在弯曲时既不伸长也不缩短的一层纤维，该层称为中性层，中性层的长度在弯曲过程中保持不变，因此可作为展开尺寸的依据，如图3-10b所示。

一般情况下，可以将板厚中间的中心层作为中性层来计算展开长度。但如果弯曲的相对厚度较大，即厚板弯曲半径小，中心层会被拉长，计算出来的尺寸就会偏大，原因是中性层已偏离了中心层，这时就必须按中性层半径来计算展开长度。中性层半径可由以下经验公式求得

$$R = r + K\delta \tag{3-1}$$

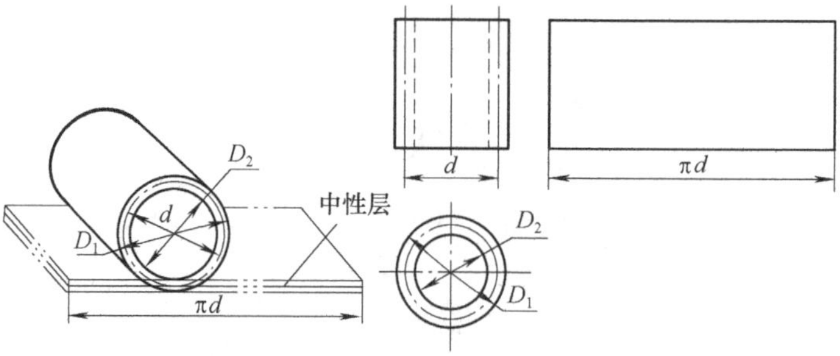

a)　　b)

图 3-10　圆筒卷弯的中性层

a）圆筒中性层　b）圆筒采用中性层展开

式中　R——中性层的曲率半径；

r——弯板内弧的曲率半径；

δ——钢板的厚度；

K——中性层位置系数，其值见表 3-4。

表 3-4　中性层位置系数 *K*

$\frac{r}{\delta}$	≤0.1	0.2	0.25	0.3	0.4	0.5	0.8	1.0	1.5	2.0	3.0	4.0	5.0	≥5
K	0.3	0.33	0.35			0.36	0.38	0.40	0.42	0.44	0.47	0.475	0.48	0.5

（1）板材展开长度的计算

例 3-4　图 3-11 所示为圆角 U 形板料的展开长度，已知 $r=60\text{mm}$，$\delta=20\text{mm}$，$l_1=200\text{mm}$，$l_2=300\text{mm}$，$\alpha=120°$，求展开长度 L。

解：

因为$\frac{r}{\delta}=\frac{60}{20}=3$，查表 3-4 得 $K=0.47$

$$L=l_1+l_2+\frac{\pi\omega\ (r+K\delta)}{180°}$$

$$=200\text{mm}+300\text{mm}+\frac{120°\pi\ (60+0.47\times20)}{180°}\text{mm}$$

$$\approx645\text{mm}$$

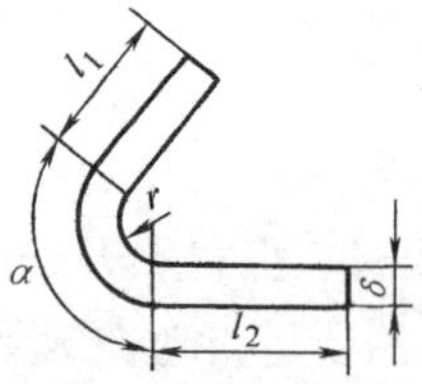

图 3-11　U 形板展开长度的计算

板料可以弯曲成各种复杂的形状，求展开板料长度时都是先确定中性层，再通过作图和计算，将断面图中的直线和曲线逐段相加得到总的展开长度。

（2）圆钢料长的计算　圆钢弯曲的中性层一般与中心线重合，所以圆钢的料长可按中心线计算。

1）直角形圆钢的展开计算。如图 3-12a 所示，已知尺寸 A、B、d、R，则展

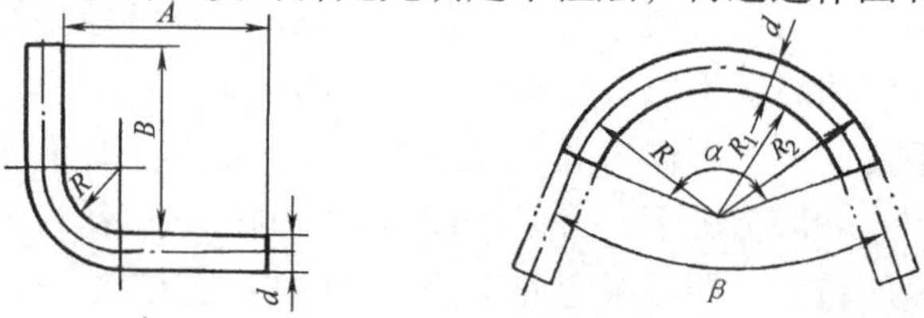

a)　　b)

图 3-12　常用圆钢弯曲计算

a）直角形圆钢　b）圆弧形圆钢

开长度应是直段长度和圆弧段长度之和，即

$$L=A+B-2R+\frac{\pi\ (R+d/2)}{2}$$

式中　L——展开长度；

R——内圆角半径；

d——圆钢直径。

例 3-5　在图 3-12a 中，已知 $A=400\text{mm}$，$B=300\text{mm}$，$d=20\text{mm}$，$R=100\text{mm}$，求圆钢的展开长度。

解：展开长度为

$$L=A+B-2R+\frac{\pi(R+d/2)}{2}$$

$$L=400\text{mm}+300\text{mm}-2\times100\text{mm}+\frac{\pi(100+10)\text{mm}}{2}\approx(400+300-200+172.79)\text{mm}$$

$$=672.79\text{mm}$$

2）圆弧形圆钢的展开计算。如图 3-12b 所示，已知尺寸 R（或 R_1、R_2）、d、β，则展开长度为

$$L=\pi R\frac{\alpha}{180°}=\pi R\frac{(180°-\beta)}{180°}$$

或

$$L=\pi\left(R_1+\frac{d}{2}\right)\frac{\alpha}{180°}=\pi\left(R_2-\frac{d}{2}\right)\ (180°-\beta)\ \frac{1}{180°}$$

例 3-6　图 3-12b 中已知 $R_2=400\text{mm}$，$d=40\text{mm}$，$\beta=60°$，求圆钢的展开长度。

解：展开长度为

$$L=\pi\left(R_2-\frac{d}{2}\right)\frac{(180°-\beta)}{180°}=\pi\ (400-20)\ (180°-60°)\ \times\frac{1}{180°}\text{mm}\approx795.87\text{mm}$$

（3）角钢展开长度的计算　角钢的断面是不对称的，所以中性层的位置不在断面的中心，而是位于角钢根部的重心处，即中性层与重心重合。设中性层离开角钢根部的距离为 z_0，z_0 的值与角钢断面尺寸有关，可从有关表格中查得。等边角钢弯曲料长的计算见表 3-5。

表 3-5　等边角钢弯曲料长的计算

内　弯	外　弯
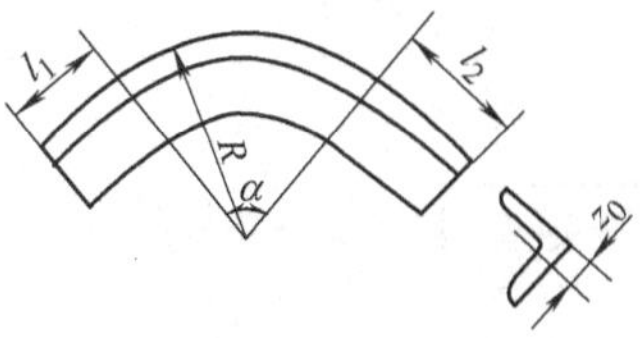	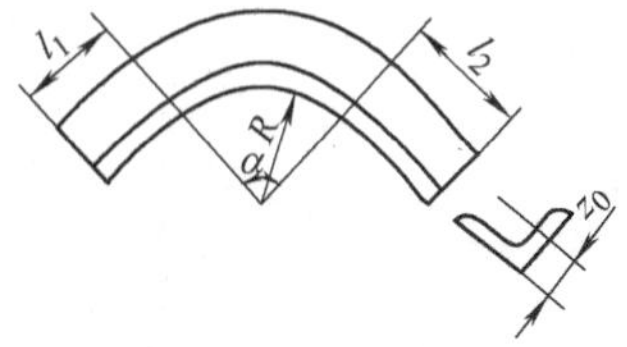
$L=l_1+l_2+\frac{\pi\alpha\ (R-z_0)}{180°}$	$L=l_1+l_2+\frac{\pi\alpha\ (R+z_0)}{180°}$

注：l_1、l_2——角钢直边长度；R——角钢外（内）弧半径；α——弯曲角度；z_0——角钢质心距。

例 3-7　已知等边角钢内弯，两直边 $l_1 = 450\text{mm}$，$l_2 = 350\text{mm}$，角钢外弧半径 $R = 120\text{mm}$，弯曲角度 $\alpha = 120°$，等边角钢的尺寸为 70mm×70mm×7mm，求展开长度 L。

解：由表查得　　$z_0 = 19.9\text{mm}$

$$L = l_1 + l_2 + \frac{\pi\alpha\ (R - z_0)}{180°} = 450\text{mm} + 350\text{mm} + \frac{\pi 120°\ (120 - 19.9)\ \text{mm}}{180°} = 1009.5\text{mm}$$

例 3-8　已知等边角钢外弯，两直边 $l_1 = 550\text{mm}$，$l_2 = 450\text{mm}$，角钢内弧半径 $R = 80\text{mm}$，弯曲角 $\alpha = 150°$，等边角钢的尺寸为 63mm×63mm×6mm，求展开长度 L。

解：由表查得　　$z_0 = 17.8\text{mm}$

$$L = l_1 + l_2 + \frac{\alpha\pi\ (R + z_0)}{180°} = 550\text{mm} + 450\text{mm} + \frac{\pi 150°\ (180 + 17.8)\ \text{mm}}{180°} = 1255.9\text{mm}$$

三、钢板与型钢的划线

1. 钢板的划线

（1）直线的划法

1）直线长度不超过 1m 时，可用钢直尺划线。划针尖或石笔尖紧抵钢直尺，向钢直尺的外侧倾斜 15°～20°划线，同时向划线方向倾斜。

2）直线长度不超过 5m 时，用弹粉法划线。弹粉线时，将线两端对准所划直线两端点，拉紧，使粉线处于平直状态，然后垂直拉起粉线，再轻放。若是线较长时，应弹两次，以两线重合为准；或是在粉线中间位置垂直按下，左右弹两次完成。

3）直线超过 5m 时，用拉钢丝的方法划线，钢丝直径取 $\phi 0.5 \sim \phi 1.5\text{mm}$。操作时，两端拉紧并用两垫块垫托，其高度尽可能低些，然后用直角尺靠紧钢丝的一侧，在 90°下端定出数点，再用粉线以三点弹成直线。

（2）大圆弧的划法　放样或装配时可能遇到划一段直径为十几米甚至几十米的大圆弧，此时一般的长划规和盘尺不再适用，只能采用近似几何作图法或计算法作图。

1）大圆弧的准确划法。已知弦长 ab 和弦弧距 cd，先作一矩形 $abef$（图 3-13a），连接 ac，并作 ag 垂直于 ac（图 3-13b），以相同数（图上为 4 等分）等分线段 ad、af、cg，将对应各点连线的交点用光滑曲线连接，即为所画的圆弧（图 3-13c）。

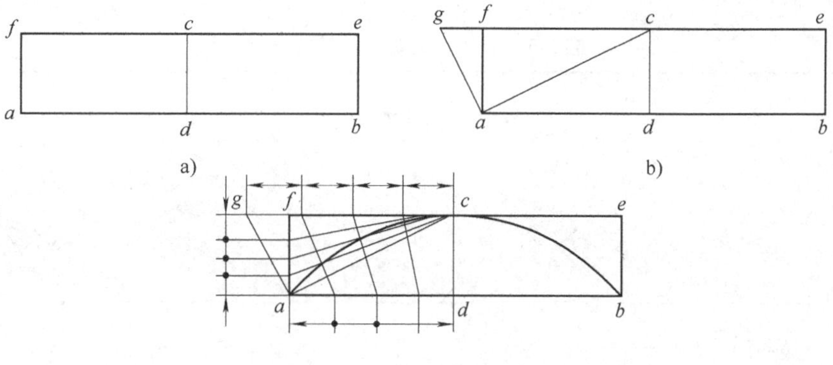

图 3-13　大圆弧的准确画法

2）大圆弧的计算法。计算法比作图法准确得多，一般采用计算法求出准确尺寸后再划大圆弧。

例 3-9　如图 3-14 所示，已知大圆弧半径为 R，弦弧距为 ab，弦长为 cg，求弧高（d 为 ac 线上任意一点）。

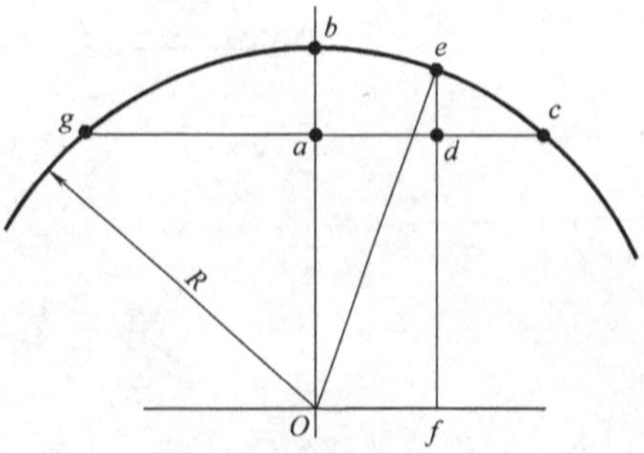

图 3-14　计算法作大圆弧

解： 作 ed 的延长线与过点 O 的 cg 的平行线相交于点 f。

在△Oef 中，$Oe=R$，$Of=ad$

所以　$ef=\sqrt{R^2-ad^2}$

因为 $df=aO=R-ab$，$de=ef-df$

所以　$de=\sqrt{R^2-ad^2}-R+ab$

式中 R、ab 为已知，d 为 ac 线上的任意一点，所以只要设一个 ad 长，即可代入式中求出弧高 de，e 点求出后，即可划出大圆弧 $\overset{\frown}{gec}$。

2. 型钢的划线

型钢的种类很多，根据截面形状分为简单截面型钢和复杂截面型钢两种。简单截面型钢有圆钢、方钢、六角钢、扁钢和角钢等；复杂截面型钢有槽钢、工字钢、钢轨及其他异型钢等。现以生产中最为常用的角钢和圆钢为例介绍型钢的划线方法。

（1）角钢的划线　以划 300mm 长的角钢为例，具体划线步骤如下：

1）用钢卷尺和石笔在角钢上确定两点 A 和 B，使 A、B 两点的间距为 300mm，如图 3-15a 所示。

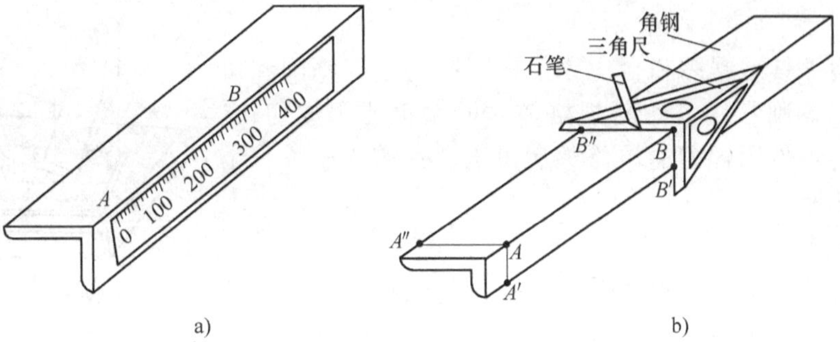

图 3-15　角钢的划线

a）用钢卷尺划 A、B 两点　b）用三角尺划出角钢的截面线

2）用三角尺分别过 A、B 两点划出角钢的截面线，如图 3-15b 所示。

3）用钢直尺检验 A、B 两点的长度。

（2）圆管的划线　圆管的截面形状如图 3-16 所示，划线时常用的工具有直边软纸皮或薄铁皮、石笔或划针、钢直尺或钢卷尺等。以 300mm 长的圆管为例，具体划线方法如下：

1）用钢直尺和石笔在圆管上确定两点 A 和 B，使 A、B 两点的间距为 300mm。

2）用直边软纸皮分别在 A、B 两点处绕着圆管包一圈，并用石笔沿着软纸皮的直边划线。为了确保划线的精度，软纸皮的厚度一般控制在 1mm 以下。

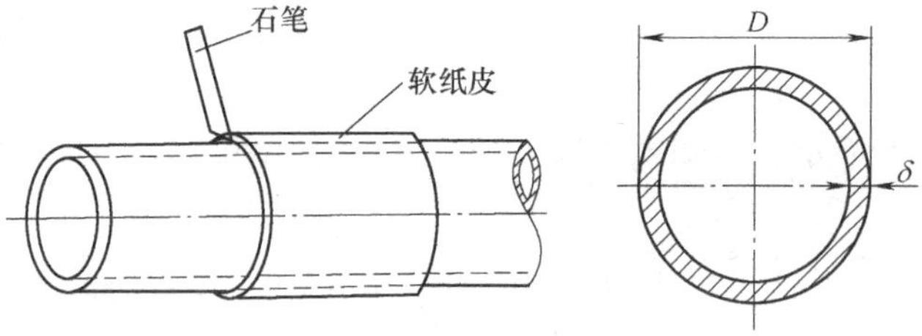

图 3-16 圆管的划线方法

第三节 下料与边缘加工

准备制作零部件的原材料，经划线和放样后即转入下料工序。下料就是用各种方法将毛坯或工件从原材料上分离下来的工序。金属材料的下料可以采用冷切割和热切割完成。冷切割是在常温下利用机械方法使材料分离，如剪切、冲裁等，也包括近年来发展的水射流切割。热切割是利用热能使材料分离，最常见的有气体火焰切割、等离子弧切割和激光切割等。对于冷作硬化倾向或淬硬倾向较大的钢材，在机械剪切或热切割后，待焊边缘应做进一步的机械加工。对于厚板，则须做边缘的坡口加工。

一、手工下料

1. 克切

克切所需克子（有柄）如图 3-17 所示。它最大的特点是不受工作位置和零件形状的限制，并且操作简单、灵活。

2. 锯削

锯削所用工具是锯弓和台虎钳。锯削分为手工锯削和机械锯削，手工锯削常用来切断规格较小的型钢或锯成切口。经手工锯削的零件用锉刀简单修整后可以获得表面整齐、精度较高的切断面。

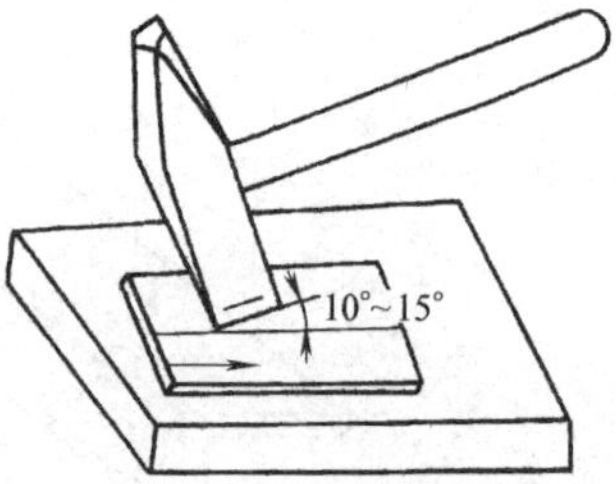

图 3-17 克切

3. 砂轮切割

砂轮切割是利用高速旋转的薄片砂轮与钢材摩擦产生的热量，将切割处的钢材变成“钢花”喷出形成割缝的工艺。砂轮切割可以切割尺寸较小的型钢、不锈钢、轴承钢型材。切割的速度比锯削快，但切口经加热后性能稍有变化。

型钢经剪切后的切口处断面可能发生变形，锯削速度又较慢，所以常用砂轮切割断面尺寸较小的圆钢、钢管、角钢等。但砂轮切割一般是手工操作，粉尘很大，劳动条件很差。

二、金属材料的机械切割

1. 机械剪切工艺及设备

（1）机械剪切工艺　剪切就是用上、下剪切切削刃的相对运动切断材料的加工方法。它是冷作产品制作过程中的主要下料方法之一。剪切时，被剪切的板料放置在工作台上，置于上、下剪刀片之间，滑块在曲柄连杆机构的带动下，上剪刀片作上下运动，从而将板料切断分离。

板材剪切的切口应与板材表面垂直，斜度不应大于1∶10，毛刺不大于0.5mm。当按挡铁剪切时，剪切的尺寸误差为±（1.5～2.5）mm；当按剪切线剪切时，剪切尺寸误差与板材的宽度和厚度有关，应符合表3-6的规定。

表3-6　板材剪切尺寸误差　（单位：mm）

板材宽度	不同厚度板材剪切的尺寸误差		
	板厚6～8	板厚9～12	板厚13～16
<100	1.0	1.5	1.5
>100～250	1.5	1.5	2.0
>250～650	1.5	2.0	2.5
>650～1000	2.0	2.0	2.5
>1000～1600	2.0	2.5	3.0
>1600～2500	2.5	2.5	3.5
>2500～4000	2.5	3.0	3.5
>4000～6500	3.0	3.0	3.5

（2）机械剪切设备　剪切设备主要有剪板机、冲压剪切机、圆盘剪切机和联合冲剪机等。其中，剪板机是常用的剪切设备，其按刀片的形状分为直刀剪板机和圆盘刀剪板机。

1）直刀剪板机。简称剪板机，龙门剪板机（龙门剪床）是应用最广泛的一种剪板机，其外形如图3-18所示，技术参数见表3-7。这种形式的剪板机只能横向剪切长度（或宽度）小于刀片长度的板材。龙门剪板机的刀片倾斜角小、床身刚性大、压板力大、每分钟剪切次数多，并可进行精密剪切。

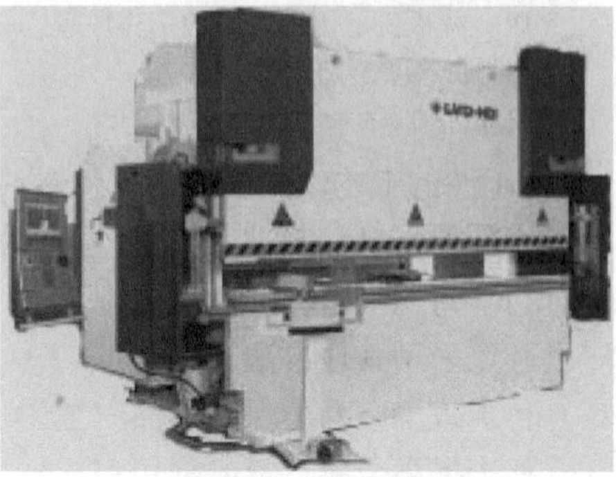

图3-18　龙门剪板机

表3-7　龙门剪板机的技术参数

型号	剪板尺寸/mm	剪切行程/mm	剪刀往复次数/(次/min)	挡板调整范围/mm	外形尺寸 长×宽×高/mm×mm×mm	剪刀角度	压料力/kN	刀片长/mm	功率/kW
Q11-13×2500	13×2500	180	28	460	2595×2190×2446	3°	50	2540	15

剪切板料厚度小于14mm的剪板机多为机械传动。剪板机的机械传动系统分上传动和下传动两种。下传动系统的工作原理如图3-19所示。在大批量生产中，剪板机的前后可以配备机械化的上、下料装置，也可采用程序控制系统实现剪切自动化。

2）圆盘刀剪板机。圆盘刀剪板机是利用两个圆盘状刀具的旋转来剪切圆形件的专用剪板机，主要用于制备小批量的圆形坯料，可剪板厚一般为1～6mm。

3）冲压剪切机。冲压剪切机也称剪切冲型机。剪切头上下装有两把短刀，一把固定，另一把进行短行程运动，连续地对板料作直线或曲线的剪切。

4）联合冲剪机。联合冲剪机的应用范围较广，可以剪切圆钢、方钢、角钢，并可对板材和型材进行冲孔。

2. 冲裁工艺及设备

（1）冲裁工艺　冲裁是利用模具使板料分离的冲压方法。根据零件在模具中的位置不同，冲裁分为落料和冲孔。当零件从模具的凹模中得到时称为落料，而在凹模外面得到零件时称为冲孔。冲裁时材料的分离过程大致可分为弹性变形、塑性变形和剪裂分离三个阶段，如图 3-20 所示。

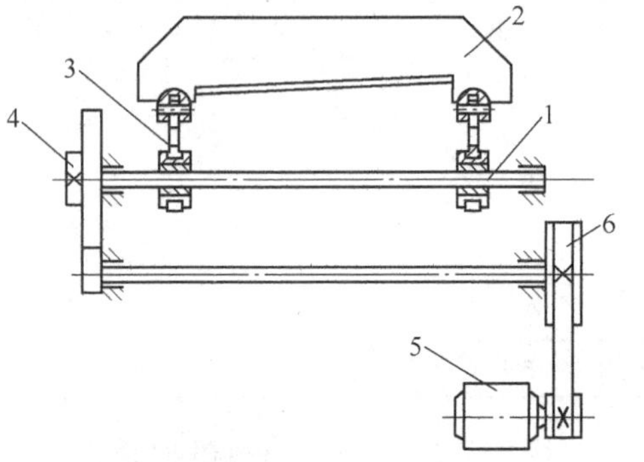

图 3-19　剪板机下传动系统的工作原理

1—偏心轴　2—上刀架　3—连杆

4—离合器　5—电动机　6—带轮

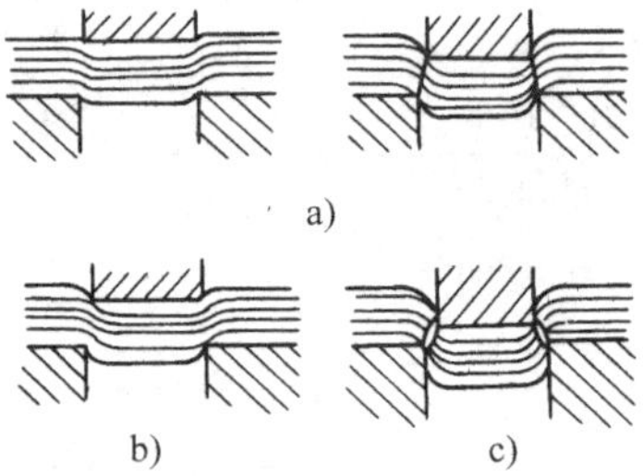

图 3-20　冲裁时板料的分离过程

a）弹性变形阶段　b）塑性变形阶段

c）剪裂分离阶段

1）冲压件的工艺性。是指冲压件对冲压工艺的适应性，包括冲压件在结构形状、尺寸大小、尺寸公差与尺寸基准等方面的适应性。在考虑、设计冲压工艺时，应遵循下列原则：

①有利于简化工序和提高生产率。即用最少和尽量简单的冲压工序来完成全部零件的加工，尽量避免采用其他方法加工。

②有利于减少废品，保证产品质量的稳定性。

③有利于提高金属材料的利用率，减少材料的品种和规格，尽可能降低材料的消耗。

④有利于简化模具结构和延长冲模的使用寿命。

⑤有利于冲压操作，便于组织和实现自动化生产。

⑥有利于实现产品的通用性和互换性。

2）合理排样。在实际生产中，排样方法可分为有废料排样、少废料排样和无废料排样三种，如图 3-21 所示。

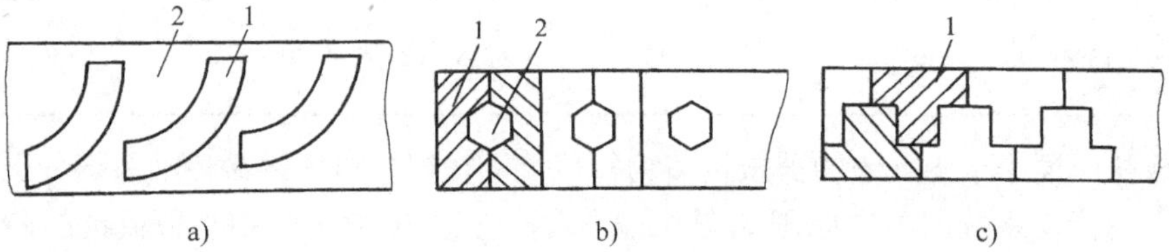

图 3-21　合理排样

a）有废料排样　b）少废料排样　c）无废料排样

1—零件　2—废料

排样时，工件与工件之间或孔与孔间的距离称为搭边，工件或孔与坯料侧边之间的余量称为边距。如图 3-22 所示，b 为搭边，a 为边距。搭边和边距的作用是补偿工件在冲压过程中的定位误差。同时，搭边还可以保持坯料的刚度，便于条料的送进。

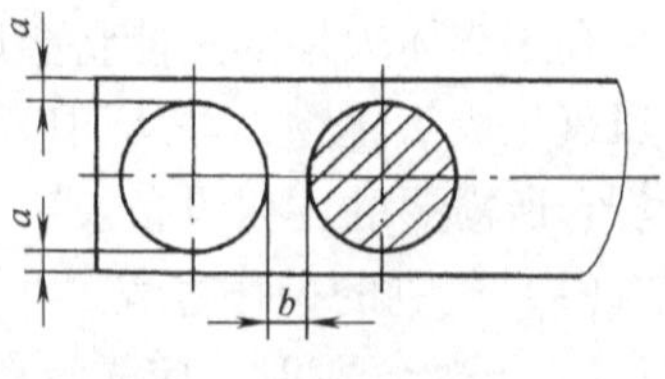

图 3-22 搭边及边距

3）影响冲压件质量的因素。

①冲压件的形状尺寸。如果冲压件的尺寸较小，形状也简单，则零件的质量容易保证；反之，就易出现质量问题。

②材料的力学性能。如果材料的塑性较好，其弹性变形量较小，则冲压后的回弹量也较小，因而容易保证零件的尺寸精度。

③冲模的刃口尺寸。冲压件的尺寸精度取决于上、下模具刃口部分的尺寸公差，因此冲模的制造精度越高，冲压件的质量就越好。

④冲模的间隙。上、下模具间合理的间隙，能保证良好的断面质量和较高的尺寸精度。间隙过大或过小，都会使冲压件断面出现毛刺或撕裂现象。

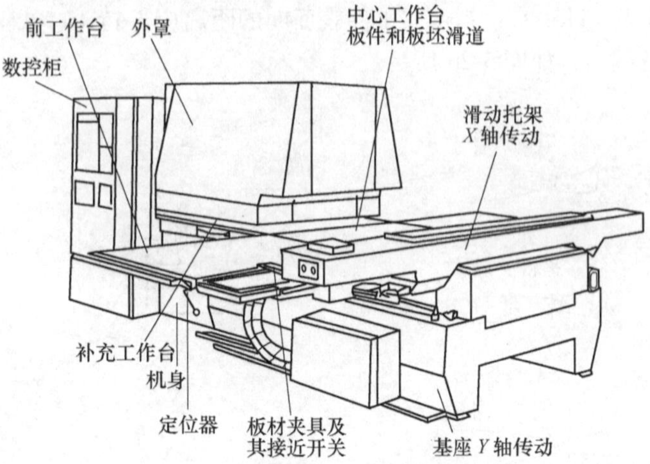

图 3-23 数控冲模回转头压力机外形

（2）冲裁设备 在汽车、电器等制造行业中，数控冲模回转头压力机是在大批量生产形状复杂的薄板件时常用的冲裁设备，其外形如图 3-23 所示。其特点是在压力机滑块与工作台之间装有一副可存放若干套模具的回转头，回转头传动系统如图 3-24 所示。

冲模回转头由上、下转盘组成。在上转盘 9 中装有若干个凸模 7，凸模模座 6 通过轴颈 1 固定在模板 3 上；下转盘 11 上安装凹模。在更换模具时，回转头上、下转盘同步旋转一个角度后停止，而模板 3 保持原位，模柄 2 嵌入压力机滑块的 T 形槽内。滑块下行时，凸模 7 压下，便完成一个冲压动作。

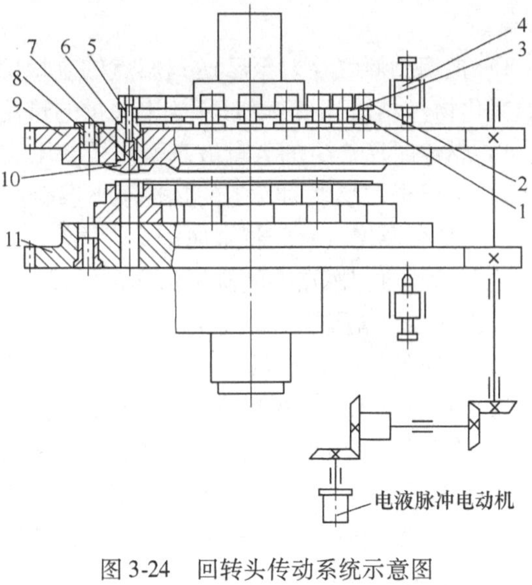

图 3-24 回转头传动系统示意图

1—轴颈 2—模柄 3—模板 4—定位销 5—键 6—凸模模座 7—凸模 8—定位销孔镶套 9—上转盘 10—垫板 11—下转盘

三、金属材料的热切割

金属材料的热切割主要有气割、等离子弧切割和激光切割等。

1. 气割

利用气体火焰的热能将金属材料加热到能在氧气中燃烧的温度后，通过切割氧气使金属剧烈氧化成氧化物，并从切口中吹掉，从而达到分离金属材料的方法叫做氧气切割，简称气割。它所需要的主要设备及工具为乙炔钢瓶和氧气瓶、减压器、橡皮管、割炬等。

（1）气割的操作过程

1）开始气割时，应先点燃割炬，随即调整火焰。预热火焰通常采用中性焰或轻微氧化焰，如图 3-25 所示。

2）用预热火焰将切割处的金属加热至燃烧温度（即燃点），一般碳钢在纯氧中的燃点为 1100 ~ 1150℃；割嘴与工件表面间的距离应保持 10 ~ 15mm，并将气割角度控制在 20° ~ 30°范围内，如图 3-26 所示。

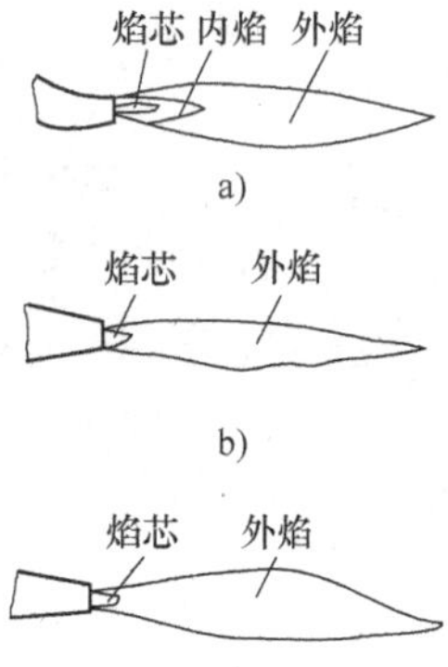

图 3-25　火焰的类型

a）碳化焰　b）氧化焰　c）中性焰

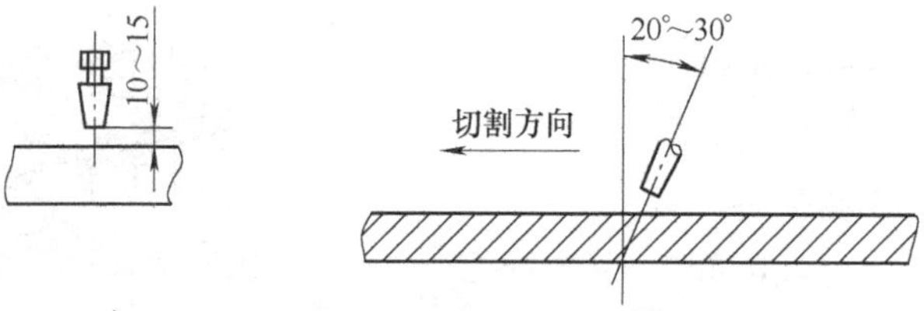

图 3-26　气割操作示意图

a）气割间隙　b）气割角度

3）把切割氧气喷射至已达到燃点的金属时，金属便开始剧烈燃烧（即氧化），产生大量的氧化物（熔渣），燃烧时释放出大量的热使氧化物呈液体状态。

4）燃烧时所产生的大量液态熔渣被高压氧气流吹走。

5）上层金属燃烧时产生的热传至下层金属，使下层金属又预热到燃点，切割过程由表面深入到整个厚度，直到将金属割穿。同时，金属燃烧时产生的热量和预热火焰一起，又把邻近的金属预热到燃点，使割炬沿切割线以一定的速度移动，即可形成割缝，使金属分离。

（2）金属气割应具备的条件

1）金属的燃点必须低于其熔点，这是保证切割是在燃烧过程中进行的基本条件。否则，切割时便成了金属先熔化后燃烧的熔割过程，会使割缝过宽，而且极不整齐。

2）金属氧化物的熔点低于金属本身的熔点，同时流动性要好。否则，将在割缝表面形成固态熔渣而阻碍氧气流与下层金属接触，使气割不能进行。

3）金属燃烧时应放出较多的热。只有满足这一条件，才能使上层金属燃烧产生的热量对下层金属起预热作用，使切割过程能连续进行。

4）金属的导热性不应过高。否则，散热太快会使割缝金属的温度急剧下降达不到燃点，而使气割中断。如果加大火焰能率，又会使割缝过宽。

纯铁、低碳钢、中碳钢和普通低合金钢能满足上述条件，所以能顺利地进行氧气切割。

（3）气割设备　在钢铁材料的下料工序中，气割设备的应用最普遍，现以手工气割为例简单介绍其设备组成。

1）手工割炬。手工割炬按其结构不同，可分为射吸式割炬和等压式割炬两种。

射吸式割炬的外形及结构如图 3-27 所示。其特点是氧气通过喷嘴 6 以很高的速度进入射吸管 7，造成负压，将低压燃气吸入射吸管，在混合气管 8 内混合后流到割嘴 10；点燃后形成预热火焰，借助燃气调节阀 3 和预热氧调节阀 4 可以调节氧气和燃气的流量和火焰的特性。

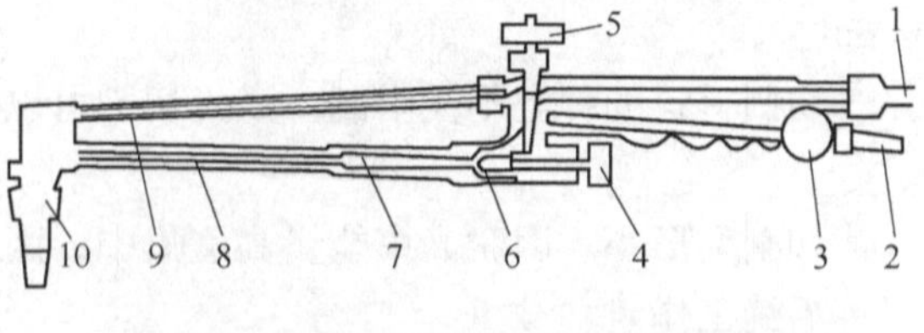

图 3-27　手工射吸式割炬的外形及结构
1—氧气进口接头　2—燃气进口接头　3—燃气调节阀　4—预热氧调节阀　5—切割氧调节阀　6—喷嘴　7—射吸管　8—混合气管　9—切割氧气管　10—割嘴

等压式割炬的外形和结构如图 3-28 所示，其特点是燃气和预热氧分别由单独的管路进入割嘴内混合。由于燃气是靠自身的压力进入割嘴，故低压燃气不适用于这种割炬，而必须采用中压燃气。等压式割炬具有气体调节方便、火焰燃烧稳定和不易回火等优点，故应用范围较广。

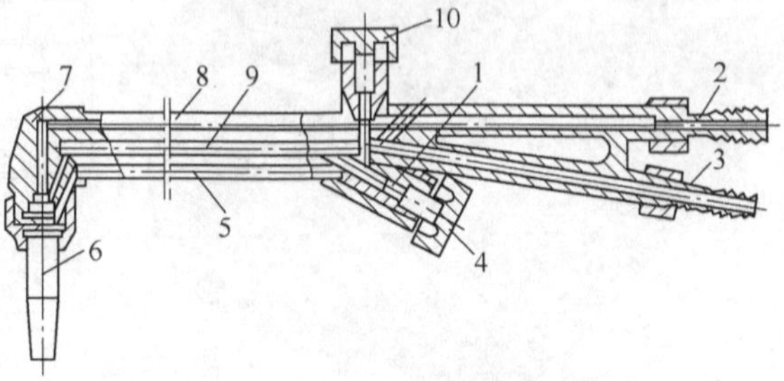

图 3-28　等压式割炬的外形和结构
1—割炬体　2—氧气进口接头　3—燃气进口接头　4—预热氧调节阀　5—预热氧气管　6—割嘴　7—割嘴接头　8—切割氧气管　9—燃气管　10—切割氧调节阀

2）乙炔瓶与氧气瓶。乙炔瓶内充满浸渍丙酮的硅酸钙颗粒。乙炔能在一定的压力下溶解于丙酮内，当压力降低时，再释放出乙炔。氧气瓶是存储高压气态氧的一种高压容器。当氧气瓶的使用超过规定期限时，应送交检验单位进行安全鉴定。只有检验合格的氧气瓶，才允许继续使用。

3）减压器与回火保险器。减压器是气割中不可缺少的器具之一，其作用是将各种气瓶或管路的气压降低到工作压力，并保持压力稳定。回火保险器也是气割系统中必备的一种安全装置，即使采用稳定性较好的丙烷等工业燃气，回火保险器也是必需的，以确保整个气割系统及周围设施的安全。

2. 等离子弧切割

等离子弧切割是目前工业生产中应用最广的一种气体放电切割方法。它是利用高温高速的等离子弧将切口金属及氧化物熔化，并将其吹走而完成切割过程的。由于等离子弧的温度和速度极高，任何高熔点的氧化物都能被熔化并吹走，因此可以切割各种金属。目前，等离子弧切割主要用于切割不锈钢，铝、镍、铜及其合金等金属和非金属材料。等离子弧切割属于熔化切割，这与气割在本质上是不同的。另外，等离子弧切割与传统的气割相比，还具有能量集中、切割变形小、切割起始端不需预热等优点。图 3-29 所示为等离子弧数控切割机。

3. 激光切割

激光切割是利用能量高度集中的激光束熔化或气化被切割材料，并借助辅助气体将熔化金属吹除形成切口的切割方法。与其他热切割方法相比，激光切割具有如下优点：

①切割质量优异。激光切割切口特别细且平直，热影响区小，底边不粘附熔渣。大多数切割件无需再进行进一步的机械加工。

②切割效率高。激光束的功率密度大、切割速度高，特别是薄板的切割速度最高可达5m/min。

③切割材料的种类不受限制。激光切割可以用于几乎所有的金属材料和非金属材料的切割。

④切割变形小。因激光束能量高度集中，因此切割变形小、精度高，可以省略切割后的矫正等后续工作。

但是，激光切割设备的一次性投资大，当采用惰性气体作为辅助气体时，生产成本较高。图3-30所示为数控激光切割机系统的结构示意图。

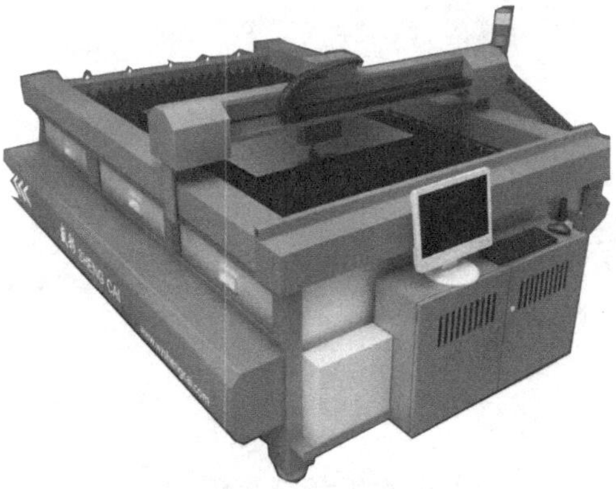

图3-29　等离子弧数控切割机

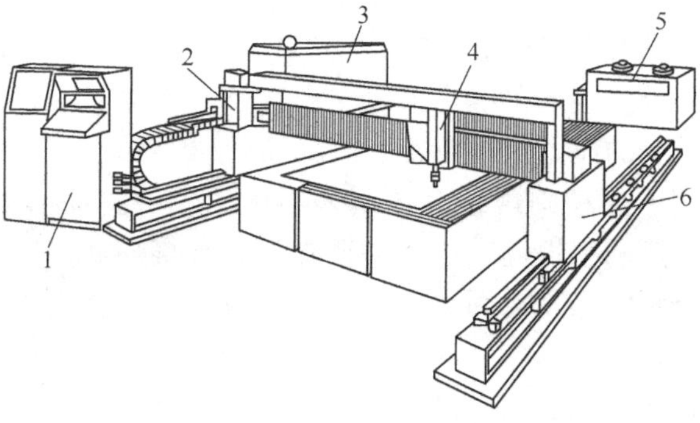

图3-30　数控激光切割机系统的结构示意图

1—CNC控制系统　2—驱动系统

3—激光器　4—激光切割头

5—排烟系统　6—门式机架

四、金属材料的边缘加工

1. 边缘加工工艺

金属材料的边缘加工可以采用刨削、铣削、车削等切削加工工艺。板材的边缘加工一般采用刨削和铣削。采用机械加工方法可以加工各种形式的坡口，如I、V、U、X及双U形坡口等；也可以采用热切割方法切割坡口，如用自动或半自动气割设备，同时使用1～3把割炬，一次可切割出I、V和X形坡口。管材等的边缘加工则主要采用车削。对于大型或重型结构部件，因工件尺寸大大超过常规机床的加工范围，采用电动砂轮磨头进行磨削加工是一种经济而实用的方法；对于大直径薄壁容器的环缝，可采用碳弧气刨进行背面的清根和坡口的制备。

2. 边缘加工设备

金属材料的边缘加工设备按加工工件的形状可分为板材坡口加工设备、管材坡口加工设备和筒体及封头坡口加工设备三类。这里只介绍板材的边缘加工设备，其余设备将在本书后面的章节中介绍。

工业生产中常用的板材坡口加工设备有刨边机、铣边机和滚剪机等。刨边机和铣边机的基本结构相同，只是铣边机装有铣削动力头，而刨边机则将刀架装在行走拖板上。图 3-31 所示为单头铣边机的外形。对于厚板的边缘加工，也可以采用双头铣边机。如果采用成形刀具，则铣边机也可以加工出 U 形坡口。

图 3-32 所示为另一种结构形式的铣边机，与前述铣边机相比，它具有体积小、结构简单、操作方便和功效高的特点。加工板材边缘坡口时，将工件放在滚珠托架上，待加工边缘插入工作平台和压板之间后，导向机构顶紧板材边缘，带动工件以加工速度向前平移，直至整个长度加工结束。这种铣边机不仅可以加工长方形的平板边缘坡口，也可以加工圆形板坯边缘的坡口。

图 3-31　单头铣边机的外形

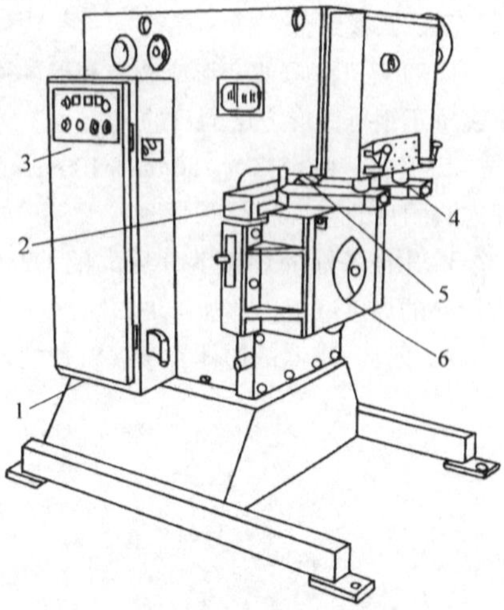

图 3-32　坡口铣边机结构外形
1—床身　2—导向装置　3—控制柜
4—压紧和防翘装置　5—铣刀
6—升降工作台

【综合训练】

一、填空

1. 钢材矫正的方法有________、________、________和________。

2. 钢板矫正机有多种形式，可根据轴辊数目分类，通常 5 ~ 11 辊用于矫正________；11 ~ 29 辊多用于矫正________。

3. 型钢撑直机主要用于矫正________、________、________等，也可以用来进行弯曲成形。

4. 原材料表面清理的方法主要有________和________两大类。

5. 将零件的表面摊开在一个平面上的过程称为________。常见可展表面有________、________和________，不可展表面有________和________等。

6. 在实际生产中，排样方法分为________、________、________三种。

7. 放射线展开法适用于________表面的展开。

8. 常见的剪切设备有________、________、________和________。

9. 冲裁是利用模具使板料分离的冲压方法，零件从模具凹模中得到时称为________，零件在凹模外面得到时称为________。

10. 氧气切割可用于切割________、________、________和________钢。

二、简答

1. 钢材变形的原因有哪些？矫正原理是什么？
2. 简述钢材预处理的一般步骤。
3. 什么是划线、放样和下料？
4. 金属材料的下料有哪些方法？各适用于什么情况？
5. 金属气割应具备哪些基本条件？
6. 金属气割与等离子弧切割有何本质上的不同？
7. 切割下料的金属毛坯在哪些情况下还需进行边缘加工？

三、实践部分

1. 准备一些弯曲变形或波浪变形的薄钢板，通过手工矫正和火焰矫正的方法对其变形加以矫正，达到掌握矫正钢材变形方法的目的。

2. 准备一些规格为150mm×100mm的Q235钢板，用化学除锈法对钢板进行清洗，达到掌握钢材预处理方法的目的。

3. 用准备好的厚度为10mm的Q235钢板进行划线、气割的练习，按要求切割出规格为100mm×150mm的焊接试板，并加工坡口。

4. 设计一容器的筒体，掌握料长的计算、划线及下料的基本方法。

第四章　焊接结构件的成形工艺及设备

学习目标： 通过本章内容的学习，了解焊接结构件压弯、滚弯、拉深及旋压等成形加工方法；熟悉各种成形加工设备的工作原理，并会选用正确的设备进行成形加工；掌握压弯、滚弯等成形加工工艺。

成形加工是在不破坏坯料的完整性并保持材料应有性能的条件下，使其产生一定量的塑性变形，并形成所要求形状的成品的过程。在各类焊接结构的制造中，成形加工已成为不可缺少的重要制造工艺之一，其工作量在整个制造过程中占相当大的比重。尤其是在锅炉、压力容器和管道的生产中，有 80%～90% 的零部件都需经成形加工。成形工艺不仅会影响到产品的质量，而且会对生产周期和制造成本产生很大的影响。

成形加工基本上是冷作弯曲加工，按照成形件弯曲的方式，成形加工主要可以分成滚弯、压弯、拉弯、拉深和旋压等工艺。有时根据材料的成形性能要求，也可由冷成形改为热成形，这取决于材料的性能、坯料的厚度、变形的程度和成形设备的能力，同时还应考虑材料的原始热处理状态和产品的工作条件。

第一节　压弯成形工艺及设备

在焊接结构制造中，弯曲与成形加工占有相当大的比重。制造某些焊接结构时，80%～90% 的金属材料需要进行弯曲与成形加工，如压力容器，各种石油塔、罐、球形封头及锅炉的锅筒等。大多数金属材料的弯曲和成形加工是在冷态（常温）下进行的，在一定条件下也可以进行加热弯曲与成形。

一、压弯成形工艺

1. 材料的弯曲变形过程

弯形加工所用坯料通常为钢材等塑性材料，这些材料的变形过程如下。

（1）初始阶段　当坯料上作用有外弯曲力矩时，将发生弯曲变形。坯料变形区内，靠近曲率中心一侧（简称内层）的金属在外弯矩引起的压应力作用下被压缩缩短，远离曲率中心一侧（简称外层）的金属在外弯矩引起的拉应力作用下被拉伸伸长。在坯料弯曲过程的初始阶段，外弯矩的数值不大，坯料内应力的数值小于材料的屈服强度，仅使坯料发生弹性变形。

（2）塑性变形阶段　当外弯矩的数值继续增大时，坯料的曲率半径随之减小，材料内应力的数值开始超过其屈服强度，坯料变形区的内表面和外表面首先由弹性变形状态过渡到塑性变形状态，以后塑性变形由内、外表面逐步向中心扩展。

（3）断裂阶段　坯料发生塑性变形后，若继续增大外弯矩，待坯料的弯曲半径小到一定程度时，将因变形超过材料自身变形能力的限度，而在坯料受拉伸的外层表面首先出现裂纹，并向内伸展，致使坯料发生断裂破坏。

弯曲过程中，材料的横截面形状也要发生变化，无论宽板、窄板，在变形区内材料的厚度均有变薄现象。

2. 材料的弯曲变形方式

压弯成形时，材料的弯曲变形可以有自由弯曲、接触弯曲和校正弯曲三种方式，如图4-1所示。材料弯曲时，板料仅与凸、凹模的三条线接触，弯曲圆角半径 r_1 是自然形成的，这种弯曲方式称为自由弯曲，如图4-1a所示。若板料弯曲到直边与凹模表面平行，而且在长度 ab 上互相靠紧时停止弯曲，弯曲件的角度等于模具的角度，而弯曲圆角半径 r_2 仍是自然形成的，则这种弯曲方式称为接触弯曲，如图4-1b所示。若将板料弯曲到与凸凹模完全贴靠，当弯曲圆角半径 r_3 等于模具圆角半径 $r_{凸}$ 时才结束弯曲，则这种弯曲方式称为校正弯曲，如图4-1c所示。

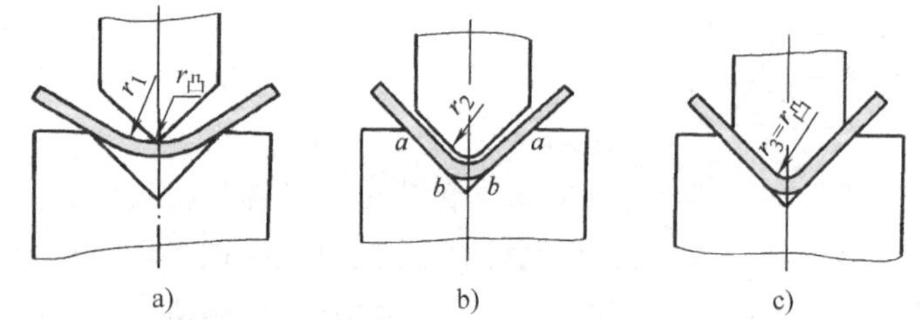

图4-1　板料弯曲时的三种变形方式

a）自由弯曲　b）接触弯曲　c）校正弯曲

采用自由弯曲时，所需弯力小，但工作时靠调整凹模槽口的宽度和凸模的下死点位置来保证零件的形状，批量生产时弯曲件质量不稳定，所以它多用于小批量生产中的大型零件的压弯。

采用接触弯曲或校正弯曲时，由模具保证弯曲件的精度，弯曲件质量较高且稳定，但所需弯曲力较大，并且模具制造周期长、费用高。所以它多用于大批量生产中的中、小型零件的压弯。

3. 钢材的弯曲变形特点对弯曲加工的影响

钢材的弯曲变形特点对弯曲加工的影响主要体现在以下几个方面：

（1）弯力　弯曲成形是使被弯曲材料发生塑性变形。无论采用何种弯曲成形方法，弯力都必须能使被弯曲材料的内应力超过材料的屈服强度。实际弯力的大小要根据被弯曲材料的力学性能、弯曲方式和性质、弯曲件的形状等多方面因素来确定。

（2）回弹现象　通常在材料发生塑性变形时，仍有部分弹性变形存在。而弹性变形部分在卸载（除去外弯矩）时要恢复原态，使弯曲件的曲率和角度发生变化，这种现象叫做回弹。回弹现象的存在，直接影响弯曲件的几何精度，因此必须加以控制。

1）影响回弹的主要因素。

①材料的屈服强度越高、弹性模量越小、加工硬化越激烈，弯曲变形的回弹越大。

②材料的相对弯曲半径 r/δ 越大，材料、变形程度就越小，则回弹越大。

③在弯曲半径一定时，弯曲角 α 越大，表示变形区长度越大，回弹也越大。

④其他因素，如零件的形状、模具的构造、弯曲方式及弯曲力的大小等，对弯曲件的回弹也有一定的影响。

2）减小或消除回弹的主要措施。

①将凸模角度减去一个回弹角，使板料弯曲程度加大，板料回弹后恰好等于所需要的角度。

②采取校正弯曲，在弯曲结束时进行校正，即减小凸模的接触面积或加大弯曲部件的压力。

③减小凸模与凹模的间隙。

④采用拉弯工艺。

⑤在必要时，如果条件允许可采用加热弯曲。

（3）最小弯曲半径　材料在不发生破坏的情况下所能弯曲的最小曲率半径，称为最小弯曲半径。材料的最小弯曲半径，是材料性能对弯曲加工的限制条件。采取适当的工艺措施，可以在一定程度上改变材料的最小弯曲半径。

影响材料最小弯曲半径的因素如下：

1）材料的塑性。塑性越好，其允许变形程度越大，则最小弯曲半径越小。

2）弯曲角 α。在相对弯曲半径 r/δ 相同的条件下，弯曲角 α 越小，材料外层受拉伸的程度越小，而越不易弯裂，最小弯曲半径可以取较小值。反之，弯曲角 α 越大，最小弯曲半径也应增大。

3）材料的方向性。经轧制的钢材会形成各向异性的纤维组织，钢材平行于纤维方向的塑性指标大于垂直于纤维方向的塑性指标。因此，当弯曲线与纤维方向平行时，材料不易断裂，弯曲半径可以小些。

4）材料的表面质量和剪断面质量。当材料的剪断面质量和表面质量较差时，弯曲时易造成应力集中而使材料过早破坏，这种情况下应采用较大的弯曲半径。

5）其他因素。材料的厚度和宽度等因素也对最小弯曲半径有影响。如薄板可以取较小的弯曲半径，窄板料也可取较小的弯曲半径。

在一般情况下，弯曲半径应大于最小弯曲半径。若由于结构要求等原因，弯曲半径必须小于或等于最小弯曲半径时，则应该分两次或多次弯曲，也可采用热弯或预先退火的方法，以提高材料的塑性。

二、压弯成形设备

压弯成形设备主要包括板材折弯机和弯管机。这些设备按传动机构的种类和控制方式分类，可分为机械式、液压式、电磁控制式和数字控制式等。本节主要介绍机械板式折弯机的工作原理和操作要点。

1. 机械板式折弯机的工作原理

机械板式折弯机是采用曲柄连杆滑块机构，将电动机的旋转运动转变为滑块的往复运动进行折弯的。其传动系统如图 4-2 所示，由拖板 1、连杆 3、曲轴 4 和工作台 26 等组成。

这种折弯机拖板的起落和上、下位置的调节由两个独立的传动系统带动，拖板位置的调整是由电动机 21 通过齿轮 22、20、19、23 驱动轴 25，使蜗杆 24 转动，带动连杆螺钉 2 旋转，推动连杆 3，这样可通过电动机的换向调节拖板的上、下位置；而拖板的起落是由电动机 13 通过带轮 16、齿轮 10、8 带动传动轴 7 转动，并带动齿轮 6、5 和曲轴 4 转动，使连杆 3 带动拖板 1 起落，以进行折弯加工。

2. 机械板式折弯机的操作要点

（1）调整拖板位置　折弯前，先将拖板降到最低位置，调整拖板的最低点到工作台面的距离，使闭合高度比拖板端部和台面的上、下两弯曲模总高度高 20 ~ 50mm。

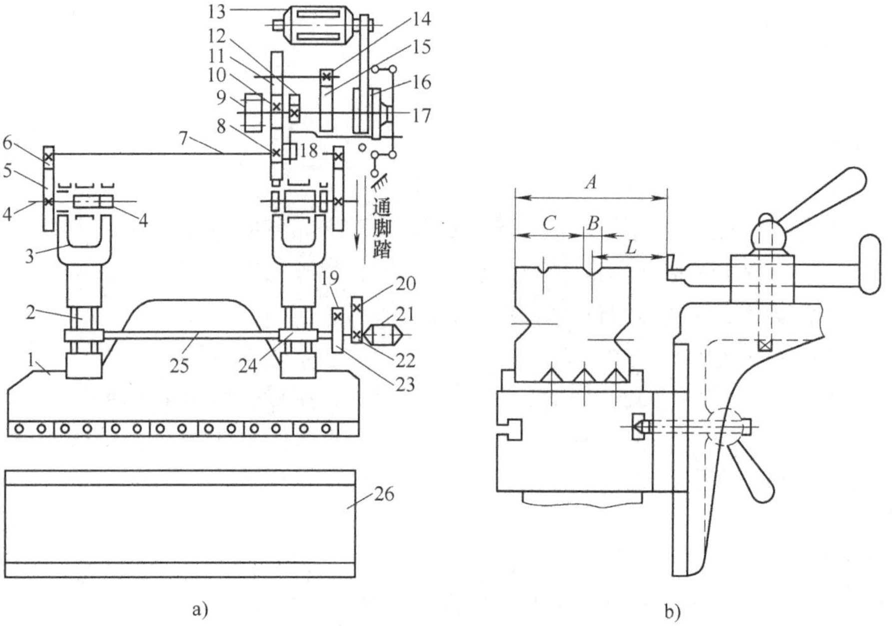

图 4-2　机械板式折弯机的传动系统图

a）传动系统　b）挡板定位

1—拖板　2—连杆螺钉　3—连杆　4—曲轴　5、6、8、10—齿轮　7—传动轴　9—止动器　11、12、14、15—变速器齿轮　13、21—电动机　16—带轮　17—主轴　18—齿轮变速齿条　19、20、22、23—齿轮　24—蜗杆　25—轴　26—工作台　A—下模侧面至挡板端面的距离　B—下模槽口宽度　C—下模侧面至下模槽口边缘的距离　L—弯曲线至坯料边缘的距离

（2）安装上、下弯曲模　将拖板升起，先将下模放在工作台上，再下降拖板，对中安装上模。然后调整拖板的位置，使上模进入下模的槽口并移动下模，将上模顶点的中心线对正下模口中心线，最后固定下模。

（3）调整挡板位置　在图 4-2b 中，先将拖板升起，再按弯曲尺寸调整挡板，按图上标出的 A 值，经过试弯后，作适当调整，再固定挡板的位置。

A 值的计算公式如下

$$A = L + \frac{B}{2} + C$$

（4）调整弯曲角度　根据所要求的弯曲角度，选用对应的上、下弯曲模，然后调整上模的深度，即可达到板材的曲度要求。

第二节　滚弯成形工艺及设备

一、滚弯成形工艺

滚弯成形是将板材或型材通过成形机械的辊轴转动，并施加一定的压力使其弯曲成形的工艺方法。对于板材的滚弯，在工程上习惯称为卷板，它是焊接结构制造中最主要的成形工艺之一。下面以板材的卷制为例，进行滚弯成形工艺的介绍。

卷板工艺由预弯、对中、卷弯和矫正四个步骤组成。

1. 预弯

卷弯时只有钢板与上辊轴接触的部分才能弯曲，所以钢板的两端各有一段长度不能发生弯曲，这段长度称为剩余直边。剩余直边的大小与设备的弯曲形式有关，钢板弯曲时的理论剩余直边值见表4-1。为了消除剩余直边，必须先对板材进行预弯，使剩余直边弯曲到所需要的曲率半径后再卷弯。预弯有以下几种方法：

表4-1　钢板弯曲时的理论剩余直边值

设备类型		卷板机			压力机
弯曲形式		对称弯曲	不对称弯曲		模具压弯
			三辊	四辊	
剩余直边	冷弯	$L/2$	$(1.5\sim2)\delta$	$(1\sim2)/\delta$	1.0δ
	热弯	$L/2$	$(1.3\sim1.5)\delta$	$(0.75\sim1)\delta$	0.5δ

（1）通用模压弯　是指在压力机上用通用模具进行多次压弯成形，如图4-3a所示。这种方法适用于各种厚度的板预弯。

（2）模板滚弯　是指在三辊卷板机上用模板预弯，如图4-3b所示。这种方法适用于$\delta\leqslant\delta_0/2$且$\delta\leqslant24$mm，并不超过设备能力的60%的场合。

（3）垫板、垫块滚弯　是指在三辊卷板机上用垫板、垫块预弯，如图4-3c所示。这种方法适用于$\delta\leqslant\delta_0/2$且$\delta\leqslant24$mm，并不超过设备能力的60%的场合。

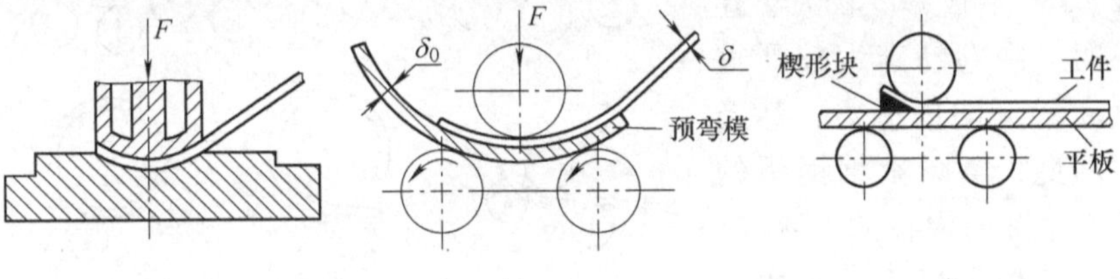

图4-3　常用预弯方法

a）通用模压弯　b）模板滚弯　c）垫板、垫块滚弯

解决板材弯卷剩余直边的另一种方法是滚弯前在两端预留余量。即切割下料时，在板材两端预留稍大于剩余直边长度的余量，待滚弯后再气割去除，但气割下的余量若不能使用，则会造成材料的浪费。因此，也可采用少留余量而用废料拼接成足够支撑的直边长度，待辅助滚弯后再切除的工艺方法，如图4-4所示。

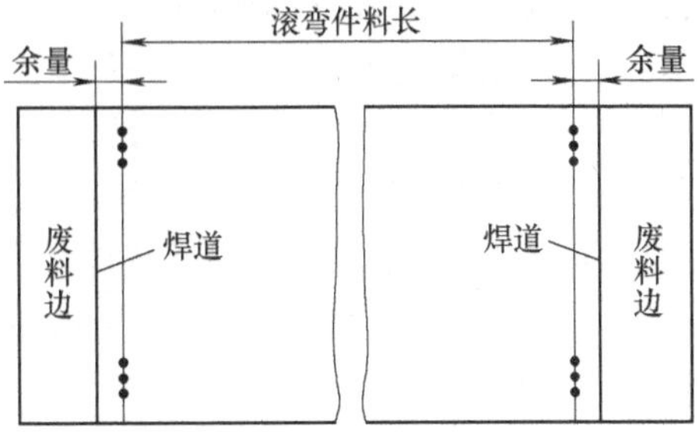

图4-4　利用废料边进行卷弯的方法

2. 对中

对中的目的是使工件的素线与辊轴轴线平行，防止产生扭斜，保证滚弯后工件几何形状的准确性。对中的方法有侧辊对中、专用挡板对中、倾斜进料对中和侧辊开槽对中等，如图4-5所示。

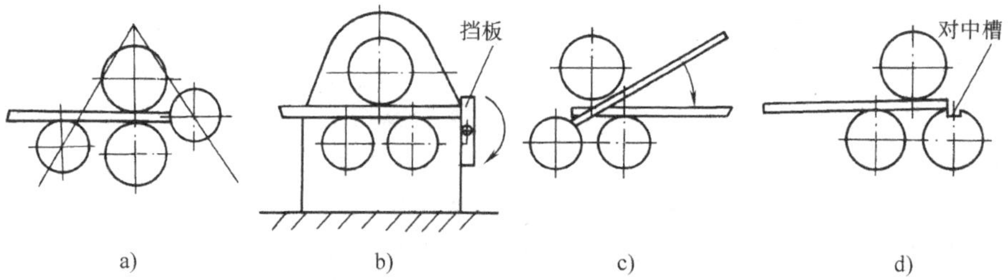

图 4-5　几种对中方法

a）侧辊对中　b）专用挡板对中　c）倾斜进料对中　d）侧辊开槽对中

3. 卷弯

一般情况下，卷弯时不需要加热钢板，而是采用冷卷的方式。在卷弯过程中，只要保持上辊轴上下不动，三根辊轴相互平行，工件的曲率半径经过几次由大到小的试卷，最后即可达到要求。但是，在卷弯过程中常出现过弯现象，特别是较厚的钢板，一旦曲率半径过小就很难矫正。因此，卷弯前应制出符合工件曲率半径的卡样板，在卷弯过程中经常使用卡样板检查是否符合曲率半径，以此控制上轴辊的压下量（每次压下量一般为 5 ~ 10mm）。在钢板厚度较大、卷弯直径较小时，冷卷易产生较严重的加工硬化和较大的内应力，甚至产生裂纹。因此，当碳素钢钢板的厚度大于或等于圆筒内径的 1/40 时应进行热卷。各种卷板机的滚弯过程如图 4-6 所示。

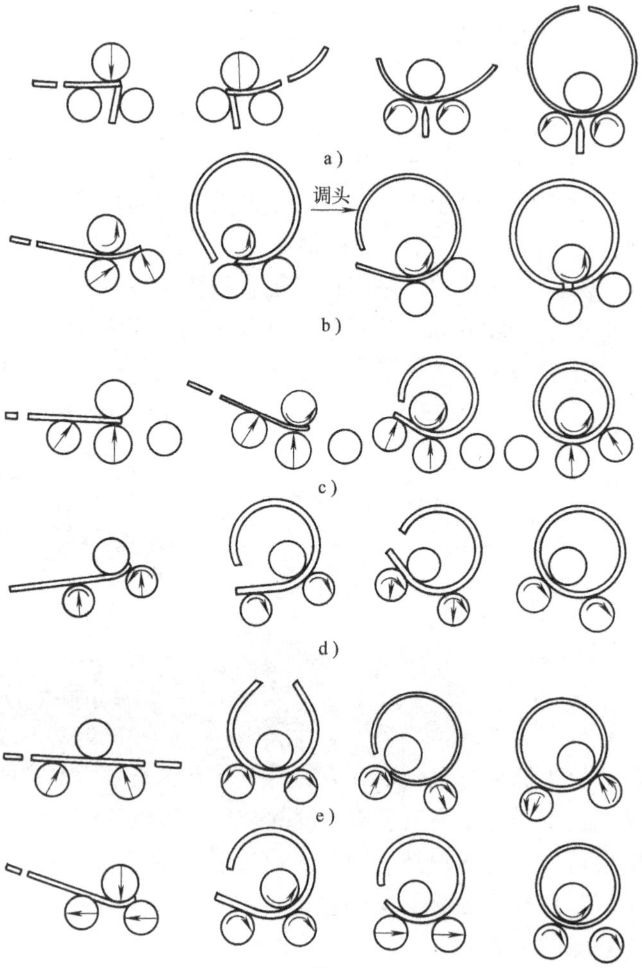

图 4-6　各种卷板机的滚弯过程

a）带弯边垫板的对称三辊卷板机　b）不对称三辊卷板机　c）四辊卷板机　d）偏心三辊卷板机　e）对称下调式三辊卷板机　f）水平下调式三辊卷板机

4. 矫正

若板材两端在预弯时的曲率半径不符合要求，或卷弯时曲率不均匀，则卷板后会在接口处出现外凸或内凹的缺陷。要消除这些缺陷，可以在定位焊或焊接后进行局部压制卷弯，称为矫正。图 4-7 所示为矫正棱角的几种方法。对于较厚圆筒，焊后经适当加热再放入卷板机内进行长时间加压滚动，也可达到矫圆的目的。

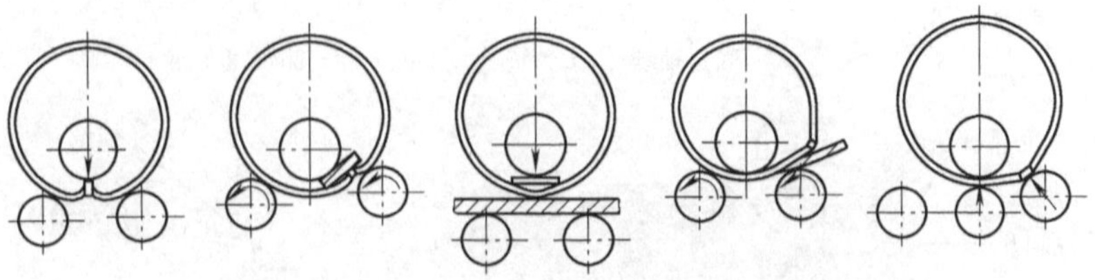

图 4-7　矫正棱角的几种方法

二、滚弯成形设备

滚弯成形设备包括板料滚弯机和型材滚弯机。在工程上常把板料滚弯机称为卷板机，将型材滚弯机称为型材弯曲机。卷板机按照控制方式分为普通式、水平下调式和微机控制式三种；按照上、下轴辊的分布位置分为对称式和不对称式两种；按照轴辊数量又分为三辊卷板机和四辊卷板机。以下只介绍普通对称式三辊卷板机的结构特点。

1. 三辊卷板机的工作原理

图 4-8a 所示为卷板机的工作原理，将板料放在下轴辊上，板料下表面与下轴辊的最高点 *B*、*C* 相接触，上表面恰好与上轴辊的最低点 *A* 相接触，使上、下轴辊之间的垂直距离等于板厚。

板料滚弯时，由轴辊的旋转、轴辊与板材间产生的压力和摩擦力，带动板材移动、自动送进连续滚压，使板材在全部滚弯的范围内形成圆滑的弯曲面。

在三个轴辊中，两个下轴辊是主动辊，可进行同方向同速旋转，并可根据滚弯工件的曲率大小调节其轴向间距；而上轴辊是从动辊，改变其位置，可改变板材的弯曲半径，如图 4-8b 所示。同时，板材的弯曲半径还取决于上轴辊的下压量，下压量越大，弯曲半径越小。

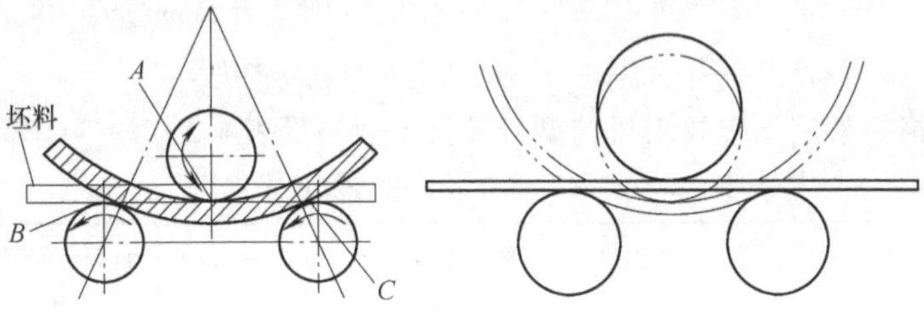

图 4-8　三辊卷板机弯曲原理

a）工作原理　b）轴辊位置变动

2. 三辊卷板机的结构

图 4-9 所示为对称式三辊卷板机的结构，它主要由机架、上下轴辊、传动系统和操作系统组成。其两下轴辊呈水平分布，安装在固定轴承内，由电动机经减速箱中的齿轮带动，通过控制系统能控制两轴辊作相同转速的正、反向旋转。

工作时，通过控制开关操纵，能使安装在固定轴承中的上轴辊在铅垂方向作上下调节运动，对板施加压力，上轴辊左端伸出的圆锥杆与压紧丝杠组成卸料装置，能在卸料时施加反力矩，使上辊不能下落而压住工件。

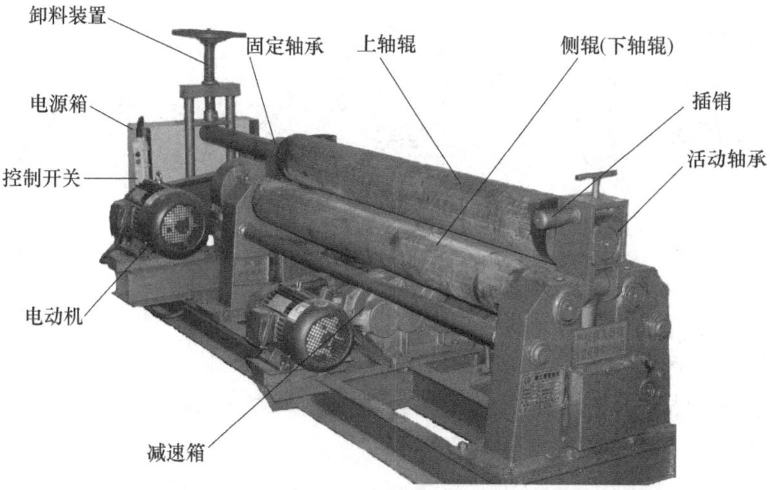

图 4-9　对称式三辊卷板机结构

卷板机的右端装有活动轴承，当工件卷弯成形后，只要旋下左端的压紧丝杠压紧上轴辊左侧伸出端，使上轴辊保持平衡，即可将活动轴承卸下，使工件沿轴辊的轴线方向右移取出。这种卷板机结构简单、紧凑，易于维修，成形较准确，因而应用较广泛。

3. 常用三辊卷板机的型号及技术规格

（1）三辊卷板机型号的含义

W11 - 25 ×2500

- 2500：卷板最大宽度为 2500mm
- 25：卷板最大厚度为 25mm
- W11：普通型三辊卷板机

（2）技术规格　常用三辊卷板机的型号及技术规格见表 4-2。

表 4-2　常用三辊卷板机型号及技术规格

型号	卷板最大厚度 /mm	卷板最大宽度 /mm	卷板速度 /（m/min）	最小弯曲直径 /mm	材料屈服强度 /MPa	主电动机功率 /kW
W11-2 ×1600	2	1600	11	240	250	4
W11-5 ×2000	5	2000	7	380	250	11/4
W11-8 ×2500	8	2500	5. 5	600	250	11
W11-25 ×2500	25	2500	5	950	250	30

第三节　拉深成形工艺及设备

一、拉深成形工艺

拉深也称拉延、压延或引伸，它是利用模具使平板坯料成形为开口空心零件的一种冲压工艺方法，应用相当广泛。利用拉深工艺，可以制成各种直臂类或曲面类的零件，其工序如图 4-10 所示。在焊接结构中，利用拉深成形工艺制造的结构元件主要有各种封头、瓦片、管坯和瓜瓣等。

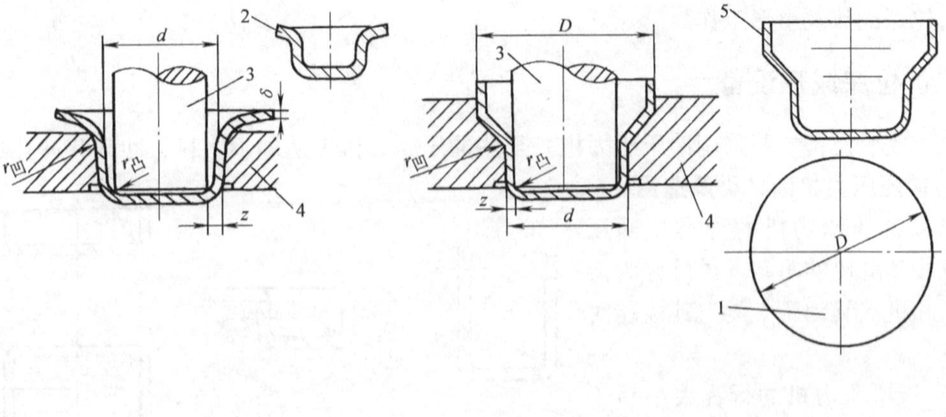

图 4-10　拉深工序图

1—坯料　2—第一次拉深的产品　3—凸模　4—凹模　5—成品

1. 拉深工艺要点

拉深是利用凸模把板料压入凹模，为了防止坯料被拉裂，凸模和凹模边缘均制成圆角，且 $r_{凸} \leqslant r_{凹} = (5 \sim 15)\delta$；凸模和凹模之间的间隙 $Z = (1.1 \sim 1.2)\delta$；拉深件直径 d 与坯料直径 D 的比值 $d/D = m$（拉深系数），一般 $m = 0.5 \sim 0.8$。拉深系数 m 越小，则坯料被拉入凹模越困难，从底部到边缘过渡部分的应力也越大。如果拉应力超过金属的抗拉强度极限，拉深件底部就会被拉穿（图 4-11a）。对于塑性好的金属材料，m 可取较小值。当拉深系数过小，不能一次拉制成高度和直径满足成品要求时，可以进行多次拉深。这种多次拉深操作往往需要进行中间退火处理，以消除前几次拉深变形中所产生的硬化现象，使以后的拉深能顺利进行。在进行多次拉深时，其拉深系数 m 应一次比一次略大。

在拉深过程中，由于坯料边缘在切线方向受到压缩，因而可能产生波浪形，最后形成褶皱（图 4-11b）。拉深所用坯料的厚度越小，拉深的深度越大，越容易产生褶皱。为了预防褶皱的产生，可用压板把坯料压紧，如图 4-12 所示。为了减小由于摩擦使拉深件壁部的拉应力增大并减少模具的磨损，拉深时通常加润滑剂。

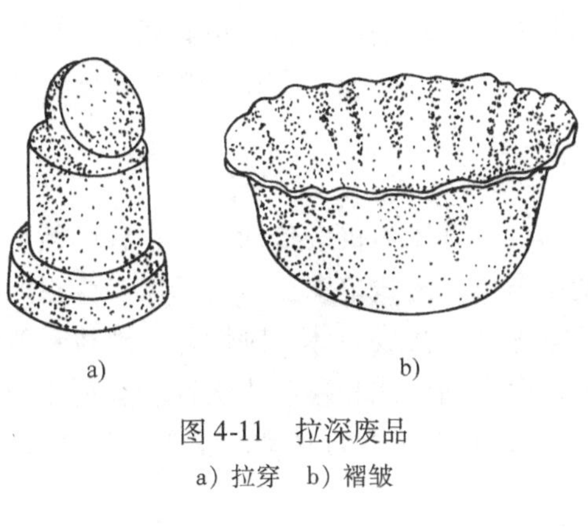

a)　b)

图 4-11　拉深废品

a）拉穿　b）褶皱

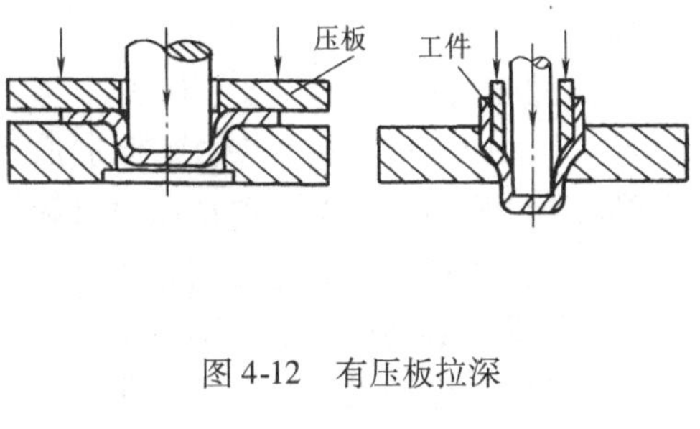

图 4-12　有压板拉深

2. 对拉深件的基本要求

1）拉深件外形应简单、对称，且不要太高，拉深次数尽量少。

2）拉深件的圆角半径在不增加工艺程序的情况下，最小许可半径如图 4-13 所示。否则将增加拉深次数及整形工作。

二、拉深成形设备

拉深成形设备主要采用冲压压力机。某些冲压压力机也适用于落料、冲裁和冲孔加工。

1. 冲压压力机的种类及选用

（1）冲压压力机的种类　冲压压力机按其滑块的驱动方式可分为液压驱动和机械驱动两大类。其性能对比如下：

1）液压压力机的行程大小易于调整和控制；而机械压力机的滑块行程是固定不变的。

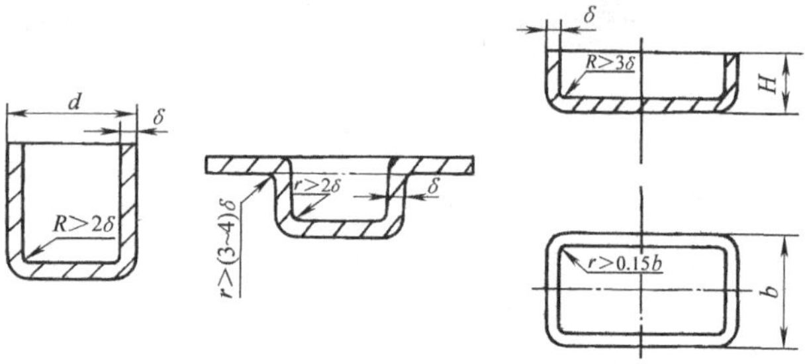

图 4-13　拉深件的最小许可半径

2）液压压力机的冲压速度可在较大的范围内调节；而机械压力机的冲压速度取决于传动方式。

3）液压压力机不可能超载，只能产生预先设定的压力，当到达此压力时，滑块运动自动停止；机械压力机可能超载，必须加设过载保护装置。

4）机械压力机的运行速度比液压压力机高，生产率较高。

5）机械压力机可通过飞轮储存能量，电动机的功率可比同等压力的液压压力机小。

（2）冲压压力机的选用　冲压压力机的选用主要取决于冲压加工的要求、拉深成形件的形状、加工精度和生产率等。例如，对于精度要求不高的拉深成形，一般选用液压机，因为液压机的冲压速度易于调节，且价格较低。

2. 开式压力机

开式压力机是一种通用的冲压设备，除了可用于冲孔、切边外，还可用于浅拉深和成形。一般为曲柄传动，可进行单次或者连续冲压。开式压力机的床身结构为 *C* 形，工作台三面敞开，便于操作。压力机按连杆数目可分为单点式和双点式；按曲轴的位置可分为纵放式和横放式；按工作台的结构可分为固定式、可倾式和升降式等，如图 4-14 所示。

开式固定式压力机的刚度和抗振性较好，适用于较大吨位的压力机。可倾式压力机的工作台可倾斜 20°～30°，便于工件和边料的自由下落。升降式压力机适用于模具高度变化较大的弯曲成形。

3. 闭式压力机

闭式压力机也可以用来完成弯曲成形和拉深成形。这种压力机按传动系统连杆的数目可分为单点单动压力机、双点单动压力机和四点单动压力机。闭式单动压力机的床身为封闭框架结构，它由横梁、左右立柱和底座组成，通过拉紧螺栓连接成一体，刚性好。滑块一般由偏心齿轮传动，其结构紧凑、噪声小、效率高，工作台有固定式和移动式两种。大型压力机的工作台通常由电动机驱动，小型压力机多用于气垫或滚子借人力移动的情况。图 4-15 所示为闭式单动压力机。

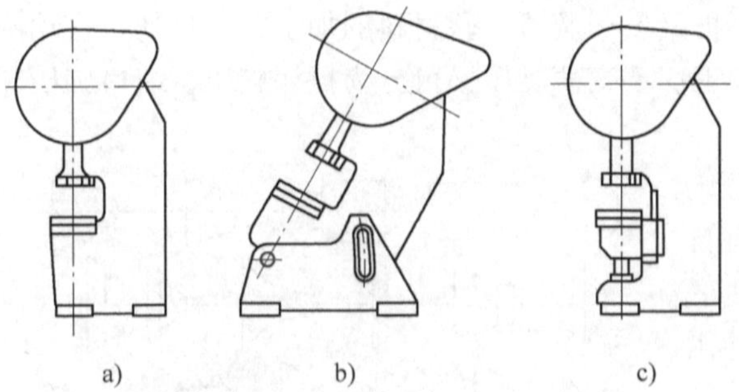

图 4-14　开式压力机工作台的结构形式
a）固定式　b）可倾式　c）升降式

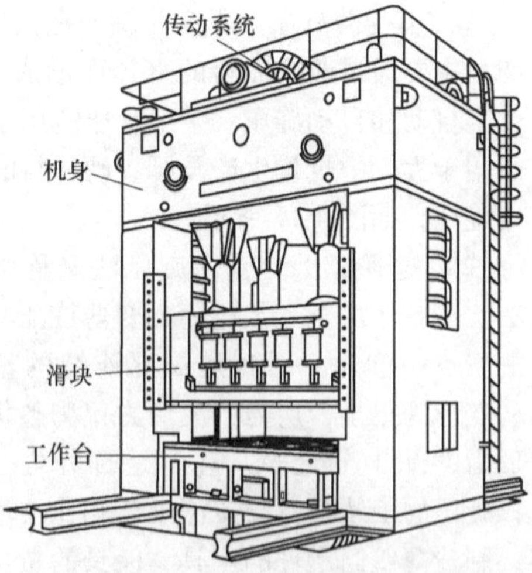

图 4-15　闭式单动压力机

第四节　旋压成形工艺及设备

一、旋压成形工艺

旋压成形是一种回转加工工艺。它利用坯料随芯模旋转（或旋压工具绕坯料与芯模旋转）和旋压工具与芯模的相对进给，使坯料受压力作用而产生连续的逐点变形，完成工件的成形加工。金属材料的旋压成形不仅仅是塑性变形，而是集塑性变形和流动变形的复杂过程。因此，进行旋压的金属材料必须具有良好的塑性变形及流动性能。

1. 旋压成形的特点

旋压成形具有以下主要特点：

1）旋压是一种连续局部塑形加工过程。瞬间的变形区很小，所需的总变形力相应减小。

2）旋压成形可以加工形状复杂的零件或强度高、难以变形的材料。

3）旋压件的尺寸公差等级可达 IT8 左右，表面粗糙度 *Ra* 值小于 3.2μm，工件的强度和硬度均有明显提高。

4）旋压加工的材料利用率高，模具费用较低。

旋压成形的经济性与生产批量、工件结构、所需设备、模具及劳动费用等有关。在许多情况下，旋压要与其他冲压工艺方法配合应用，以获得最佳的产品质量和经济效益。可旋压的工件形状局限于各种旋转体，主要有筒形、锥形、半球形、曲母线和组合形，如图 4-16 所示。可旋压的材料包括低碳钢、低合金钢、不锈钢、耐热合金、非铁金属、难熔金属和稀有金属等。

2. 旋压成形的种类

根据坯料厚度在旋压过程中的变化，旋压成形可分为不变薄旋压和变薄旋压两种。

（1）不变薄旋压　不变薄旋压法又称普通旋压法。不变薄旋压时，坯料厚度基本保持不变，主要通过改变坯料的直径而形成空心旋转体工件。按旋压加工的自动化程度分为手工、半自动和自动旋压。手工旋压适用于小批量生产及薄、软材料的加工；半自动或自动旋压则用于大、中批量生产及厚、硬材料的加工。不变薄旋压又可分为拉深旋压、缩口旋压和扩口旋压，如图 4-17 所示。

（2）变薄旋压　变薄旋压法又称强力旋压法。与其他加工工艺相比，变薄旋压具有自身的特点：首先，因其是局部连续的塑性变形，变形区很小，所需的成形力仅为整体冲压成形力的几十分之一，甚至是百分之一；其次，旋压的工装模具与拉深工艺相比要简单很多，制造薄壁筒形件的工具、模具的费用仅为拉深模的 1/10 左右；另外，与普通旋压相比，变薄旋压时，坯料凸缘不产生收缩变形，不起皱；不受坯料相对厚度的限制，既可以一次旋压出相对深度较大、形状复杂和封头类大型工件，也可旋压用冲压法很难成形的零件。变薄旋压通常要求使用功率大的旋压机床。变薄旋压可分为锥形件变薄旋压、筒形件变薄旋压和封头变薄旋压，如图 4-18 所示。

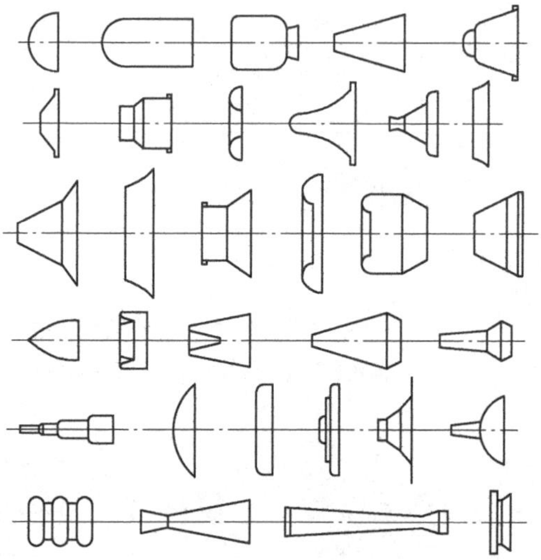

图 4-16　旋压件形状示例

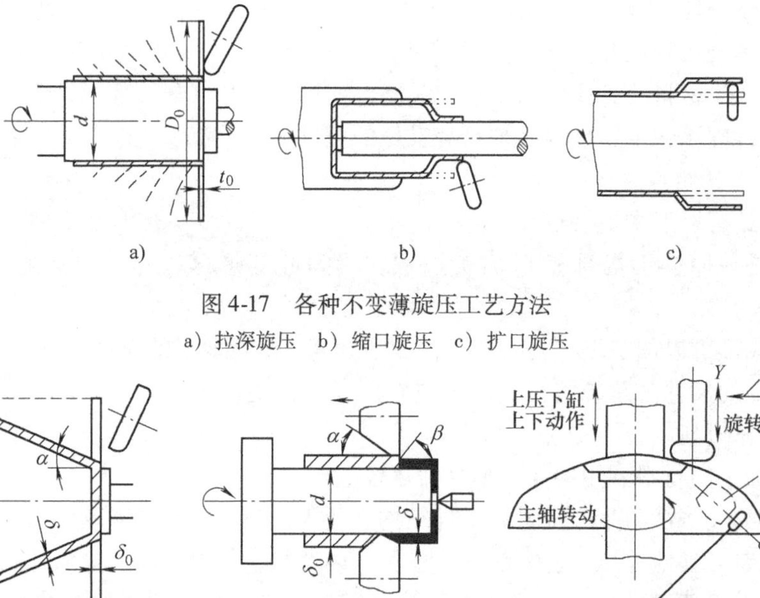

图 4-17　各种不变薄旋压工艺方法

a）拉深旋压　b）缩口旋压　c）扩口旋压

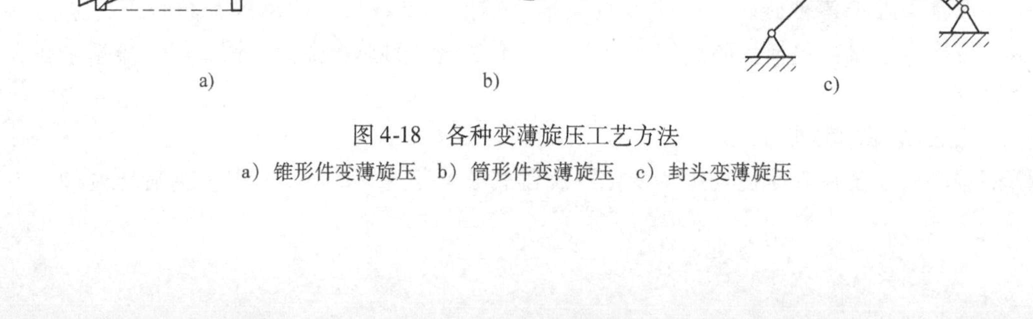

图 4-18　各种变薄旋压工艺方法

a）锥形件变薄旋压　b）筒形件变薄旋压　c）封头变薄旋压

二、旋压成形设备

普通旋压成形设备主要由机架、主轴旋转驱动系统、旋轮及加压机构和尾顶尖等组成。对于小型成形件的旋压，通常可采用万能车床改装而成，配上相应的芯模，即可完成旋压成形。对于形状复杂或精度要求较高的成形件，则需按工件的形状、规格和旋压工艺要求，设计制造专用的旋压设备。本节将以数控旋压机为例，简单介绍旋压机的工作原理及特点。

1. 旋压原理

旋压是在专用的旋压机上进行的。图 4-19 所示为旋压工作简图。毛坯 3 通过尾顶尖 4 上的压块 5 紧紧地压在模胎 2 上，当主轴 1 旋转时，毛坯和模胎一起旋转，操作旋棒 6 对毛坯施加压力。同时，旋棒又作纵向运动，开始旋棒与毛坯是一点接触，由于主轴旋转和旋棒向前运动，毛坯在旋棒的压力作用下产生由点到线及由线到面的变形，逐渐被赶向模胎，直到最后与模胎贴合为止，完成旋压成形。这种方法的优点是不需要复杂的冲模，变形力较小，但生产率较低，故一般用于中小批量生产。

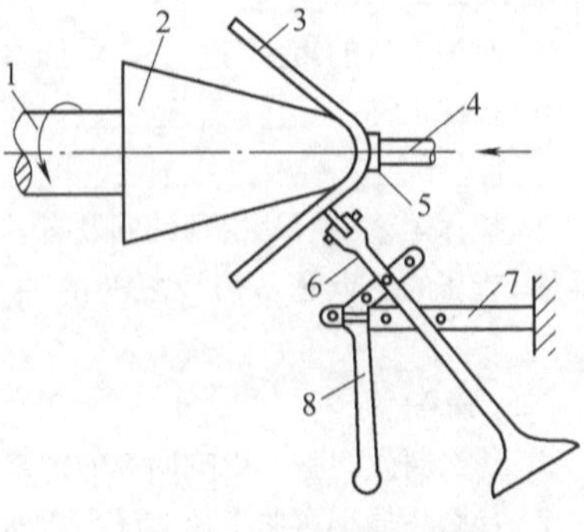

图 4-19　旋压工作简图
1—主轴　2—模胎　3—毛坯
4—尾顶尖　5—压块　6—旋棒
7—支架　8—助力臂

2. 数控旋压机的特点

1）旋压力度强劲。ϕ520mm 以内的板料可较快旋压成形，更加适用于五金机械、机电、炊具、工艺品等产品的生产。

2）功能实用，专业性强，适应范围广。可以完成桶形、锥形、抛物线形、喇叭形、弹头形等系列产品的批量生产及试制任务，还能在同一台机床上完成模具的精车，并可完成产品的修边、翻边、卷边、缩口、滚压、精车外形及螺纹加工等功能。

3）机床采用先进的 CNC 数字化程序控制，编程操作简单，易学、易用，一人能控制多台机床，生产率高，生产成本低。

4）适用于钢板、不锈钢板、铝（合金）板和铜板等多种材料的旋压加工。

数控旋压机的外形及工作状态如图 4-20 和图 4-21 所示。其工作系统包括滑动导轨、滚珠丝杠、可编程序气压强力尾座、程控集中润滑系统、六工位旋压刀库等。加工之前，只需将图样和产品的具体尺寸输入控制系统中，即可通过变频调节限速功能及螺纹功能来完成加工任务。

图 4-20　数控旋压机的外形图

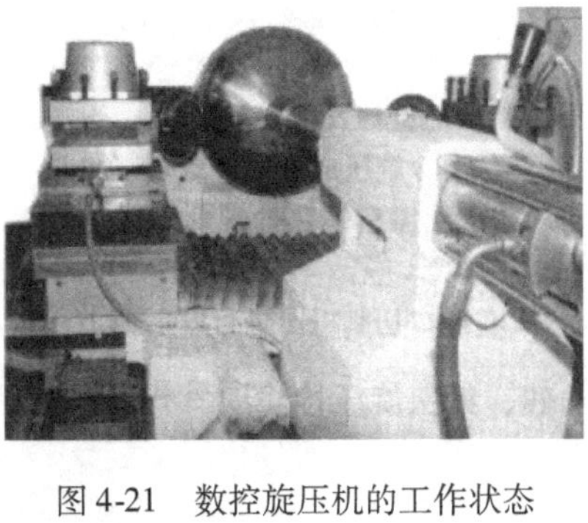

图 4-21　数控旋压机的工作状态

【综合训练】

一、填空

1. 弯曲成形加工所用坯料通常为钢材等塑性材料，这些材料的变形过程分为三个阶段，分别为________、________和________。

2. 压弯成型时，材料的弯曲变形可以有________、________、________三种方式。

3. 卷板工艺由________、________卷弯和校正四个步骤组成。

4. 卷弯时，只有钢板与上辊轴接触的部分才能得到弯曲，所以钢板的两端各有一段长度不能发生弯曲，这段长度称为________。

5. 对中的目的是________，保证滚弯后工件几何形状准确。

6. 拉深也称________、________或________，在焊接结构中，利用拉深成形工艺制造的结构元件主要有________、________、________和________等。

7. 拉深工艺中容易出现的问题有________和________。

8. 旋压的优点是不需要复杂的冲模，变形力较小，通过旋压的金属材料必须具有良好的________和________。

二、简答

1. 什么叫做回弹？影响回弹的因素有哪些？如何减小回弹？

2. 什么是最小弯曲半径？最小弯曲半径和哪些因素有关？

3. 简述滚弯成形工艺。

4. 对拉深件的基本要求有哪些？

第五章　焊接结构的装配

学习目标： 通过本章的学习，了解有关焊接结构装配的基本条件及工艺方法；会制订合理的装配焊接顺序；掌握焊接结构件装配中的定位、夹紧、测量三要素及其工具的使用方法；熟悉典型焊接结构件的基本装配方法。

在焊接结构制造中，焊件的装配是决定焊接质量的重要工序之一。近年来，在一些重要的焊接结构中，对焊件的外形尺寸公差、焊缝的质量，特别是外观质量都提出了越来越高的要求。对于大批量流水生产线，对焊件的组装质量及其一致性提出了更为严格的要求，必须采用各种工装夹具予以保证。同时，促使焊接结构生产企业尽可能采用先进的组装工艺及相应设备，提高组装工艺过程的机械化和自动化程度。同一种焊接结构，由于其生产批量、生产条件不同，或由于其结构形式不同，可有不同的装配方式、不同的装配焊接顺序，也就会有不同的工艺过程。本章重点介绍装配的工艺方法及其相应工具和设备的使用。

第一节　焊接结构的装配方法

装配是将焊前加工好的零部件采用适当的工艺方法，按生产图样和技术要求连接成部件或整个产品的工艺过程。装配工序的工作量大，约占整体产品制造工作量的30%～40%，且装配质量和顺序将直接影响焊接工艺、产品质量和劳动生产率。所以，提高装配工作的效率和质量，对缩短产品制造周期、降低生产成本、保证产品质量等方面，都具有重要的意义。

一、焊件装配的基本条件

在金属结构装配中，将零件装配成部件的过程称为部件装配；将零件或部件总装成产品的过程则称为总装配。通常装配后的部件或整体结构直接送入焊接工序，但有些产品先要进行部件装配焊接，经矫正变形后再进行总装配。无论采用何种装配方案，都需要对零件进行定位、夹紧和测量，这是装配的三个基本条件。

（1）定位　确定零件在空间中的位置或零件间的相对位置。

（2）夹紧　借助通用或专用夹具的外力，将已定位的零件加以固定的过程。

（3）测量　在装配过程中，对零件间的相对位置和各部件的尺寸进行一系列的技术测量，从而鉴定定位的正确性和夹紧力的效果，以便进行调整。

上述三个基本条件相辅相成，定位是整个装配工序的关键，定位后不进行夹紧就难以保证和保持定位的可靠与准确；夹紧是在定位基础上的夹紧，如果没有定位，夹紧就失去了意义；测量是为了保证装配的质量，但在有些情况下可以不进行测量（如一些胎夹具装配，定位元件定位装配等）。

二、焊件装配的工艺方法

1. 装配工艺方法的选择

零件备料及成形加工的精度对装配质量有着直接影响，但加工精度越高，其工艺成本就越高。根据不同产品和不同生产类型，常用的装配工艺方法主要有以下几种：

（1）互换法　互换法的实质是通过控制零件的加工误差来保证装配精度。采用这种装配法时，零件是可以完全互换的，装配过程简单，生产率高，对装配工人的技术水平要求不高，便于组织流水作业，但要求零件的加工精度较高。适用于批量及大量生产。

（2）选配法　选配法是在零件加工时为降低成本而放宽零件加工的公差带，故零件的精度不是很高。装配时，需挑选合适的零件进行装配，以保证规定的装配精度要求。这种方法对零件的加工工艺要求放宽，便于零件加工，但装配时工人要对零件进行挑选，增加了装配工时和难度。

（3）修配法　修配法是指零件预留修配余量，在装配过程中修去部分多余的材料，使装配精度满足技术要求。此法对零件的制作精度要求较宽，但增加了手工装配的工作量，而且装配质量取决于工人的技术水平。

在选择装配工艺方法时，应根据生产类型和产品种类等方面综合考虑。一般单件、小批量生产或重型焊接结构生产，常以修配法为主，互换件的比例小，工艺灵活性大，工序较为集中，大多使用通用工艺装备；成批生产或一般焊接结构主要采用互换法，也可灵活采用选配法和修配法，工艺划分应以生产类型为依据，使用通用或专用工艺装备，可组织流水作业生产。

2. 装配工艺方法的分类

焊接结构生产中应用的装配方法很多，应根据结构的形状尺寸、复杂程度及生产性质等进行选择。装配方法按定位方式不同，可分为划线定位装配和工装定位装配；按组装过程的机械化程度，可分为手工装配、机械装配和自动装配三种；按装配地点不同，可分为工件固定式装配和工件移动式装配。

（1）手工装配法　手工装配法是采用简单的工夹具、量具、样板、定位器、划线工具、拉撑和顶升工具、吊起工具和起吊机械等，以手工方法将零件就位、对准和固定。装配圆筒形焊件时，通常采用装配滚轮架作为辅助装配机械。对于形状比较复杂且装配精度要求较高的焊件，通常在专用的装配平台上先按图样划线放样，然后将形状不同的零件组对定位。在批量生产中，为了提高效率，可利用样板和定位器，在专用的装配夹具或装焊夹具中组装零件或组件，对于焊件的就位、对准、夹紧、固定或以定位焊固定时，则仍以手工操作为主。

（2）机械装配法　机械装配法是将待装配的坯料或零件，由机械传送装置或起吊设备送至专用自动装配夹具或装焊机械进行组对、夹紧、定位以及用定位焊固定，然后转入下道焊接工序。组装过程按规定的程序，由机械操作完成。

批量生产形状较简单的焊件，如钢板的拼接、圆柱形筒体纵缝和环缝的装配等，都可以采用机械装配的方法。图 5-1 所示为工字钢的翼板与腹板的装焊工艺流程。装配过程中，翼板和腹板由输送辊道送入组装机，由安装在组装机两侧的 MAG 自动焊机按预编程序进行间断的定位焊定位，装配和定位焊可同时完成。

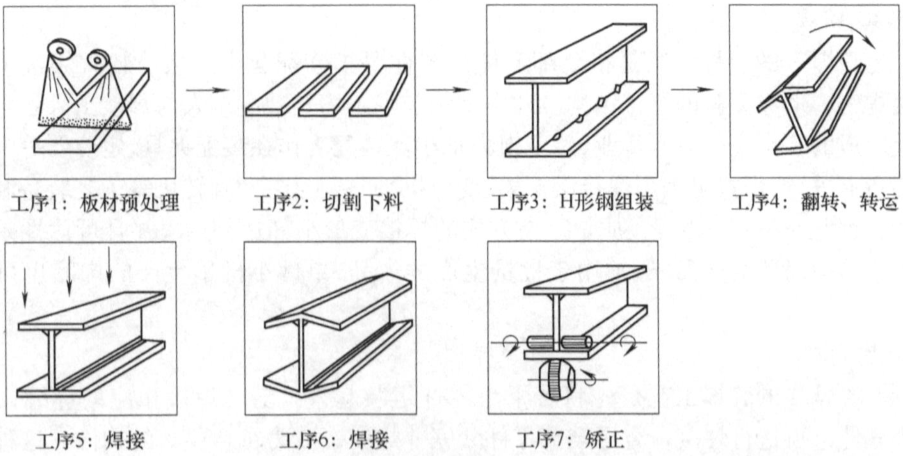

图 5-1　工字钢翼板与腹板的装焊工艺流程

另一种机械装配方法是将成形工序、接缝的组对和焊接集成在一台机组上完成。定尺钢板由输送辊道送入卷板机，卷制成筒体后，直接在卷板机上对准并压紧对接边缘，先焊内纵缝，再焊外纵缝。采用这种成形-组装-焊接联合机组，可以省略焊件在工序之间的运转时间，减少设备占地面积，节省设备投资费用。由于缩短了辅助时间，生产率可明显提高。

机械装配法具有组装精度高、生产率高和劳动强度低等优点，目前在工业生产中已逐步推广应用。其主要缺点是设备一次投资费用较高，适用于批量生产和自动流水线生产。

（3）自动装配法　自动装配法是将待装配的零件通过传送带运至装配夹具部位，由机械手或搬运机器人按照预编程序依次将各零件放在装配夹具上就位，随即利用气动夹钳按接触传感器发出的指令将零件夹紧定位。若零件尺寸较大或焊缝较长，则由焊接机器人以定位焊缝定位。所有零件组装完成后转入焊接工位。组装的全过程均由各种机械自动快速完成，无需人工干预，效率很高。自动装配法适用于形状相对简单的部件的自动焊接生产线的大批量生产。

（4）工件固定式装配法　固定式装配是将产品或部件的全部装配工作安排在一处固定的工作地点进行。装配过程中产品的位置不变，装配所需要的零件和部件都汇集在工作地点附近。这种装配方法一般用在重型焊接结构产品或单件、小批量生产中。

（5）工件移动式装配法　移动式装配通常称为流水装配法，即在装配过程中，产品或部件顺序地沿着一定的工作地点按一定的工序流程进行装配。移动装配时，产品或部件一般通过传送带、辊道或轨道上行走的小车来运送，使用专用设备或专用工具进行装配。这种方法的装配质量好、生产率高、生产成本低，适用于大批量生产。

三、装配-焊接顺序的制订

焊接结构制造时，装配与焊接的关系十分密切。在实际生产中，装配与焊接往往是交替进行的，在制订装配工艺的过程中，要全面分析，使所拟定的装配工艺过程有利于后续工序的顺利进行。在确定部件或结构的装配顺序时，不能单纯孤立地只从装配工艺的角度去考虑，必须与焊接工艺一起全面分析，实际上就是装配焊接顺序的确定。装配-焊接顺序基本上有三种类型：整装-整焊、随装-随焊和部件装焊-总装焊。

1. 整装-整焊

“整装-整焊”的装焊工艺是将全部零件按图样要求装配起来，然后转入焊接工序，将全部焊缝焊完，形成完整的焊接结构。此类型的装焊工序是装配工人与焊接工人各自在自己的工位上完成的，可实行流水作业，停工损失很小。装配工作在装配夹具、定位器等专用或通用工艺装备上进行，焊接可采用焊接滚轮架、变位机、回转工作台、翻转机等工艺装备和先进的焊接方法，有利于提高装配-焊接质量。该方式的焊接变形小，但应力大，并且可达性差。这种方法适用于结构简单的产品，通常用于批量生产的产品，单件小批量生产的产品也可采用该方法。

2. 随装-随焊

“随装-随焊”的装焊工艺是先将若干个零件组装起来，随之焊接相应的焊缝，然后装配若干个零件，再进行焊接，直至全部零件装完并焊完，成为符合要求的构件。这种方法要求装配工人与焊接工人在一个工位上交替作业，影响生产率，也不利于采用先进的工艺装备和先进的工艺方法。因此，此种方法仅适用于单件小批量生产的产品和复杂结构的生产。

3. 部件装焊-总装焊

“部件装焊-总装焊”的装焊工艺是将结构件分解成若干个部件，先由零件装配成部件，然后由部件装配-焊接成结构件，最后再将结构件焊成整个产品结构。这种方法可实现流水作业，几个部件的生产可同步进行，有利于应用各种先进的工艺装备和采用先进的焊接工艺方法。此装焊方法适用于可分解成若干个部件的复杂结构的生产，如铁道车辆、汽车、筒体结构、起重机桥架等；即使是单件小批量生产的结构，也应尽可能分解成部件，以便组织部件装配和焊接。

（1）部件装焊-总装焊的优越性　部件装焊-总装焊能提高生产率，改善产品质量和工人的劳动条件，同时，对加强生产管理，协调各部件的生产进度，以保证生产的节奏起到了很大的促进作用。

1）部件装焊-总装焊可以提高装配-焊接质量，并可改善工人的劳动条件。把整体的结构划分成若干部件以后，它们就变得重量较轻、尺寸较小、形状简单，因而便于操作。同时把一些需要全位置操作的工序改变为在便于操作的位置施焊，利于减少立焊、仰焊、横焊，并且可将平角焊缝变至船形位置进行焊接。

2）部件装焊-总装焊容易控制和减少焊接应力及焊接变形。焊接应力和焊接变形与焊缝在结构中所处的位置有着密切的关系。在划分部件时，要充分考虑将部件的焊接应力与焊接变形控制到最小。一般将总装配时的焊接量减少到最小，以减少可能引起的焊接变形。另外，在部件生产时，可以比较容易地采用胎架或其他措施来防止变形，即使已经产生了较大的变形，也比较容易修整和矫正。这对于成批和大量生产的构件，显得更为重要。

3）部件装焊-总装焊可以缩短产品的生产周期。生产组织中各部件的生产是平行进行的，避免了工种之间的相互影响和等候，生产周期可缩短 1/3 ~ 1/2，对提高经济效益是非常有利的。

4）部件装焊-总装焊可以提高生产面积的利用率，减少和简化总装时所用的胎位数。

5）在成批和大量生产时可广泛采用专用胎架，分部件以后可以大大简化胎架的复杂程度，并且使胎架的成本降低。另外，工人有专门的分工，熟练程度得到了提高。

（2）部件的合理划分　由于部件装焊-总装焊有许多优点，在各种生产规模条件下，都要考虑将结构划分为部件，以便于部件的装配和焊接。合理划分部件是体现上述优越性的关键，通常应考虑以下几方面：

1）尽可能使各部件本身是一个完整的构件，以便于各部件间最后的总装。另外，各部件间的结合处应尽量避开结构上应力最大的地方，避免结构强度受到影响。

2）能最大限度地发挥部件生产的优点，使装配和焊接工作更方便，同时在工艺上易于达到技术条件的要求，如对焊接变形的控制，防止因结构刚性过大而引起裂纹的产生等。

3）划分部件时，还应考虑现场生产能力和条件对部件在重量、体积上的限制。对焊后要进行热处理的大部件，要考虑退火炉的容积大小等问题。

4）在大量生产的情况下，应考虑生产均衡性的要求。

第二节　装配中的定位

装配的三个基本条件是定位、夹紧和测量。定位的目的是确定焊接零部件在结构中的准确位置，定位的准确与否对焊接结构产品的质量优劣至关重要。

一、定位的基本原理

根据力学观点，任何刚性物体相对于三个相互垂直的平面有六个自由度，即沿 OX、OY、OZ 三个轴向的相对移动和绕这三个轴的相对转动，如图 5-2 所示。必须限制这六个自由度，才能保证焊件在夹具中具有准确和确定不变的位置。每限制一个自由度，焊件就需要与夹具上的一个定位点相接触，这种以六点限制焊件六个自由度的方法称为六点定位法则。零件在空间的定位是利用六点定位法则进行的，即限制每个零件在空间的六个自由度，使零件在空间中有确定的位置，这些限制自由度的点就是定位点。在实际装配中，可由定位销、定位块、挡铁等定位元件作为定位点；也可以利用装配平台或工件表面上的平面、边棱等作为定位点；还可以采用设计胎架模板形成的平面或曲面代替定位点；有时在装配平台或工件表面划出定位线，起定位点的作用。

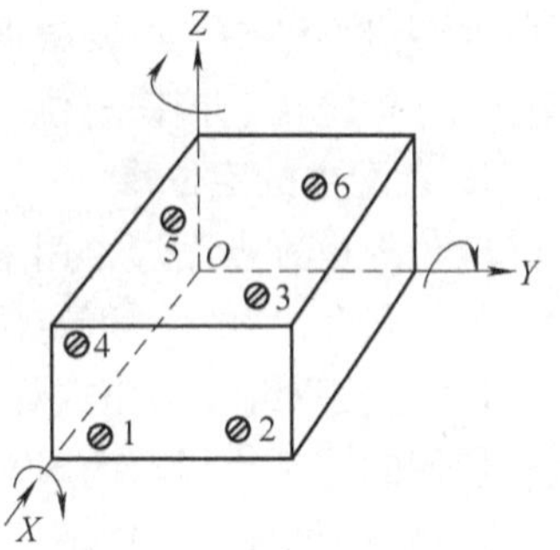

图 5-2　六方体焊件的定位

二、定位基准及其选择

1. 定位基准

在结构装配过程中，必须根据一些指定的点、线、面来确定零件或部件在结构中的位置，这些作为依据的点、线、面称为定位基准。

图 5-3 所示容器上各接口间的相对位置，是以轴线和组装面 M 为定位基准确定的。装配接口Ⅰ、Ⅱ、Ⅲ在筒体上的相对高度是以 M 面为定位基准来确定的；各接口的横向定位则以筒体轴线为定位基准。

2. 定位基准的选择

合理地选择定位基准，对于保证装配质量、安排零部件装配顺序和提高装配效率均有重要影响。选择定位基准时，应着重考虑以下几点：

1）装配定位基准尽量与设计基准重合，这样可以减少基准不重合所带来的误差。比如，各种支承面往往是设计基准，可将它作为定位基准；各种有公差要求的尺寸，如孔心距等也可作为定位基准。

2）同一构件上与其他构件有连接或配合关系的各个零件，应尽量采用同一定位基准，这样能保证构件安装时与其他构件的正确连接和配合。

3）应选择精度较高，又不易变形的零件表面或边棱作为定位基准，这样能够避免由基准面、线的变形造成的定位误差。

4）所选择的定位基准应便于对装配中的零件进行定位与测量。

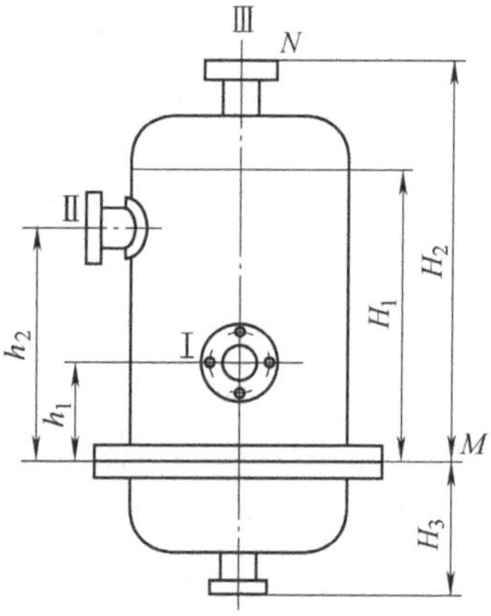

图 5-3　容器上各接口的位置

在确定定位基准时，应综合生产成本、生产批量、零件精度要求和劳动强度等因素。例如，以已装配的零件为基准，可以大大简化工装的设计和制造过程，但零件的位置、尺寸一定会受已装配零件的装配精度和尺寸的影响。如果前一零件的尺寸精度或装配精度低，则后一零件的装配精度也低。

三、定位的基本方法

在焊接生产中，通常根据零件的具体情况选择零件的定位方法，常用的定位方法有划线定位、样板定位、挡铁定位、胎夹具定位等，下面分别进行介绍。

1. 装配中的定位焊

定位焊也称点固焊，用来固定各焊接零件之间的相互位置，以保证整体结构件得到正确的几何形状和尺寸。进行定位焊时应注意以下几点：

1）定位焊缝作为正式焊缝留在焊接结构之中，故所使用的焊条或焊丝应与焊接正式焊缝所使用的焊条或焊丝的牌号和质量相同。

2）定位焊缝比较短小，并且要求保证焊透，故应选用直径小于 4mm 的焊条或直径小于 1.2mm 的焊丝（CO_2 气体保护焊时）。由于工件温度较低，热量不足而容易产生未焊透，故焊接定位焊缝的焊接电流应较焊接正式焊缝时大 10% ~15%。

3）定位焊缝有未焊透、夹渣、裂纹、气孔等焊接缺陷时，应该铲掉并重新焊接，不允许留在焊缝内；定位焊缝的引弧和熄弧处应圆滑过渡，否则，焊接正式焊缝时在该处易造成未焊透、夹渣等缺陷。

4）定位焊缝的长度尺寸应根据板厚来选取，一般为 15 ~20mm，间距为 50 ~300mm。板薄取小值，板厚取大值。对于强行装配的结构，因定位焊缝承受较大的外力，应根据具体情况适当加大定位焊缝的长度，间距则适当缩小。对于装配后需吊运的工件，定位焊缝应保证吊运中零件不分离。因此，对于起吊中受力部分的定位焊缝，可加大其尺寸或数量，或在完成一定的正式焊缝以后再吊运，以保证安全。

2. 划线定位

划线定位装配法是利用在零件表面或装配台表面划出工件的中心线、接合线、轮廓线等作为定位线，来确定零件间的相互位置，以定位焊固定进行装配。

图5-4a所示为支撑座的定位装配，支撑座由底板、槽钢、侧板和肋板组成。首先以底板为划线定位基准面，按支撑座的图样要求，在底板上划出中心线和接合线作为定位基准线，以确定槽钢、侧板和三角形加强肋板的位置。图5-4b所示是利用大圆筒盖板上的中心线和小圆筒上的等分线（也常称其为中心线）来确定两者的相对位置。

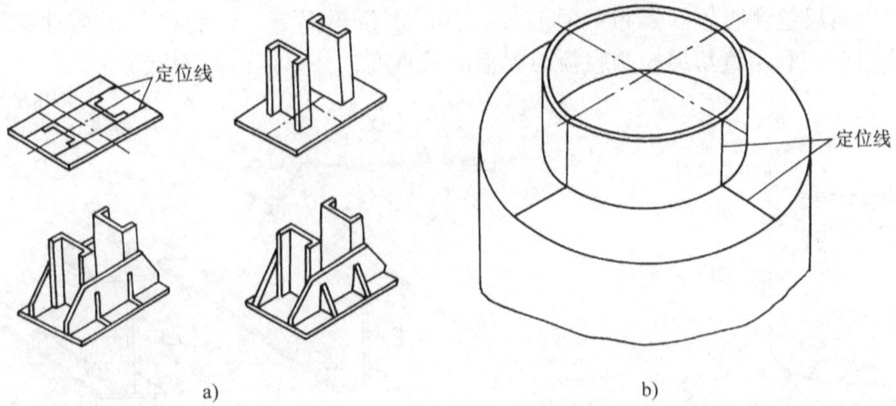

图5-4　划线定位装配示例

3. 样板定位

样板定位装配法是利用样板来确定零件的位置、角度等，然后夹紧并经定位焊完成装配的装配方法。样板定位常用于钢板与钢板之间的角度装配和容器上各种管口的装配。

图5-5所示为斜T形结构的样板定位装配，根据斜T形结构立板的斜度，预先制作样板，装配时，在立板与平板接合线位置确定后，即用样板来确定立板的倾斜度，使其得到准确定位后实施定位焊。

图5-6所示为管子的定位装配，在工件上常利用样板定位装配管接头。

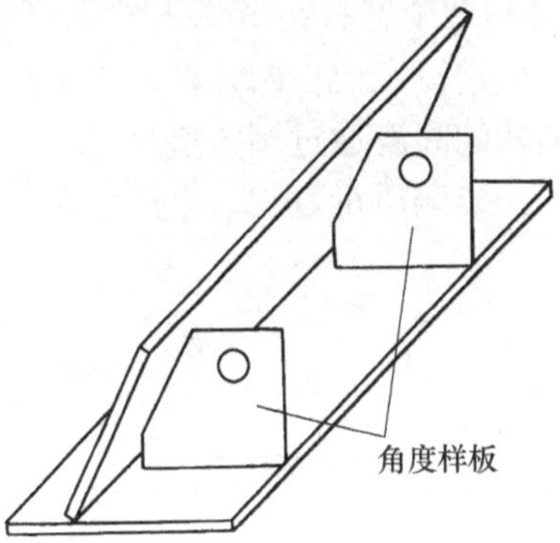

图5-5　样板定位装配斜T形结构

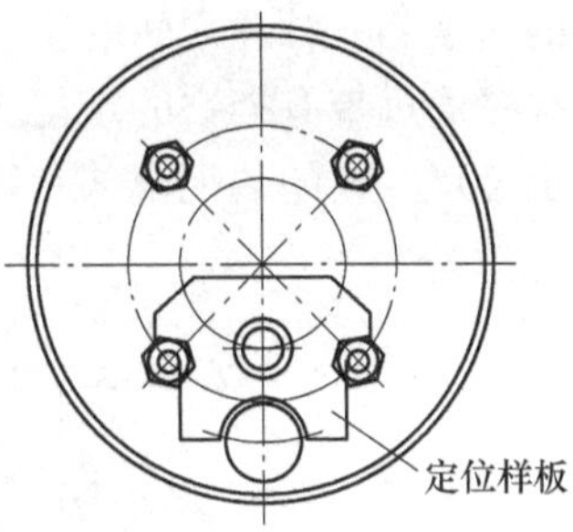

图5-6　样板定位装配管接头

4. 定位元件定位

用一些特定的定位元件（如板块、角钢、销轴等）构成空间定位点来确定零件的位置，并用装配夹具夹紧装配的方法称为定位元件定位装配法。它不需要划线、装配效率高、质量好，适用于批量生产。

图5-7所示为在筒体端部加装加强圈的定位装配，在圆筒外表面焊上若干定位挡铁，以这些挡铁为定位元件确定加强圈在圆筒上的高度位置，并用弓形螺旋夹紧器将加强圈与筒体

壁夹紧密贴，定位焊牢，完成加强圈装配。

工形构件是由两块翼板和一块腹板装配组成的，当单件和小批量生产时，可采用挡铁定位装配的方法，如图 5-8 所示。首先，将两块翼板和一块腹板矫平、矫直，然后将翼板放在平台上，划出腹板的位置线并按位置线在两翼板上焊上定位挡铁。再把腹板吊装到一块翼板上，利用直角尺检测腹板与翼板的垂直度，并以定位焊固定。最后将 T 形构件翻转吊装到另一块翼板上，利用直角尺检测腹板与翼板的垂直度，并以定位焊固定。

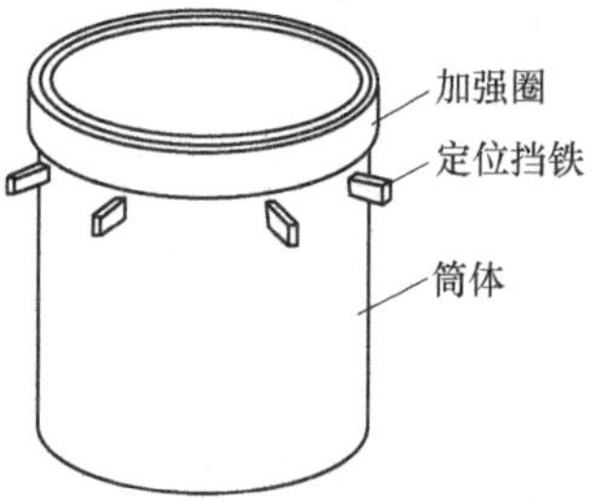

图 5-7　加强圈挡铁定位装配

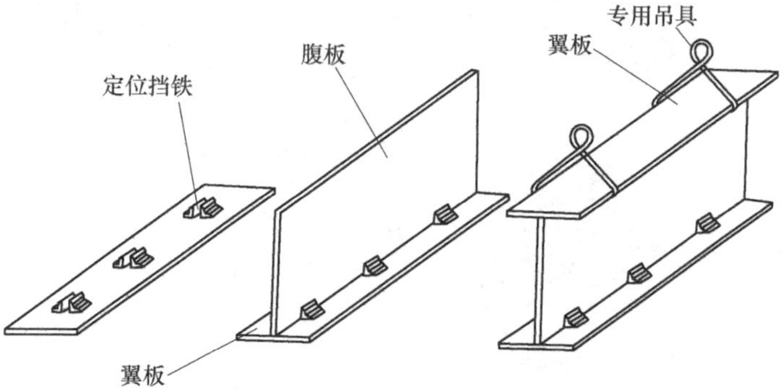

图 5-8　工形构件挡铁定位装配

5. 胎夹具定位

对于批量生产的焊接结构，当需装配的零件数量较多，内部结构又不是很复杂时，可将工件装配所用的各定位元件、夹紧元件和装配胎架组合为一个整体，构成胎夹具。

批量装配工字梁时，可采用图 5-9 所示的简单胎卡具。装配时通过定位挡铁和垫铁确定工字梁翼板和腹板的定位位置，通过螺杆夹紧器固定其位置并用直角尺检测进行定位焊。

图 5-10 所示为双臂角杠杆焊接结构，它由三个轴套和两个臂杆组成。工件定位装配时，臂杆之间的角度和三轴孔之间的位置通过两个插销和定位销钉定位；两臂杆的水平高度位置和中心线位置通过带有挡铁的定位支承板确定；两端轴套的高度通过调整垫片定位，然后夹紧并进行定位焊。它的装配全部利用定位器定位后完成，装配质量可靠、生产率高。

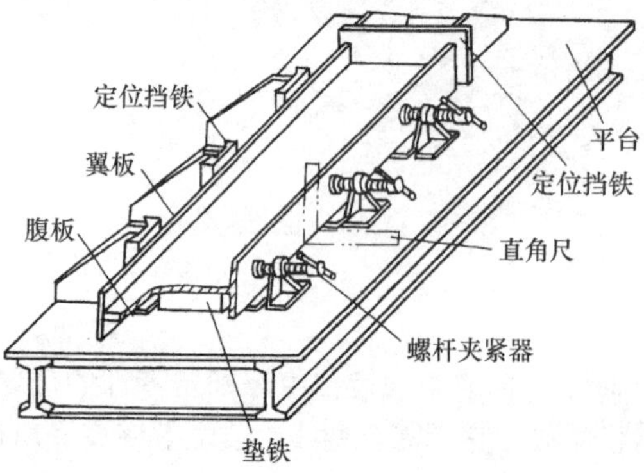

图 5-9　工字梁胎卡具定位装配

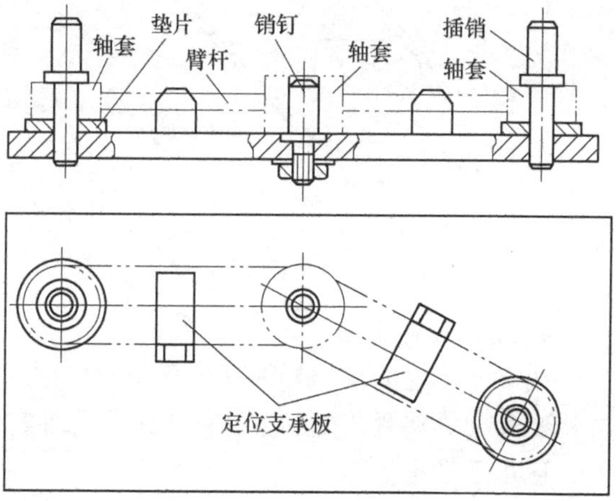

图 5-10　双臂角杠杆的定位装配

第三节　装配中的测量

测量是检验定位质量的一个工序，装配中的测量包括：正确、合理地选择测量基准；准确地完成零件定位所需要的测量项目。焊接结构生产中常见的测量项目有线性尺寸、平行度、垂直度、同轴度及角度等。

一、测量基准及其选择

测量过程中，为衡量被测点、线、面的尺寸和位置精度而选作依据的点、线、面称为测量基准。一般情况下，多以定位基准为测量基准。如图 5-3 所示的容器接口Ⅰ、Ⅱ、Ⅲ都是以 M 面为测量基准来测量尺寸 h_1、h_2 和 H_2 的，接口的设计标准、定位标准、测量标准三者合一，可以有效地减小装配误差。

当以定位基准为测量基准不利于保证测量的精度或不便于测量操作时，就应本着能使测量准确、操作方便的原则，重新选择合适的点、线、面作为测量基准。如图 5-9 所示的工字梁，其腹板平面是腹板与翼板垂直定位的基准，但以此平面为测量基准去测量腹板与翼板的垂直度，不是很方便，也不利于获得精确的测量值。此时，若按图 5-9 所示以装配平台面为测量基准，用直角尺测量翼板与平台的垂直度，则既容易测量，又能保证测量的准确性。

二、线性尺寸的测量

线性尺寸是指工件上被测点、线、面与测量基准间的距离。线性尺寸的测量是最基础的测量项目，其他项目的测量往往是通过线性尺寸的测量来间接进行的。线性尺寸的测量主要利用刻度尺（卷尺、盘尺、直尺等）来完成，特殊场合可利用激光测距仪来完成。

构件的某些线性尺寸，有时因受构件形状等因素的影响，不能直接用尺测量，而需要借助其他量具测量。如图 5-11 所示的圆锥台与圆筒，按图示的位置装配，在测量整体高度时，由于圆锥台小口端面（封闭的）较圆筒外壁缩进一段，因此无法用尺直接测量。这时，可借助用轻型工字钢制成的大平尺来延伸圆锥台小口端平面，再用直尺或卷尺间接测量。

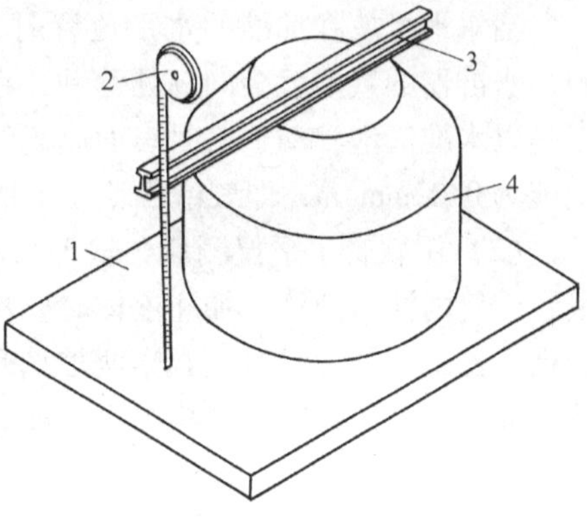

图 5-11　间接测量工件高度
1—平台　2—卷尺　3—大平尺　4—工件

三、平行度和水平度的测量

1. 平行度的测量

平行度是指工件上被测线（或面）相对于测量基准线（或面）的平行程度。平行度的测量是通过线性尺寸的测量来完成的，其基本原理是测量工件上线的两点（或面上的三点）到基准的距离，距离相等就平行，否则就不平行。但在实际测量中为减小测量误差，应注意以下问题：

1）测量的点应多一些，以避免工件不直而造成的误差。

2）测量工具应垂直于基准。

3）直接测量不方便时，可进行间接测量。

图5-12所示分别为在一个平板上装配两根与板边平行的角钢和在一圆筒上装配两条相互平行的加强带圈的定位测量，它们都是通过直接进行多点线性尺寸测量，来测量平行度的。

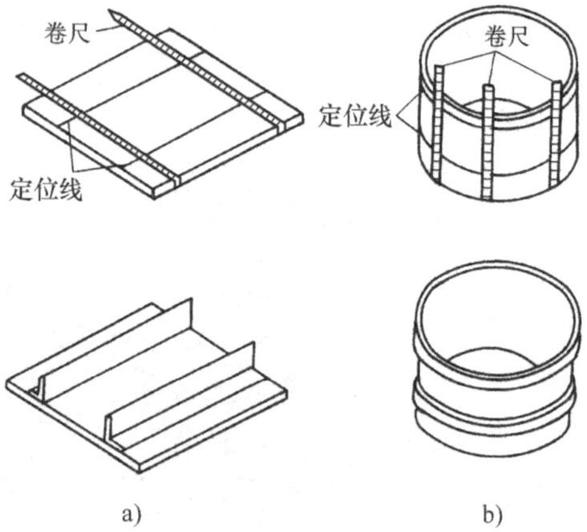

图5-12　平行度的测量
a）角钢间平行度的测量
b）加强带圈间平行度的测量

2. 水平度的测量

在静止状态下，容器中液体（如水）的表面总是处于与重力作用方向相垂直的位置，这种位置称为水平。水平度就是衡量零件上被测的线（或面）是否处于水平位置。许多金属结构制品，在使用中要求有良好的水平度。例如，桥式起重机的运行轨道需要具有良好的水平度，否则，将不利于起重机在运行中的控制，甚至会引起事故。施工装配中常用水平尺、软管水平仪、水准仪、经纬仪等量具或仪器来测量零件的水平度。

（1）用水平尺测量　水平尺（图5-13）是测量水平度最常用的量具。测量时，将水平尺放在工件的被测平面上，查看水平尺上玻璃管内气泡的位置，如在中间即达到水平。使用水平尺时要轻拿轻放，并要避免工件表面的局部凹凸不平影响测量结果。

当水平尺放在标准的水平位置时，水准器的气泡正好在中间位置。若被测平面稍有倾斜，水准器的气泡就会向高处移动，在水准器的刻度上可读出两端高低的差值。水平尺的精度是以水准气泡移动1格时表面倾斜的角度，或表面在1m内倾斜的高度差来表示的。若刻度值为0.02mm/m，即气泡每移动1格，被测长度1m的两端高低相差0.02mm。

（2）用软管水平仪测量　软管水平仪是用一根较长的橡皮管两端各接一根玻璃管所构成的，管内注入液体。加注液体时要从一端注入，防止管内留有空气。冬天要注入不易冻的酒精、乙醚等。测量时，观察两玻璃管内的水平面高度是否相同，如图5-14所示。软管水平仪通常用来测量较大结构的水平度。

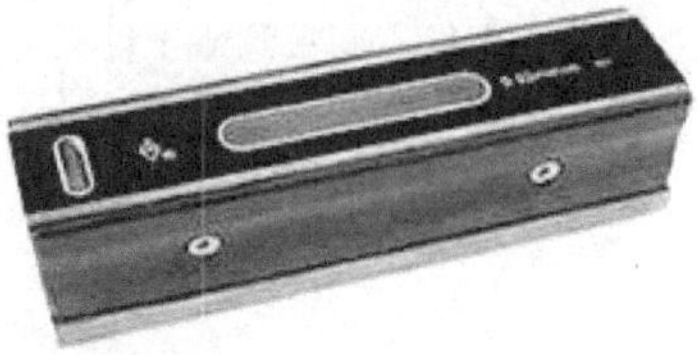

图5-13　水平尺

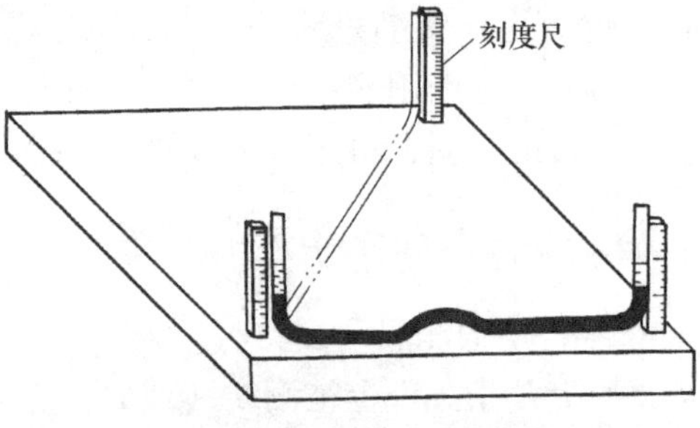

图5-14　软管水平仪测量水平度

（3）用水准仪测量　水准仪由望远镜、水准器和基座组成，如图5-15a所示。利用它测量水平度，不仅能衡量各种测量点是否处于同一水平，而且能给出准确的误差值，便于调整。

图5-15b所示为用水准仪测量球罐柱脚水平的例子。球罐柱脚上预先标出基准点，把水准仪安置在球罐柱脚附近，用水准仪测试。如果水准仪测出各基准点的读数相同，则表示各柱脚处于同一水平面；若读数不同，则可根据由水准仪读出的误差值调整柱脚高低。

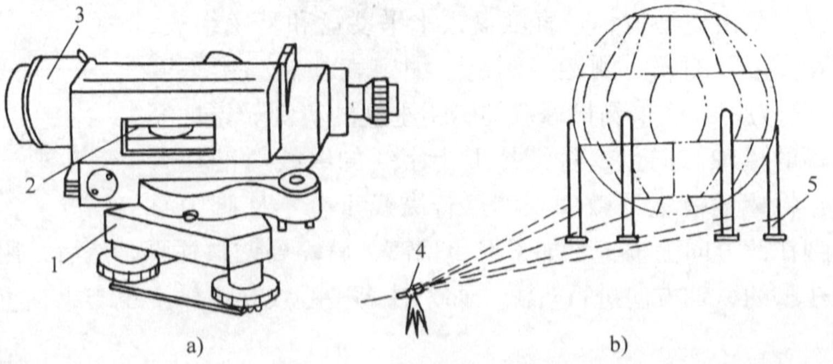

图5-15　水准仪测量水平度

1—基座　2—水准器　3—望远镜　4—水准仪　5—基准点

四、垂直度和铅垂度的测量

1. 垂直度的测量

垂直度是指工件上被测的直线（或面）相对于测量基准线（或面）的垂直程度。垂直度是装配工作中极为常见的测量项目，并且很多产品都对其有严格的要求。例如，高压电线塔等呈棱锥形的结构往往由多节组成，装配时，其技术要求的重点是每节两端面与中心线垂直。只有每节的垂直度都符合要求，才有可能保证总体安装的垂直度。

对于尺寸较小的工件，可以使用直角尺直接测量垂直度，如图5-16所示。当基准面和被测面分别与直角尺的两个工作尺面贴合时，说明两面垂直，否则不垂直。当工件尺寸很大时，可以采用辅助线测量法，即用刻度尺作为辅助线测量直角三角形的斜边长。例如，两直角边各为1000mm，斜边长应为1414.2mm。另外，也可用直角三角形中勾股定理的关系来测定。

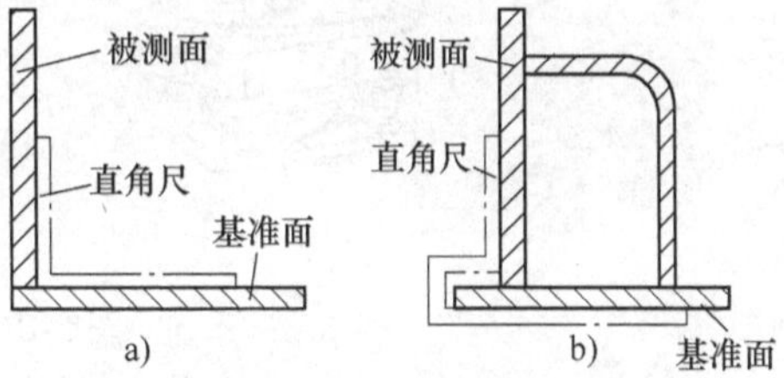

图5-16　用直角尺测量垂直度

当一些桁架类结构上某些部位的垂直度难以测量时，可采用间接测量法进行测量。图5-17所示为对塔类桁架进行端面与中心线垂直度进行间接测量的例子。首先过桁架两端面的中心拉一条钢丝，再将其平置于测量基准面上，并使钢丝与基准面平行；然后用直角尺测量桁架两端面与基准面的垂直度，若桁架两端面垂直于基准面，则必定同时垂直于桁架中心线。

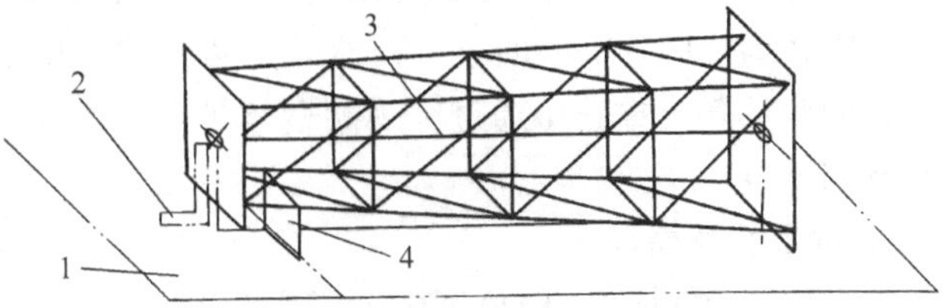

图5-17　间接测量法测量垂直度

1—平台　2—直角尺　3—细钢丝　4—垫板

2. 铅垂度的测量

铅垂度的测量是测定工件上线

或面是否与水平面垂直，常用吊线锤或经纬仪进行测量。采用吊线锤测量时，将线锤吊线栓在支杆上（临时点焊上的小钢板或利用其他零件），通过测量工件与吊线之间的距离来测量铅垂度，如图 5-18 所示。

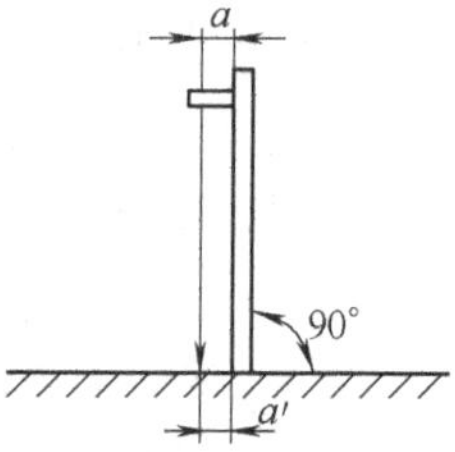

图 5-18　吊线锤测量铅垂度

当结构尺寸较大且铅垂度要求较高时，常采用经纬仪来测量铅垂度。经纬仪主要由望远镜、竖直度盘、水平度盘和基座组成，如图 5-19a 所示。它可测角、测距、测高、测定直线、测铅垂度等。图 5-19b 所示为用经纬仪测量球罐柱脚铅垂度的实例。先把经纬仪安置在柱脚的横轴方向上，将镜片上十字线的纵线对准柱脚中心线的下部，将望远镜上下微动观测。若纵线重合于柱脚中心线，则说明柱脚在此方向上垂直，如果发生偏离，就需要调整柱脚。然后，用同样的方法把经纬仪安置在柱脚的纵轴方向进行观测，如果柱脚中心线在纵轴上也与纵轴重合，则柱脚处于铅垂位置。

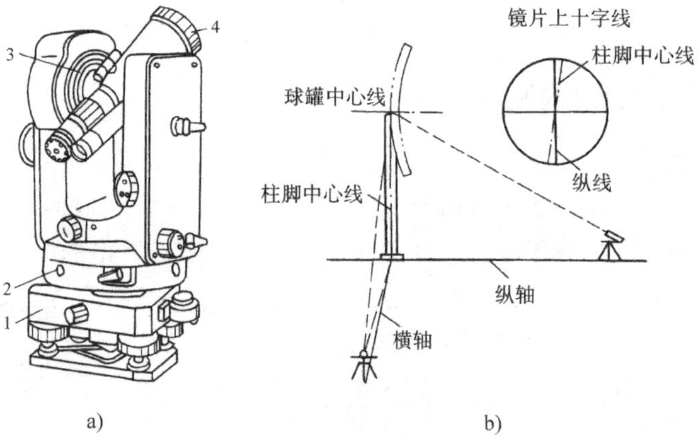

图 5-19　经纬仪及其应用
1—基座　2—水平度盘　3—竖直度盘　4—望远镜

五、同轴度和角度的测量

1. 同轴度的测量

同轴度是指工件上具有同一轴线的几个零件，装配时其轴线的重合程度。测量同轴度的方法很多，这里介绍一种常用的测量方法。

图 5-20 所示为由两节圆筒组成的筒体，测量其同轴度时，可在各节圆筒的端面安上临时支撑，在支撑中间找出圆心位置并钻出直径为 20 ~ 30mm 的小孔，然后由两外端面中心拉一细钢丝，使其从各支撑孔中通过，观测钢丝是否处于孔中间，以测量其同轴度。

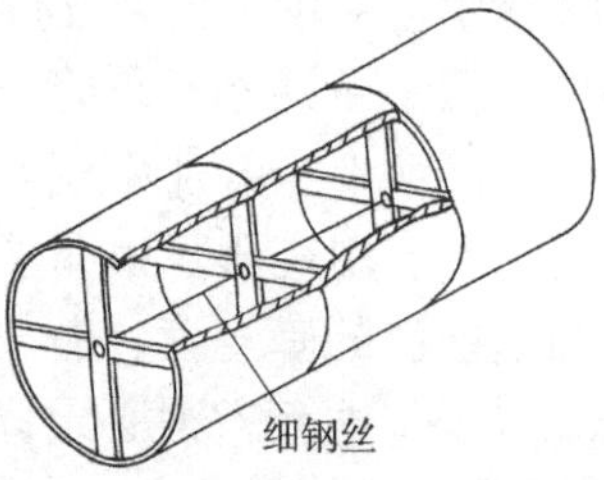

图 5-20　圆筒内拉钢丝测量同轴度

2. 角度的测量

装配中通常利用各种角度样板测量零件间的角度。测量时，将角度样板卡在或塞入形成夹角的两零件之间，并使样板与两零件表面同时垂直，再观察样板两边是否与两表面都贴合，若都贴合，则说明零件角度正确。图 5-21 所示为利用角度样板测量零件角度的实例。

需要强调的是，除测量方法外，测量量具精确、可靠，也是保证测量结果准确的重要因素。因此在装配测量中，还应注意保护量具不受损坏，并经常检验其精度是否符合要求。对于重要的结构，有时要求装配中始终用同一量具或仪器进行测量。对于尺寸较大的钢结构，在制造过程中进行测量时，为保证测量精度，还需考虑测量点的选择、结构自重和日照等因素的影响。

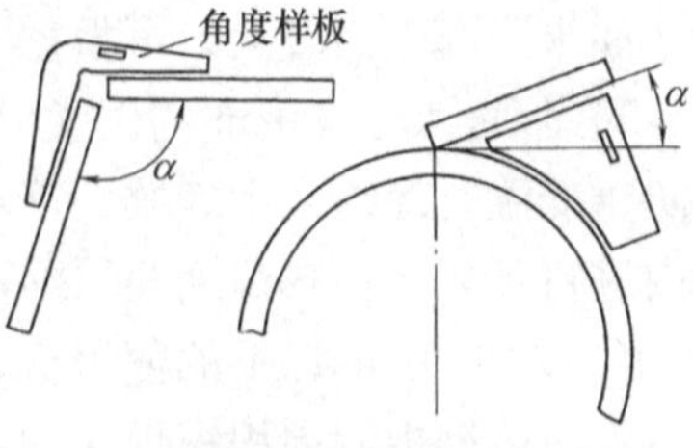

图 5-21　角度的测量

第四节　典型结构的装配

焊接结构装配方法的选择应根据产品的结构特点和生产类型进行。同类焊接结构可以采用不同的装配方法，即使是同一焊接结构，也可以按装配的先后顺序采用几种不同的装配方法。

一、装配前的准备工作

装配前的准备工作是装配工艺的重要组成部分。充分、细致的准备工作是高质量、高效率地完成装配工作的有力保证。装配前的准备工作通常包括如下几个方面：

(1) 熟悉产品图样和工艺规程　要清楚各部件之间的关系和连接方法，并根据工艺规程选择好装配基准和装配方法。

(2) 装配现场和装配设备的选择　依据产品的大小和结构的复杂程度选择和安置装配平台和装配胎架。装配工作场地应尽量设置在起重设备工作区间内，对场地周围进行必要的清理，使之达到平整、清洁、人行道通畅的要求。

(3) 工具、量具的准备　装配中常用的工具、量具、夹具和各种专用吊具，都必须配齐。此外，根据装配需要配置的其他设备，如焊机、气割设备、钳工操作台、砂轮等，也必须安置在规定的场所。

(4) 零、部件的预检和除锈　产品装配前，对于从上道工序转来或从零件库中领取的零部件都要进行核对和检查，以保证装配工作的顺利进行。同时，还要对零部件连接处的表面进行去毛刺、除锈、除垢等清理工作。

(5) 适当划分部件　对于比较复杂的结构，往往在部件装焊之后再进行总装，这样既可以提高装配-焊接质量，又可以提高生产率，还可以减小焊接变形。为此，应将产品划分为若干部件。

二、钢板的拼接

钢板拼接是最基本的部件装配，多数的钢板结构或钢板混合结构都需这道工序。钢板拼接分为厚板拼接和薄板拼接。在钢板拼接时，焊缝应错开，防止十字交叉焊缝；焊缝与焊缝之间的最小距离应大于 3 倍的板厚，而且要大于 100mm，容器结构的焊缝之间通常错开 500mm 以上。

钢板拼接时应注意以下几点：

1）按要求留出装配间隙和保证接口处平齐。

2）厚板对接定位焊时，可以采用间距为250～300mm、长度为30～50mm的定位焊缝焊固。如果局部应力较大，可根据实际情况适当缩短定位焊缝的距离。

3）厚度大于34mm的碳素结构钢和厚度大于或等于30mm的低合金结构钢板拼接时，为防止低温时焊缝产生裂纹，当环境温度较低时，可先在焊缝坡口两侧各80～100mm的范围内进行预热，预热温度及层间温度应控制在100～150℃之间。

4）对于3mm以下的薄钢板，当焊缝长度为2m以上时，焊后容易产生波浪变形。拼板时可以把薄钢板四周用短焊缝固定在平台上，然后在接缝两侧压上重物，接缝处定位焊缝长为8mm，间距为40mm，采用分段退焊法，焊后用锤子或铆钉枪轻打焊缝，消除应力后钢板即可平直。

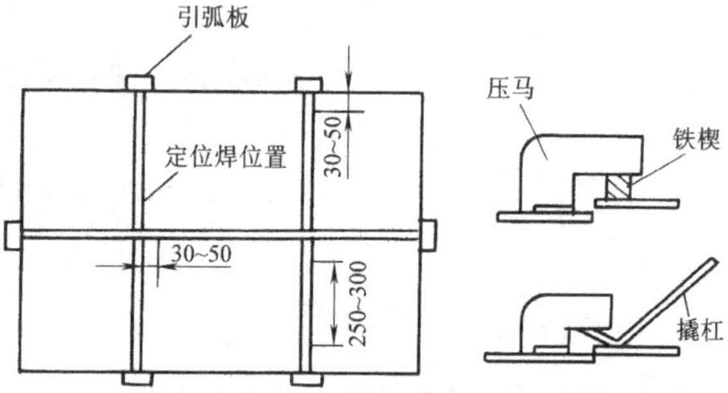

图5-22　厚板拼接示例

图5-22所示为厚板拼接的一般方法。先按拼接位置将各板排列在平台上，然后将各板靠紧，或按要求留出一定的间隙。如板缝高低不平，可用压马调平，然后定位焊固定。若板缝对接采用埋弧焊，则应根据焊接规程的要求决定开或不开坡口。如不开坡口，应先在定位焊处铲出沟槽，使定位焊缝的余高与未定位焊的接缝基本相平，以达到不影响埋弧焊质量的目的。对于采用埋弧焊的对接缝，则最好在电磁平台焊剂垫上进行焊接。

三、T形梁的装配

T形梁是由翼板和腹板组合而成的焊接结构，根据生产类型不同，可采用下列两种装配方法。

1. 划线定位装配法

小批量或单件生产时可采用划线定位装配法，先将腹板和翼板矫直、矫平，然后在翼板上划出腹板的位置线，并打上样冲眼。接着将腹板按位置线立在翼板上，并用直角尺校对两板的垂直度，然后进行定位焊。定位焊后须经检验校正，然后才能焊接。

2. 胎夹具装配法

批量装配T形梁时，可采用图5-23所示的简单胎夹具。装配时不用划线，将腹板立在翼板上，端面对齐，以压紧螺栓的支座为定位元件来确定腹板在翼板上的位置，并由水平压紧螺栓和垂直压紧螺栓分别从两个方向将腹板与翼板夹紧，然后在接缝处定位焊。

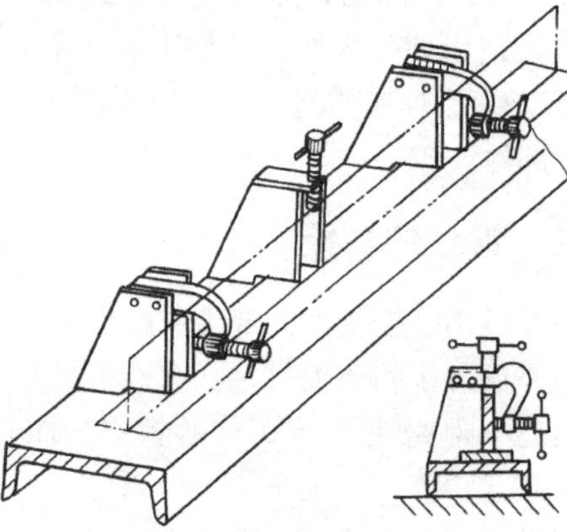
图5-23　T形梁的胎夹具装配

四、箱形梁的装配

箱形梁一般由翼板、腹板和肋板组合焊接而成。根据生产类型不同，可采用下列装配方法。

1. 划线装配法

图5-24a所示为箱形梁，装配前，先把翼板、腹板分别矫直、矫平，板料长度不够时应先进行拼接。装配时，将翼板放在平台上，划出腹板和肋板的位置线并打上样冲眼。各肋板按位置垂直装配于翼板上，用直角尺检验垂直度后定位焊，同时在肋板上部焊上临时支撑角钢，用来固定肋板之间的距离，如图5-24b中虚线所示。再装配两腹板，使它们紧贴肋板立于翼板上，并与翼板保持垂直，用直角尺校正后实施定位焊固定。装配完两腹板后，由焊工按一定的焊接顺序先进行箱形梁内部焊缝的焊接，并经焊后矫正，内部涂上防锈漆后再装配上盖板，即完成了整个箱形梁的装配工作，如图5-24c所示。

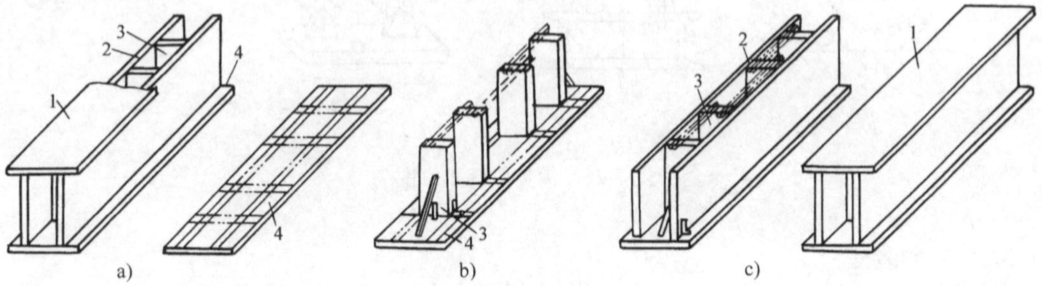

图5-24　箱形梁的装配
1、4—翼板　2—腹板　3—肋板

2. 胎夹具装配法

批量生产箱形梁时，也可以利用胎夹具进行装配，以提高装配质量和装配效率。

五、圆筒节对接装配

圆筒节对接装配的要点，在于保证对接环缝和两节圆筒的同轴度误差符合技术要求。为使两节圆筒易于获得符合要求的同轴度误差和便于装配中翻转，装配前两圆筒节应分别进行矫正，使其圆度符合技术要求。对于大直径薄壁圆筒体的装配，为防止筒体产生椭圆变形，可以在筒体内使用径向推撑器撑圆，如图5-25所示。

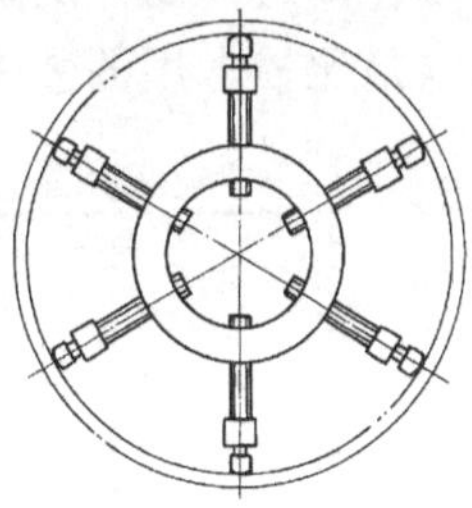

图5-25　径向推撑器

1. 筒体的卧装

筒体卧装主要用于直径较小、长度较大的筒体装配，装配时需要借助于装配胎架，图5-26a、b所示为筒体在滚轮架和辊筒架上装配的情形。当筒体直径很小时，也可以在槽钢或型钢架上进行装配，如图5-26c所示。对接装配时，将两圆筒节置于胎架上靠紧或按要求留出间隙，然后采用内拉钢丝的方法测量及校正两节圆筒的同轴度，校正合格后施行定位焊。

2. 筒体的立装

为防止筒体因自重而产生椭圆变形，直径较大和长度较短的筒节在拼装时多采用立装，即竖装。这样可以克服由自重引起的变形。立装时，可采用图5-27所示的方法：先将一节圆筒放在平台（或水平基础）上并找水平，在靠近上口处焊上若干个螺旋压马；然后将另一节圆筒吊上，用螺旋压马和焊在两节圆筒上的若干个螺旋拉紧器拉紧，进行初步定位；接着检验两节圆筒的同轴度并进行校正，同时检查环缝接口情况，并对其调整合格后进行定位焊。

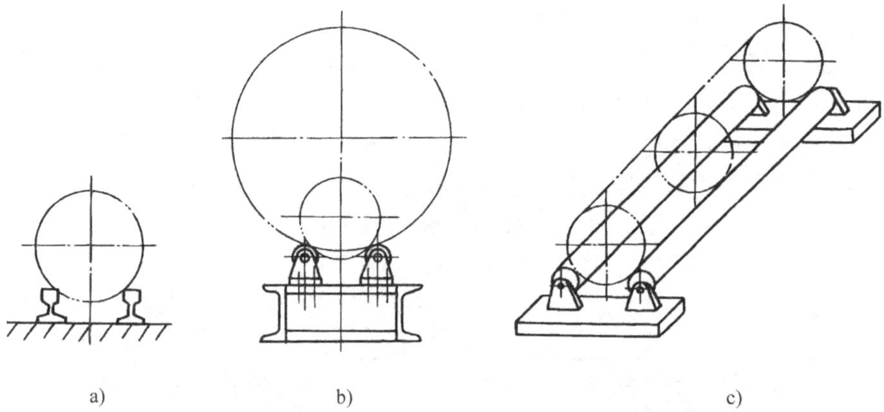

图 5-26　筒体卧装示意图

3. 立装倒装法

油罐等大型圆筒容器的装配，因筒体直径较大而不能卧装，可采用立装倒装法，如图 5-28 所示。倒装方法为：首先装配罐顶与第一节筒体，并全部焊完；然后用起重机械将第一节筒体提升一定高度；接着把第二节筒体平移到第一节筒体下面，再用前面所述的立装方法，把第一节筒体缓缓地落在第二节筒体上面，接口处用若干螺旋压马进行定位，并用若干螺旋拉紧器拉紧，调整筒体同轴度和接口情况，合格后进行定位焊，最后将该节全部焊缝焊完；再用起重机械将第二节筒体提升一定高度，用同样的方法装配第三节筒体，以此类推，直到装完最后一节筒体，最后一节筒体还需与罐底板连接并焊在一起。倒装法的筒体环缝焊接位置始终在最底一节筒体上，比正装法省去了搭脚手架的麻烦；同时，筒体的提升也是从最底下一节挂钩起吊，又可避免使用高大的起重设备，所以是比较常用的装配方案。

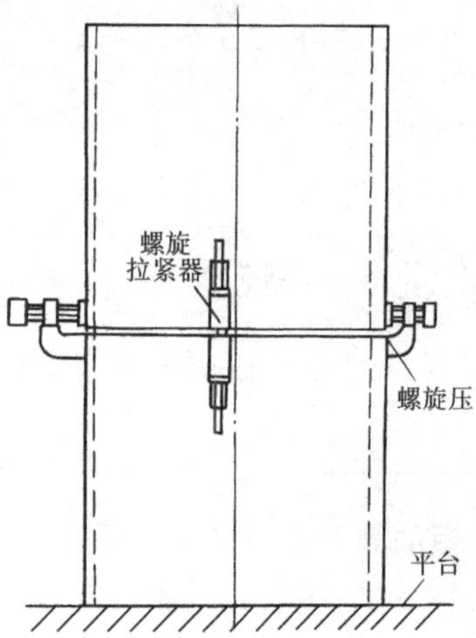

图 5-27　筒体立装对接

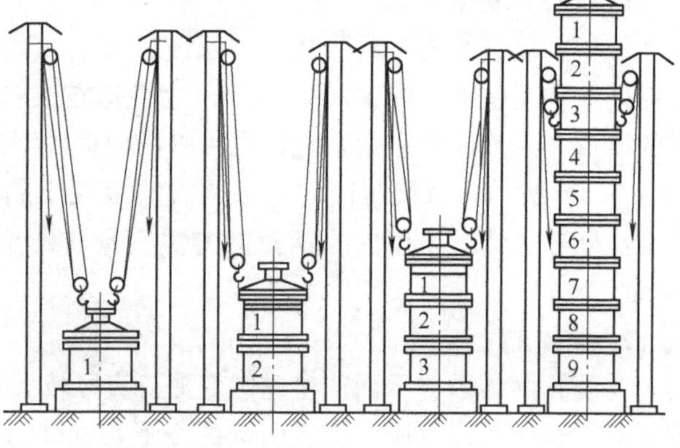

图 5-28　立装倒装法装配筒体

【综合训练】

一、填空

1. 无论采用何种装配方案，都需要对零件进行________、________和________，这就是装配的三个基本条件。

2. 装配过程中的常见测量项目有________、________、________、________等。

3. 焊接结构生产中应用的装配方法很多，根据零件定位方式的不同，装配可分为________和________两种。

4. 根据组装过程的机械化程度，装配方法可分为________、________和________三种。

5. 筒体卧装主要用于________筒体的装配。

二、简答

1. 如何正确选择定位基准？

2. 如何正确选择焊接结构的装配-焊接顺序？

3. 常用的零件定位方法有哪些？各适用于哪些结构？

第六章　焊接结构生产中的技术管理

学习目标： 通过本章的学习，了解焊接结构生产中技术文件的基本知识，掌握焊接结构生产中技术文件的编写方法和原则；熟悉焊接结构生产中各种工艺文件的主要内容，并能够根据具体情况编写相应的工艺文件。

在各类焊接结构的生产过程中，焊接工作是决定产品质量的最关键的工序。焊接结构加工的各道加工工序，包括划线、下料、边缘加工、组装等，都应以保证焊接质量为出发点，确保工序的加工质量。焊接作业本身，无论是零部件的焊接，还是结构总装焊缝的焊接，都应严格按焊接工艺规程施焊。焊接工艺规程则应按规定的程序，经焊接工艺评定试验评定合格。

广义的焊接工艺贯穿于焊接结构生产的全过程，这是一项复杂的系统过程，必须加以科学的管理。经过多年的不断探索，目前已总结出一套较为完整的焊接技术管理模式，其中必须完成的主要技术工作包括产品图样的工艺性审查、产品焊接工艺方案的制订、焊接工艺规程的制订等。本章主要介绍其中几种常用的技术工作。

第一节　焊接结构的工艺性审查

产品图样的工艺性审查是保证产品可加工性和焊接质量不可缺少的重要环节。工艺性审查的依据是相关的国家标准、制度法规、安全技术监察规程、焊接专业企业标准和产品焊接技术条件。产品图样的工艺性审查应由企业焊接工艺部门的责任工程师承担。审查后填写意见书，经主任焊接工程师审核后，转送设计部门作为修改施工图样的依据。

一、焊接结构工艺性审查的目的

焊接结构的工艺性，是指设计的焊接结构在具体的生产条件下能否被经济地制造出来，以及采用最有效工艺方法的可行性。焊接结构的工艺性是一个关系着产品制造快慢、质量好坏和成本高低的大问题，因此，一个结构的工艺性好坏，也是这个结构设计好坏的重要标志之一。为了提高设计产品结构的工艺性，工厂应对所有新设计的产品和改进设计的产品以及外来产品图样，在首次生产前进行结构工艺性审查。

进行焊接结构工艺性审查的目的是保证结构设计的合理性、工艺的可行性、结构使用的可靠性和经济性。此外，通过工艺性审查可以及时调整和解决工艺性方面的问题，加快工艺规程编制的速度，缩短新产品的生产准备周期，减少或避免在生产过程中发生重大技术问题。通过工艺性审查，还可以提前发现新产品中关键零件或关键加工工序所需的设备和工装，以便提前安排定货和设计。

焊接结构的工艺性审查是一个复杂的问题，在审查中应实事求是，多分析比较，以便确定最佳方案。分析焊接结构是否经济合理，不能脱离产品的数量和生产条件。图 6-1 所示的弯头有三种形式，每种形式的工艺性都适应一定的生产条件。图6-1a所示结构是由两个半压制件和法兰组成的，在大量生产且有大型压床的条件下，其工艺性较好；图6-1b所示结构是由两段钢管和法兰组成的，在流速低、单件生产或缺设备的条件下，其工艺性较好；图6-1c所示结构是由许多环形件和法兰组成的，在流速高且单件生产的条件下，其工艺性较好。以上例子说明，结构工艺性的好坏是相对某一具体条件而言的，只有用辩证的观点进行分析，才能更有效地作出评价。

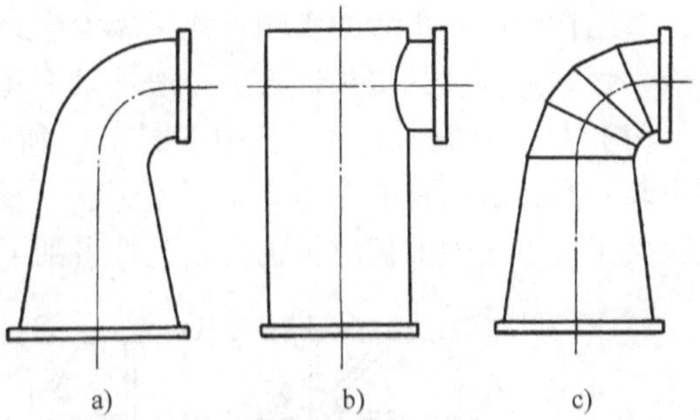

图6-1　弯头形式

二、焊接结构工艺性审查的步骤

1. 产品结构图样审查

制造焊接结构的图样是工程的语言，它主要包括新产品设计图样、继承性设计图样和按照实物测绘的图样等。由于它们的工艺性完善程度不同，因此工艺性审查的侧重点也有所区别。但是在生产前，无论哪种图样都必须按以下内容进行图样审查，合格后才能交付生产使用。

对图样的基本要求为：绘制的焊接结构图样应符合机械制图国家标准中的有关规定。图样应当齐全，除焊接结构的装配图外，还应有必要的部件图和零件图。由于焊接结构一般都比较大、结构复杂，所以图样应选用适当的比例，也可在同一图中采用不同的比例绘出。当产品结构较简单时，可在装配图上直接将零件的尺寸标注出来。根据产品的使用性能和制作工艺需要，在图样上应有齐全、合理的技术要求，若在图样上不能用图形、符号表示，则应有文字说明。

2. 产品结构技术要求审查

焊接结构的技术要求主要包括使用要求和工艺要求。使用要求一般是指结构的强度、刚度、耐久性（抗疲劳性、耐蚀性、耐磨性和抗蠕变性等），以及在工作环境条件下焊接结构的几何尺寸、力学性能、物理性能等。工艺要求则是指组成产品结构的材料的焊接性及结构的合理性、生产的经济性和方便性。

为了满足焊接结构的技术要求，首先要分析产品的结构，了解焊接结构的工作性质及工作环境，然后对焊接结构的技术要求以及所执行的技术标准进行熟悉、消化理解，并结合具体的生产条件来考虑整个生产工艺能否适应焊接结构的技术要求，这样可以及时发现问题，提出合理的修改方案，改进生产工艺，使产品全面达到规定的技术要求。

三、焊接结构工艺性审查的内容

在进行焊接结构工艺性审查前，除了要熟悉该结构的工艺特点和技术要求外，还必须了解被审查产品的用途、工作条件、受力情况及产量等有关方面的问题。焊接结构的工艺性审查主要包括以下几方面内容。

1. 从降低应力集中的角度分析结构的合理性

应力集中不仅是降低疲劳强度的主要原因，也是降低材料塑性、引起结构脆断的主要原因，对结构强度有很大的影响。为了减少应力集中，应尽量使结构表面平滑，截面改变的地方应平缓并有合理的接头形式。一般从以下几个方面考虑：

（1）尽量避免焊缝过于集中　图 6-2a 所示为用八块小肋板加强轴承套，许多焊缝集中在一起，存在着严重的应力集中，不适合承受动载荷。如果采用图 6-2b 所示的形式，则不仅改善了应力集中的情况，也使工艺性得到了改善。

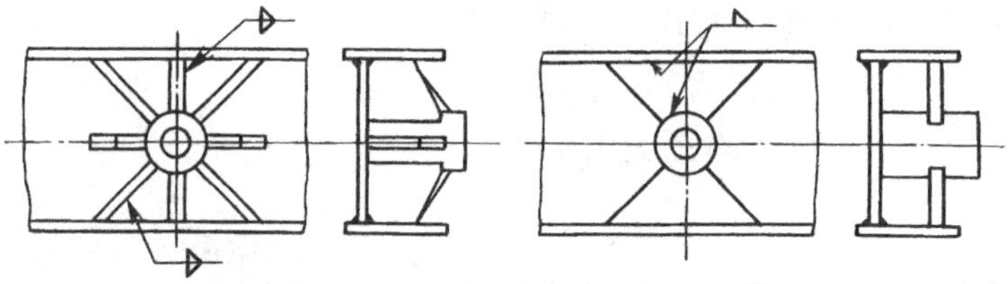

a)　b)

图 6-2　肋板的形状与位置比较

a）不合理　b）合理

图 6-3a 中的焊缝布置都有不同程度的应力集中，而且可焊到性差，若改成图 6-3b 所示的结构，则其应力集中和可焊到性都可得到改善。

（2）尽量采用合理的接头形式　对于重要的焊接接头，应采用开坡口的焊缝，以防止因未焊透而产生应力集中。应设法将角接接头和 T 形接头转化为应力集中系数较小的对接接头。图 6-4 所示为这种转化的应用实例，将图 6-4a 所示的接头转化为图 6-4b 所示的形式，实质上是把焊缝从应力集中的位置转移到没有应力集中的地方，同时也改善了接头的工艺性。应当指出，在对接接头中，只有当力能够从一个零件平缓地过渡到另一个零件上去时，应力集中才是最小的。

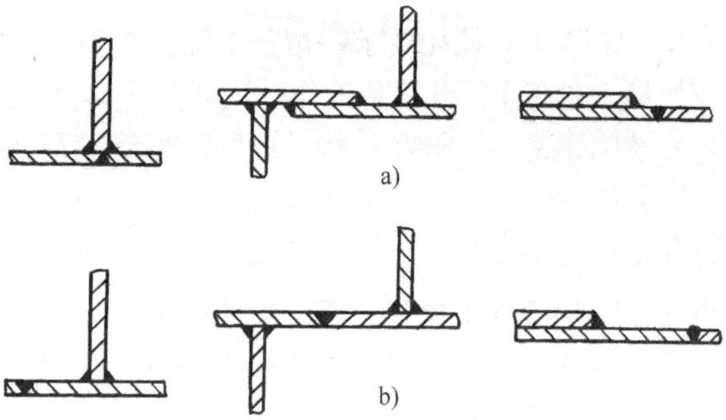

图 6-3　焊缝布置与应力集中的关系

a）不合理　b）合理

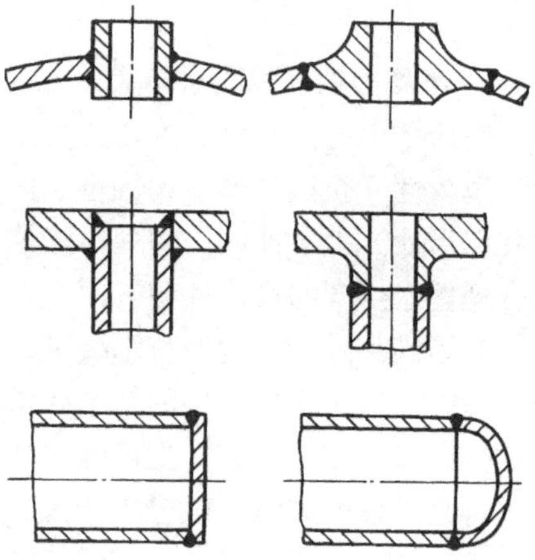

a)　b)

图 6-4　接头转化的应用实例

a）不合理　b）合理

（3）尽量避免构件截面的突变　在截面变化的地方必须采用圆滑过渡或平缓过渡，不要形成尖角。例如，搭接板存在锐角时（图 6-5a），应把它改成圆角或钝角（图 6-5b）；又如，肋板存在尖角时（图 6-6a），应改成图 6-6b 所示的形式。在厚板与薄板或宽板与窄板对接时，其接合处均应有一定的斜度，使之平滑过渡。

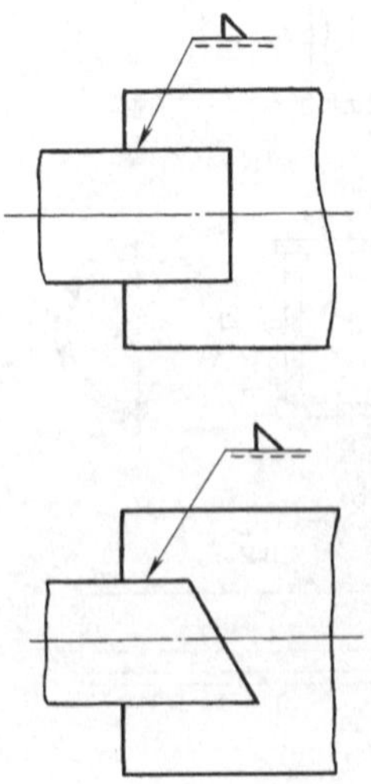

a)　　b)

图 6-5　搭接接头中搭板的形式

a）不合理　b）合理

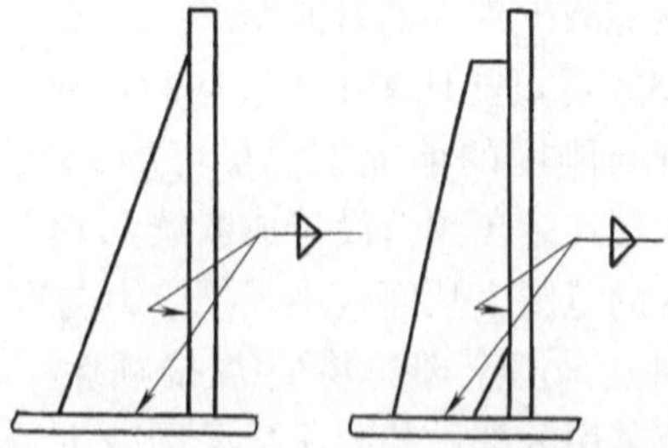

a)　　b)

图 6-6　肋板的合理形式

a）不合理　b）合理

（4）应用复合结构　复合结构具有发挥各种工艺长处的特点，它可以采用铸造、锻造和压制工艺，将复杂的接头简化，把角焊缝改成对接焊缝。这样不仅降低了应力集中，而且改善了工艺性。图 6-7 所示就是应用复合结构把角焊缝改为对接焊缝的实例。

2. 从减小焊接应力与变形的角度分析结构的合理性

（1）尽可能地减少结构上的焊缝数量和焊缝的填充金属量　这是设计焊接结构时的一条最重要的原则。因为它不仅对减小焊接应力与变形有利，而且对其他方面也有利。图 6-8 所示的框架转角有两个设计方案，图 6-8a 所示是用许多小肋板构成放射形状来加固转角；图 6-8b 所示的设计是用少数肋板构成屋顶的形状来加固转角。图 6-8b 所示的方案不仅提高了框架转角处的刚度与强度，而且焊缝数量少，从而减少了焊后变形，避免了复杂的应力状态。

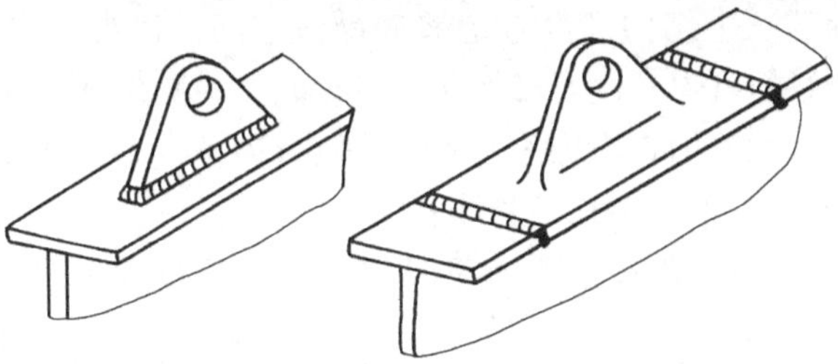

a)　　b)

图 6-7　采用复合结构的应用实例

a）原设计的板焊结构　b）改进后的复合结构

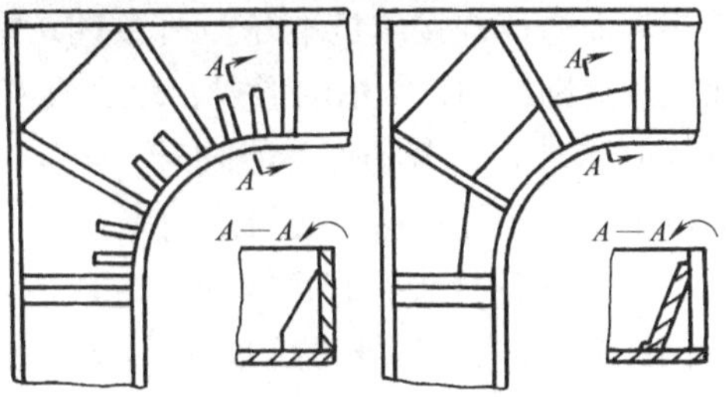

a)　　b)

图 6-8　框架转角处加强肋布置的比较

a）不合理　b）合理

（2）尽可能地选用对称的构件截面和焊缝位置　当焊缝位置对称于构件截面的中性轴或使焊缝接近中性轴时，在焊后能得到较小的弯曲变形。图 6-9 所示为各种截面的构件，图

6-9a 所示构件的焊缝都在 x—x 轴一侧，焊后由于焊缝纵向收缩，很容易产生弯曲变形；图 6-9b 所示构件的焊缝位置对称于 x—x 轴和 y—y 轴，焊后弯曲变形较小；图 6-9c 所示构件由两根角钢组成，焊缝位置与截面重心并不对称，若把距重心近的焊缝设计成连续的，把距重心远的焊缝设计成断续的，就能减少构件的弯曲变形。

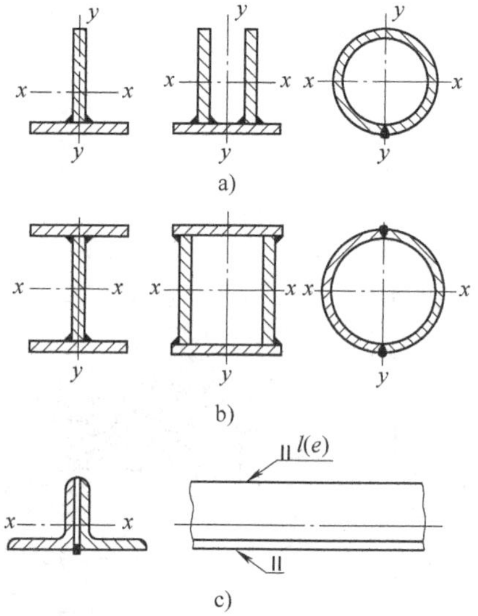

图 6-9　构件截面和焊缝位置与焊接变形的关系

a）不合理　b）、c）合理

（3）尽可能地减小焊缝截面尺寸　在不影响结构的强度与刚度的前提下，尽可能地减小焊缝截面尺寸，或把连续角焊缝设计成断续角焊缝，以减小塑性变形区的范围，从而减小焊接应力与变形。

（4）采用合理的装配-焊接顺序　对于复杂的结构，应采用分部件装配法，尽量减少总装焊缝的数量并使之分布合理，这样能大大减小结构的变形。为此，在设计结构时要合理地划分部件，使部件的装配和焊接易于进行且焊后经矫正能达到要求，这样也便于总装。由于总装时焊缝少、结构刚性大，因此焊后的变形很小。

（5）尽量避免各条焊缝相交　如图 6-10 所示三条角焊缝在空间相交。图 6-10a 所示的形式在交点处会产生三向应力，使材料的塑性降低，同时可焊到性差，会造成严重的应力集中。若把它设计成图 6-10b 所示的形式，就能克服以上缺点。

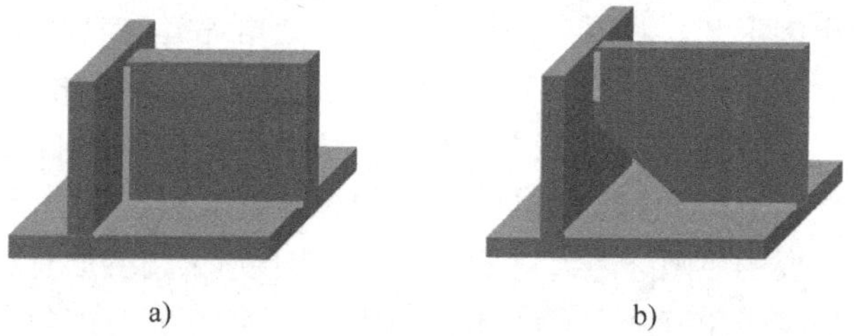

图 6-10　空间相交焊缝方案比较

a）不合理　b）合理

3. 从焊接生产工艺性分析结构的合理性

（1）尽量使结构具有良好的可焊到性　可焊到性是指结构上每一条焊缝都能很方便地施焊。在工艺性审查时要注意结构的可焊到性，避免因不易施焊而造成焊接质量不好。图 6-11a 所示的三个结构都没有足够的操作空间，很难施焊，如果改成图 6-11b 所示的形式，就会具有良好的可焊到性。又如厚板对接时，一般应开 X 形或双 U 形坡口，若构件不能翻转，就会造成大量的仰焊焊缝，这样不但劳动条件差，质量也很难得到保证，这时必须采用 V 形或 U 形坡口来改善其工艺性。

（2）保证接头具有良好的可探到性　严格检验焊接接头质量是保证结构质量的重要措施，对于结构上需要检验的焊接接头，必须考虑其检验是否方便。对于高压容器，其焊缝往往要求作 100% 的射线探伤。图 6-12a 所示接头无法进行射线探伤或探伤结果无效，应改为图 6-12b 所示的接头形式。

（3）尽量选用焊接性好的材料制造焊接结构　在结构选材时，首先应满足结构工作条件和使用性能的需要，其次是满足焊接特点的需要。另外，为了使生产管理方便，材料的种类、规格及型号不宜过多。

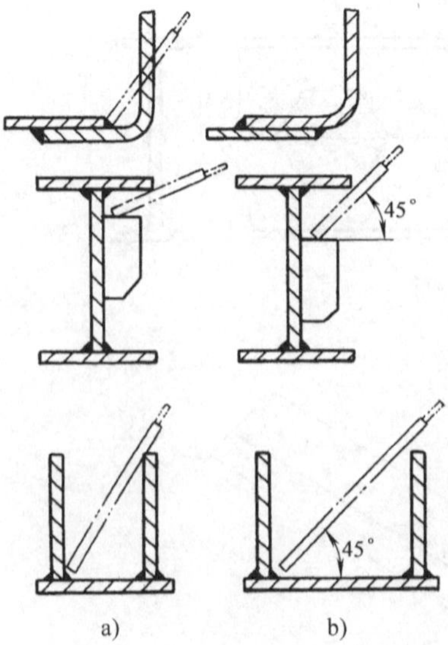

图 6-11　可焊到性比较
a）不合理　b）合理

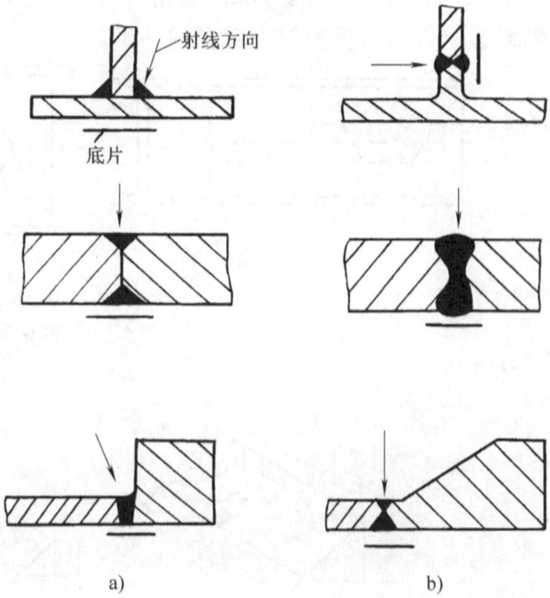

图 6-12　射线探伤可探到性比较
a）不合理　b）合理

4. 从焊接生产的经济性方面分析结构的合理性

合理地节约材料和缩短焊接产品的加工时间，不仅可以降低成本，而且可以减轻产品重量，便于加工和运输等，所以在工艺性审查时应给予重视。

（1）提高材料的利用率　一般来说，零件的形状越简单，材料的利用率越高。图 6-13 所示为法兰盘备料的三种方案，图 6-13a 所示是用压力机落料制作，图 6-13b 所示是用扇形片拼接，图 6-13c 所示是用气割板条热弯而成，材料的利用率依次提高，但生产的工时也依次增加，要进行综合比较才能确定哪种方案合理。通常在法兰直径小、生产批量大时，可选用图 6-13a 方案；当尺寸大、批量大时，采用图 6-13b 方案能节约材料，经济效果好；当法兰直径大且窄、批量小时，宜选用 6-13c 方案。图 6-14 所示为锯齿合成梁，如果用工字钢通过气割（图 6-14a）再焊接成锯齿合成梁，就能节约大量的钢材和焊接工时。

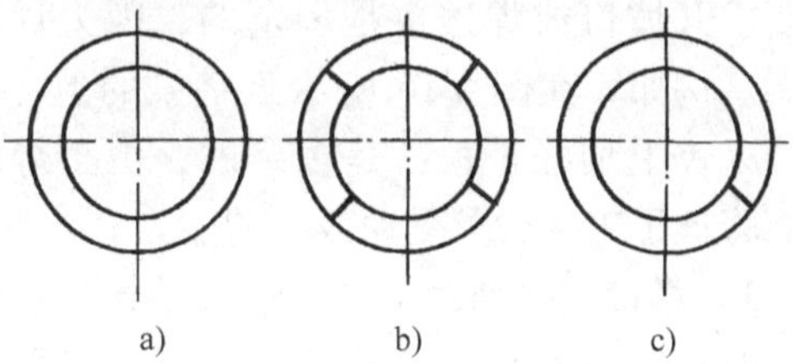

图 6-13　法兰盘备料方案比较

（2）尽量减少生产劳动量　焊接结构生产中，如果不努力节约人力和物力，不断提高生产率和降低成本，企业就会失去竞争力。除了在工艺上采取一定的措施外，还必须从设计上使结构具有良好的工艺性。减少生产劳动量的办法很多，归纳起来有以下几个方面：

1）合理地确定焊缝尺寸。工作焊缝的尺寸通常用等强度原则计算求得。但只靠强度计算有时是不够的，还必须考虑结构的特点及焊缝布局等问题。例如，在强度相同的情况下，焊脚尺寸小而长度大的角焊缝具有比焊脚尺寸大而长度小的角焊缝省料、省工的优点。图

6-15 中焊脚尺寸为 K、长度为 $2L$ 的角焊缝和焊脚尺寸为 $2K$、长度为 L 的角焊缝的强度相等，但前者的焊条消耗量仅为后者的一半。

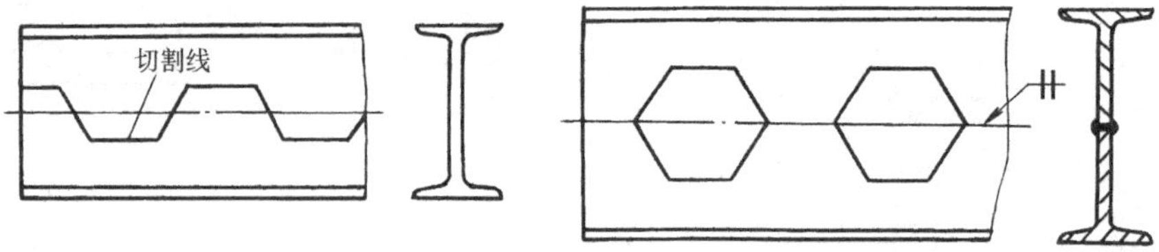

图 6-14　锯齿合成梁

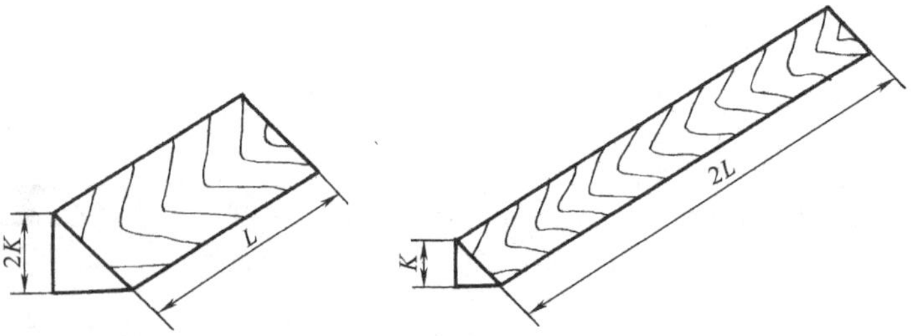

图 6-15　等强度的长、短角焊缝

a）不合理　b）合理

2）尽量取消多余的加工。对单面坡口、背面不进行清根焊接的对接焊缝，若通过修整表面来提高接头的疲劳强度是多余的，因为焊缝反面依然存在应力集中。对结构中的联系焊缝，若要求开坡口或焊透也是多余的，因为焊缝受力不大。例如，在图 6-16 所示工字梁的上、下翼板拼接处焊上加强盖板就是多余的，由于焊缝集中反而降低了工字梁承受动载荷的能力。

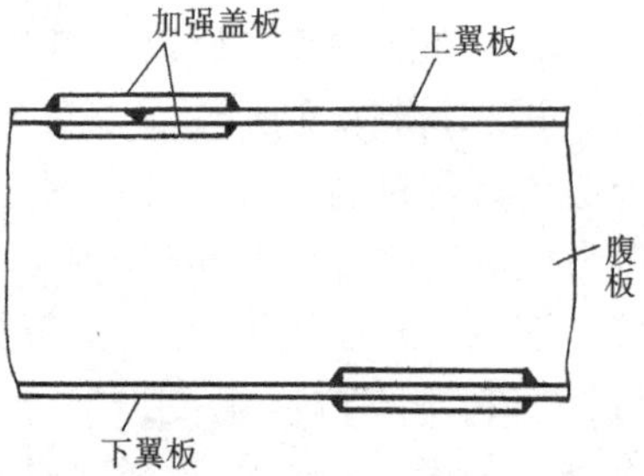

图 6-16　工字梁示意图

3）尽量减少辅助工时。焊接结构生产中的辅助工时一般占有较大的比例，而减少辅助工时对提高生产率有重要意义。结构中焊缝的所在位置应使焊接设备的调整次数最少，焊件翻转的次数也最少。图 6-17 所示为箱形截面构件，图 6-17a 所示设计为对接焊缝，焊接过程中翻转一次就能焊完四条焊缝；图 6-17b 所示设计为角焊缝，如果采用“船形”位置焊接，则需要翻转焊件三次，若用平焊位置焊接则需多次调整机头。从焊前装配来看，图 6-17a 所示方案也比图 6-17b 所示方案容易些。

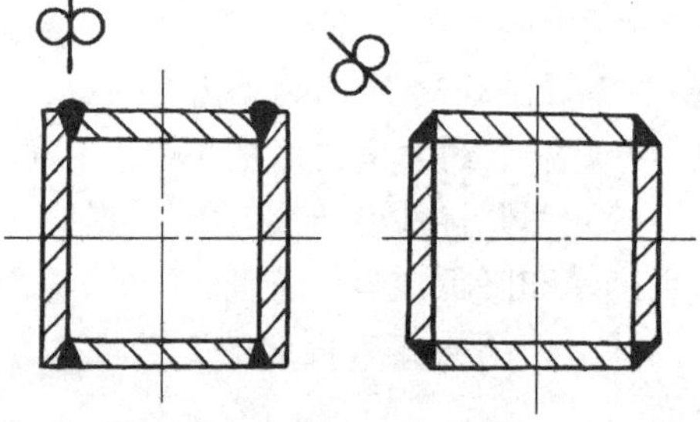

图 6-17　箱形截面构件

a）对接焊缝　b）角焊缝

4）尽量利用型钢和标准件。型钢具有各种形状，经过相互组合可以构成刚性更大的各种焊接结构，对同一种结构如果用型钢来制造，则其焊接工作量会比用钢板制造少得多。图 6-17 所示箱形截面构件若用两个槽钢组成，则其焊接工作量可减少一半。图 6-18 所示为一根变截面工字梁结构，图 6-18a 所示是用三块钢板组成，如果采用工字钢，可将工字钢用气割分开（图 6-18b），再组装焊接起来（图 6-18c），就能大大减少焊接工作量。

5）有利于采用先进的焊接方法。埋弧焊的熔深比焊条电弧焊大，有时不需开坡口，从而节省工时；采用 CO_2 气体保护焊，不仅成本低、变形小且不需清渣。在设计结构时，应使接头易于使用上述较先进的焊接方法。图 6-19a 所示结构可用焊条电弧焊焊接，图 6-19b 所示结构可使用埋弧焊和 CO_2 气体保护焊焊接。

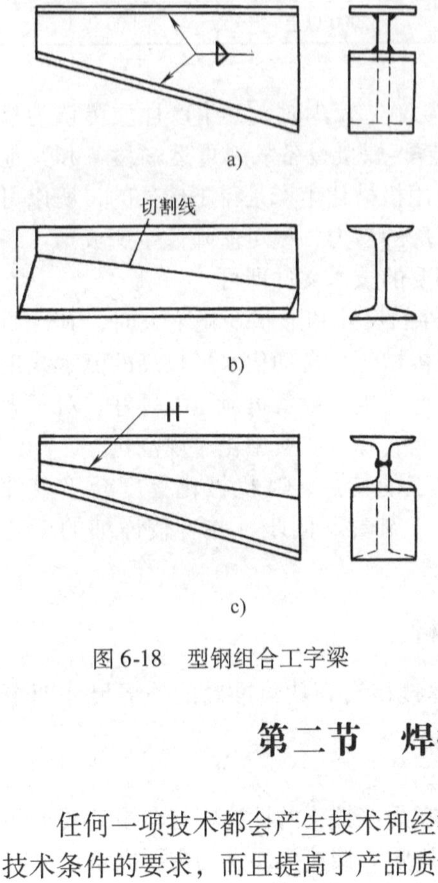

图 6-18　型钢组合工字梁

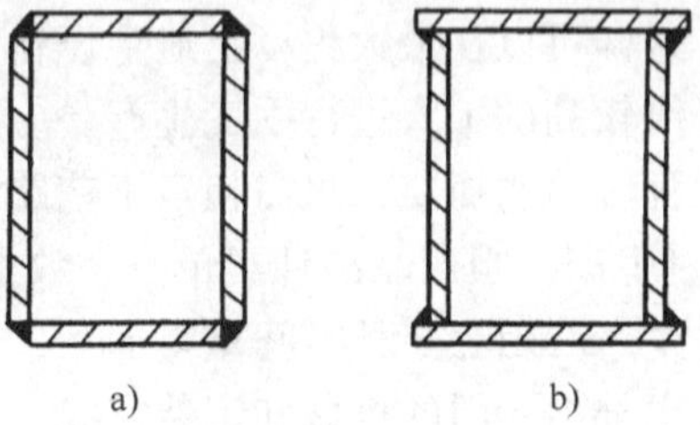

图 6-19　箱形结构

a）焊条电弧焊焊接　b）埋弧焊或 CO_2 气体保护焊焊接

第二节　焊接结构生产工艺过程分析

任何一项技术都会产生技术和经济两个方面的效果。技术方面的效果不仅表现在达到了技术条件的要求，而且提高了产品质量和改善了劳动条件等。经济方面的效果，表现在劳动量的减少、劳动生产率的提高及材料消耗的减少等。采取技术措施时，最好在技术和经济两个方面效果都好，这才是最先进的工艺。但是，这两个方面通常并不是统一的，在决策前应进行工艺过程分析。

工艺过程分析应遵循“在保证技术条件的前提下，取得最大经济效益”的原则，为此，进行工艺过程分析时主要从以下方面着手。

一、从生产纲领的要求进行工艺过程分析

生产纲领是指某产品或零部件在一年内的产量（包括废品）。生产纲领不同，工装夹具设计的内容和要求也不相同。按照生产纲领的大小，焊接生产可分为三种类型：单件生产、成批生产和大量生产。生产类型的划分见表 6-1。不同的生产类型，其特点是不一样的，因

此所选择的加工路线、设备情况、人员素质、工艺文件等也是不同的。

表 6-1　生产类型的划分

生产类型		产品类型及同种零件的年产量/件		
		重　型	中　型	轻　型
单件生产		5 以下	10 以下	100 以下
成批生产	小批量生产	5 ~ 100	10 ~ 200	100 ~ 500
	中批量生产	100 ~ 300	200 ~ 500	500 ~ 5000
	大批量生产	300 ~ 1000	500 ~ 5000	5000 ~ 50000
大量生产		1000 以上	5000 以上	50000 以上

1）单件生产。当产品的种类繁多、数量较小、重复制造较少时，其生产性质可认为是单件生产，编制工艺规程时应选择适应性较广的通用装配-焊接设备、起重运输设备和其他工装设备，这样可以在最大程度上避免设备的闲置。使用机械化生产是得不偿失的，所以可选择技术等级较高的工人进行手工生产。应充分挖掘工厂的潜力，尽可能降低生产成本。编制的工艺规程应简明扼要，只需粗定工艺路线并制订必要的技术文件即可。

2）大量生产。当产品的种类单一、数量很多、工件的尺寸和形状变化不大时，其性质接近于大量生产。因为要长时间重复加工，所以宜采用机械化、自动化水平较高的流水线生产，每道工序都由专门的机械和工装完成，加工同步进行，生产设备负荷越大越好。对于大量生产的产品，要求制订详细的工艺规程和工序，尽可能实现工艺典型化、规范化。

3）成批生产。成批生产的产品具有周期性重复加工的特点，其机械化程度介于单件生产和大量生产之间。应部分采用流水线作业，但加工节奏不同步，并有较详细的工艺规程。

二、从保证技术条件的要求进行工艺过程分析

焊接结构的技术条件，一般可归纳为获得优质的焊接接头和获得准确的外形尺寸两个方面。

1. 保证获得优质的焊接接头

焊接接头的质量应满足产品设计的要求，主要表现在焊接接头的性能应符合设计要求和焊接缺陷应控制在规定范围之内两个方面。一般来说，影响焊接接头质量的主要因素可以归纳为以下三个方面：

（1）焊接方法的影响　不同焊接工艺方法的热源具有不同的性质，它们对焊接接头质量有着不同的影响。例如电渣焊时，由于热源移动缓慢而热输入又大，因而焊接接头具有粗大的金相组织，要对焊件进行一定的热处理以后，才能获得所需的力学性能；又如埋弧焊时，由于热源具有电流大、移动快的特点，使很多条件都成了导致气孔的原因，如焊剂受潮、焊丝和焊件上的铁锈及油污以及生产管理中的一些问题（如装配后没及时施焊而引起接缝处生锈）等。在进行工艺过程分析时，这些都是选择工艺方法和确定相应措施的依据。

（2）材料成分和性能的影响　在焊接热过程作用下，母材与焊缝金属中发生了相变与组织变化，在熔化金属过程中存在着冶金反应，所有这些都将影响焊接接头的各种性能。例

如，碳钢结构的焊接接头内，随着母材含碳量的增加，钢的淬硬倾向增大，热影响区内容易产生冷裂纹，同时也促使了焊缝中气孔和热裂纹的产生，这些都增加了产生缺陷的可能性。又如，合金结构钢中各种合金元素对焊接的影响更为显著，焊后在热影响区容易产生塑性差的组织和冷裂纹，在焊缝内则会形成塑性差的焊缝金属或产生热裂纹。

（3）结构形式的影响　由结构因素引起的焊接缺陷是很常见的，在刚性非常大的接头处，应力很大或冷却速度快都是产生裂纹的主要原因。有时在接头某一个方向上散热不好，会产生严重的咬边缺陷，降低了焊接接头的动载强度。可焊到性不好的接头，在一般情况下难以得到优良的接头质量（如容易产生成形不好、未焊透等）。

总之，影响焊接接头质量的因素很多，但这些因素不是单一存在的，而是相互作用、错综复杂的。在分析接头质量时，既要考虑如何获得优质的焊缝，又要考虑不同工作条件下对结构所提出的技术要求。

2. 保证获得准确的外形尺寸

在焊接结构的技术条件中，另一个主要方面是要求获得准确的外形尺寸。这不仅关系到焊接结构的使用性能，而且因为焊接过程绝大多数是在不对称的局部加热的情况下完成的，因此，在焊接接头和焊接结构中产生应力与变形也是不可避免的，这给焊接结构生产带来了许多麻烦。所以在进行焊接工艺过程分析时，应结合产品结构、生产性质和生产条件，提出控制变形的措施，确保达到技术条件的要求。要做到这一点，必须考虑以下两个方面的问题：

（1）考虑结构因素的影响　根据结构的刚性大小和焊缝分布，分析焊后每条焊缝可能产生的焊接变形的方向及大小，找出对技术条件最不利的那些焊缝。

（2）采用适当的工艺措施　考虑如何安排装配、焊接顺序，才能防止和减小焊接应力与变形；在此基础上考虑焊接方法、焊接参数、焊接方向的影响，采用反变形法或刚性固定法等措施。

三、从采用先进工艺的可能性进行工艺过程分析

在进行工艺过程分析的过程中，首先应分析使用先进技术的可行性。采用先进技术可大大简化工序，缩短生产周期，提高经济效益。这里从三个方面进行讨论。

1. 采用先进的工艺方法

所谓先进的工艺方法，是对某一种具体的焊接结构而言的。如果同一结构可以采用几种焊接方法焊接，其中有一种焊接方法相对的生产率高且焊接质量好，同时对其他生产环节无不利影响，工人劳动条件也好，就可以说这种方法是先进的焊接工艺方法。例如，某厂高压锅炉锅筒纵缝的焊接，筒体材料为20钢，壁厚为90mm，如图6-20所示。

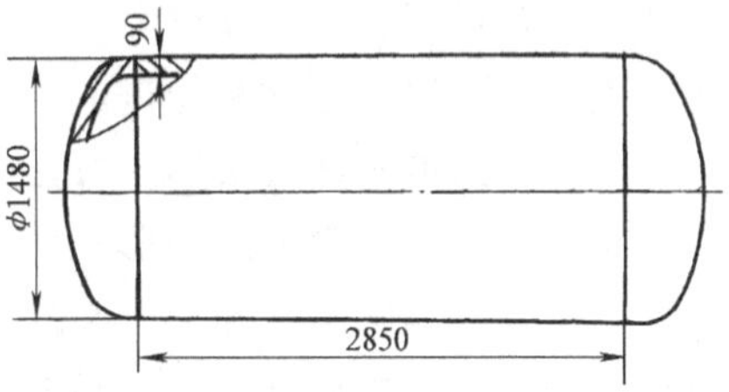

图6-20　高压锅炉的锅筒

锅筒纵缝可以用多种方法焊接，现在只讨论多层埋弧焊与电渣焊的效果，见表6-2。

2. 焊接生产过程的机械化与自动化

在焊接结构生产中，不断提高机械化与自动化水平，对提高劳动生产率和产品质量、改善工人劳动条件，都有极其深远的意义。

表 6-2　两种工艺方法比较

方　法			多层埋弧焊	电　渣　焊
工序	1		划线，下料，拼接板坯	划线，下料，拼接板坯
	2		板坯加热(1050°C)	板料加热
	3		初次滚圆(对口处留出 300～350mm 间隙)	滚圆
	4		机械加工坡口	气割坡口
	5		再次加热	装配(焊上引出板)
	6		再次滚圆	
	7		装配圆筒(装上卡板、引出板)	
	8		预热(200～300°C)	
	9		手工封底焊缝	电渣焊
	10		除去外面卡板，清焊根	正火，随后滚圆
	11		预热(200～300°C)	—
	12		埋弧焊(18～20 层)	
	13		回火(焊后立即进行)	
	14		除去内部卡板和封底焊缝	
	15		埋弧焊内部多层焊缝	
	16		焊缝表面加工	
经济技术指标	每公斤熔化金属	电能消耗	1.95kW · h	1.05kW · h
		焊剂消耗	1.07kg	0.05kg
	熔化系数		1.96g/A · h	36.5g/A · h

焊接结构的生产过程可部分实现加工机械化与自动化，也可全盘实现机械化与自动化，这要根据具体条件来决定。对于批量生产的产品，应优先考虑机械化与自动化；对于单件小批量生产的产品，则一般不必采用机械化与自动化。但是当产品的种类具有相似性，工装设备具有通用性时，可以先进行方案对比再做出选择。

3. 改进产品结构，创造先进的工艺过程

在进行工艺过程分析时，应当创造性地采用全新的工艺过程，有些产品只要结构形式稍加改变，工艺过程就会变化很大，可明显提高产品质量及生产率，机械化与自动化水平也可提高，因此，可以说这就是先进的工艺过程。实践证明，先进工艺过程的创造，往往是从改进产品结构形式或某些接头形式开始的。

小型受压容器的常见结构形式如图 6-21 所示，其工作压力为 1.6MPa，壁厚为 3～5mm，它由两个压制的椭圆封头和一个圆筒节组成，用一条纵焊缝和两条环焊缝焊成。对于单件、小批量生产来说，这种结构形式是合理的。它的主要工艺过程是：压制椭圆封头→滚圆筒节→焊纵焊缝→装配→焊接两条环缝。这种工艺过程的优点是封头压制容易、节省模具费用；其缺点是工序多、焊缝多、需要滚圆设备，装配也麻烦。在产量多的时候就不宜采用上述工艺过程，可将容器改成图 6-22 所示的结构形式，这样就能简化工艺过程，从而使生产率大幅度提高，其主要工艺过程是：压制杯形封头→装配→焊接环焊缝。很明显工序、焊缝都减少了，装配也很容易，所以生产率和产品质量都提高了，而工人的劳动条件也有所改善；它的缺点是模具费用多，但由于产量高，因此平均每个产品所负担的模具费用并不多。这种结构还取消了圆筒节，从而节约了购置滚圆设备的费用和车间生产面积，所以在大批量生产的情况下，采用图 6-22 所示的结构是合理的。

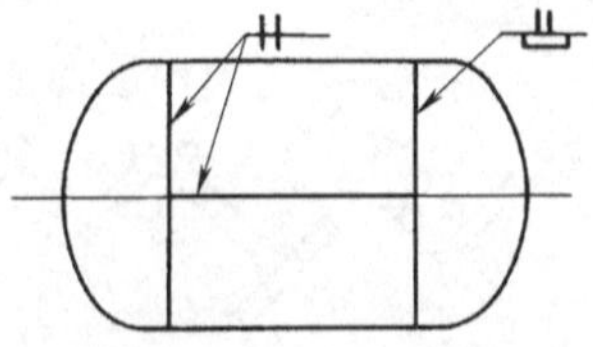

图 6-21　带圆筒节的小型受压容器

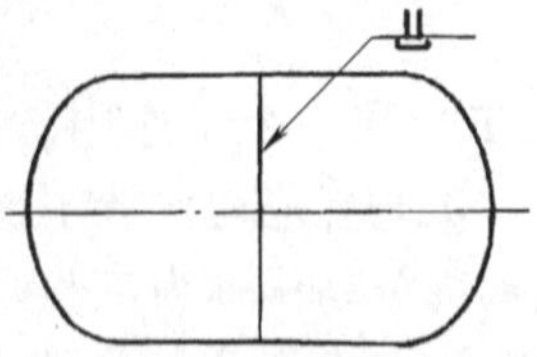

图 6-22　无圆筒节的小型受压容器

最后还要考虑安全生产和改善工人的劳动条件。生产必须安全，要防触电、防辐射，注意通风等。在焊接带有人孔容器的环缝时，应设计成不对称的双 V 形坡口，内浅外深，这样可以减少容器内的焊接量，劳动条件比对称双 V 形坡口改善了很多。

第三节　焊接工艺规程

焊接工艺规程是指导焊工正确施焊产品焊缝的重要工艺文件，对于保证产品的焊接质量有十分重要的作用。各类焊接结构制造规程、法规和相关标准都明确规定，必须严格按焊接工艺规程焊制产品焊缝。焊接工艺规程应由生产企业自行编制，并通过焊接工艺评定试验验证其正确性和合理性。

焊接工艺规程的作用，除了指导焊工正确选用焊接材料、焊接参数和操作技术外，也是制订焊接材料消耗定额，编制部件综合工艺规程，以及制订焊接接头质量检验规程的依据。

一、生产过程与工艺过程

将原材料或半成品转变为产品的全部过程称为生产过程。它包括直接改变零件形状、尺寸和材料性能，或将零部件进行装配和焊接等所进行的加工过程，如划线、下料、成形加工、装配焊接及热处理等；同时也包括各种辅助生产过程，如材料供应、零部件的运输保管、质量检验、技术准备等。前者称为工艺过程，后者称为辅助生产过程。

焊接结构产品的工艺过程是由一系列工序依次排列组合而成的。通过各种工序，可以将原材料或毛坯逐渐制成成品。

（1）工序　由一个或一组工人在一台设备或一个工作地点，对一个或同时对几个焊件所连续完成的那部分工艺过程，称为工序。工序是工艺过程的最基本组成部分，是生产计划的基本单元。工序划分的主要依据是加工工艺过程中工作地点是否改变和加工是否连续完成。焊接结构生产工艺过程的主要工序有放样、划线、下料、成形加工、边缘加工、装配、焊接、矫正、检验、油漆等。

在生产过程中，由原材料或半成品转变为成品所经过的毛坯制造、机械加工、装配焊接、油漆包装等加工所通过的路线称为工艺路线或工艺流程，它实际上是产品制造过程中各种加工工序的顺序和总和。

（2）工位　工位是工序的一部分。在某一工序中，工件在加工设备上所占的每个工作位置称为工位。例如在转胎上焊接工字梁上的四条焊缝，如用一台焊机，则工件需转动四个角度，即有四个工位，如图 6-23a 所示；如用两台焊机，则工序为同时对称焊焊缝 1、4→翻转→同时对称焊焊缝 2、3，工件只需装配两次，即有两个工位，如图 6-23b 所示。

（3）工步　在一个工序内，在工件、设备、工具和工艺规范均保持不变的条件下所完成的那部分动作称为工步。工步是工艺过程的最小组成部分，它保持着工艺过程的一切特性。构成工步的某一因素发生变化时，一般认为是一个新的工步。例如厚板开坡口对接多层焊时，打底层用 CO_2 气体保护焊，中间层和盖面层均采用焊条电弧焊，一般情况下，盖面层选择的焊条直径较粗，电流也大一些，则这一焊接工序由三个不同的工步组成。

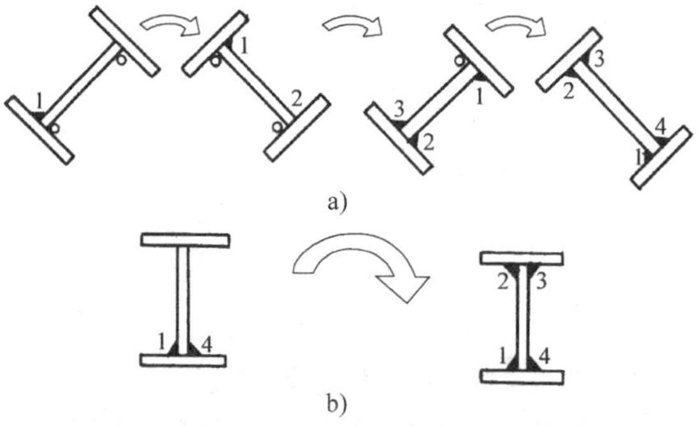

图 6-23　工字梁的焊接工位

二、工艺规程的基本形式

企业所用工艺规程的具体格式虽不统一，但内容却大同小异。一般来说，工艺规程的形式按其内容详细程度可分为以下几种。

1. 工艺过程卡

工艺过程卡是描述零件整个加工工艺过程全貌的一种工艺文件。它是制订其他工艺文件的基础，也是进行技术准备、编制生产计划和组织生产的依据。通过工艺过程卡可以了解零件所需的加工车间、加工设备和工艺流程。下面以图 6-24 所示冷却器筒体加工工艺过程的制订为例，介绍工艺过程卡的形式。

（1）主要技术参数　筒节数量：4（整个筒体由 4 个筒节组成）；材料：Ni-Cr 不锈钢；椭圆度 $e(D_{max}-D_{min})$：≤6mm；内径偏差：$\phi600^{+3}_{-2}$mm；组对筒体：长度公差为 5.9mm，两端平行度公差为 2mm；检验：试板做晶间腐蚀试验；焊缝外观合格后，进行 100% 射线探伤。

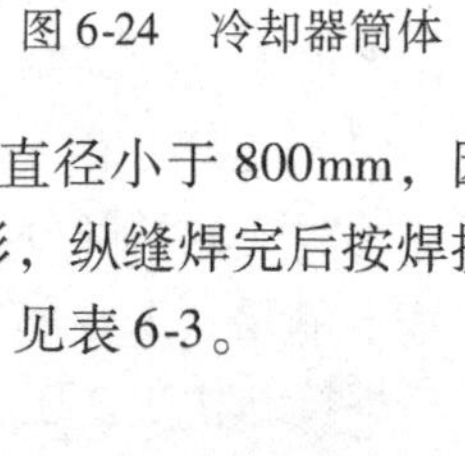

图 6-24　冷却器筒体

（2）筒体制造的工艺过程　该筒体为圆筒形，结构比较简单。筒体总长为 5936mm，直径为 φ600mm，分为 4 段筒节制造。由于筒节直径小于 800mm，因此可用单张钢板制作，筒节只有一条纵焊缝。各筒节开坡口、卷制成形，纵缝焊完后按焊接工艺组对环焊，并进行射线探伤。具体内容填入筒体加工工艺过程卡，见表 6-3。

2. 工艺卡

工艺卡一般是按零件的工艺阶段分车间、分零件进行编写，包括工艺过程卡的全部内容，它更详细地说明了零件的加工步骤。卡片上对毛坯性质、加工顺序、各工序所需设备、工艺装备要求、切削用量、检验工具及方法、工时定额都作出了具体规定，有时还需附有零件草图。焊接工艺卡示例见表 6-4。

表 6-3　筒体加工工艺过程卡

筒体加工工艺过程卡			产品型号		部件图号		共　页
			产品名称	筒体	部件名称		第　页
工序号	工序名称	工 序 内 容			工艺装备及设备	辅助材料	工时定额
0	检验	材料应符合国家标准要求的质量认证书		检验			
10	划线	号料、划线		划线			
20	切割下料	按划线尺寸切割下料		下料	等离子切割机		
30	刨边	按图样要求刨各筒节坡口		机加	刨边机		
40	成形	卷制成形		成形	卷板机		
50	焊接	组对焊缝和试板，除去坡口及两侧的油漆；按焊接工艺组焊纵缝试板		焊接	自动焊机	焊丝、焊剂	
60	检验	1. 纵焊缝外观合格，按 GB/T 3323—2005 进行 100% 射线探伤 2. 试板按“规程”附录二要求合格 3. 按 GB/T 4334—2008 进行晶间腐蚀试验		检验	射线探伤设备	—	
70	校形	校圆：$e \leqslant 6$mm		成形			
80	组焊	按焊接工艺组对环焊		铆焊	自动焊机	焊丝、焊剂	
90	检验	环焊缝外观合格后，按 GB/T 3323—2005 进行 100% 射线探伤		检验	射线探伤设备	—	
100	焊接	在筒节 1 的右端组焊衬环，要求衬环与筒体紧贴		铆焊	—	—	

3. 工序卡

工序卡是在工艺卡的基础上为某一道工序编制的更为详细的工艺文件。工序卡上须有工序简图，表示本工序完成后的零件形状、尺寸公差、定位和装配装夹方式等。装配工序卡示例见表 6-5。

三、焊接工艺规程的基本知识

1. 焊接工艺规程的定义

焊接工艺规程是一种规定焊接参数，并经试验评定合格的书面文件，以指导相关人员按照相应的制造法规要求焊制产品焊缝。换言之，焊接工艺规程是一种指导焊接操作工施焊产品焊缝的正式工艺文件，也是检查产品焊缝质量的主要依据之一。在企业内部，它是一种必须强制执行的工艺文件，也是质量体系中最重要的质量文件之一。

2. 焊接工艺规程的格式

焊接工艺规程的格式应简洁、明了、层次分明，便于焊工使用。表 6-6 列出了一种典型焊接工艺规程格式，以供参考。焊接结构生产企业可根据自己的习惯，设计符合本企业文件体系的格式。同时，应注意焊接工艺规程包含的所有项目的通用性和统一性。切忌采用多种格式而造成混乱，不便管理。

表 6-4　焊接工艺卡

<table>
<tr><td>工程名称</td><td colspan="3"></td><td>工艺卡编号</td><td colspan="4"></td></tr>
<tr><td>材　质</td><td>20</td><td>规 格</td><td>φ57mm×3.5mm</td><td>焊接方法</td><td>GTAW+SMAW</td><td>焊工资格</td><td colspan="2"></td></tr>
<tr><td>焊评编号</td><td colspan="3"></td><td>无损检测</td><td>RT</td><td>合格等级</td><td colspan="2">Ⅲ</td></tr>
<tr><td>适用范围</td><td colspan="8">适用于水平转动和固定的同外径且管子壁厚小于4mm的管子与管子相连的对接焊缝(不考虑管子外径)</td></tr>
<tr><td rowspan="3">焊接参数</td><td>层数</td><td>焊接方法</td><td>焊材及规格</td><td>电源极性</td><td>焊接电流/A</td><td>焊接电压/V</td><td>焊接速度/(cm/min)</td><td>气体流量/(L/min)</td></tr>
<tr><td>1</td><td>GTAW</td><td>ER49-1φ2.0mm</td><td>直流正接</td><td>65~90</td><td>9~12</td><td>6~9</td><td>10~13</td></tr>
<tr><td>2</td><td>SMAW</td><td>E4303　φ3.2mm</td><td>交流</td><td>100~120</td><td>20~22</td><td>12~14</td><td></td></tr>
<tr><td>坡口尺寸
及熔敷图</td><td colspan="3">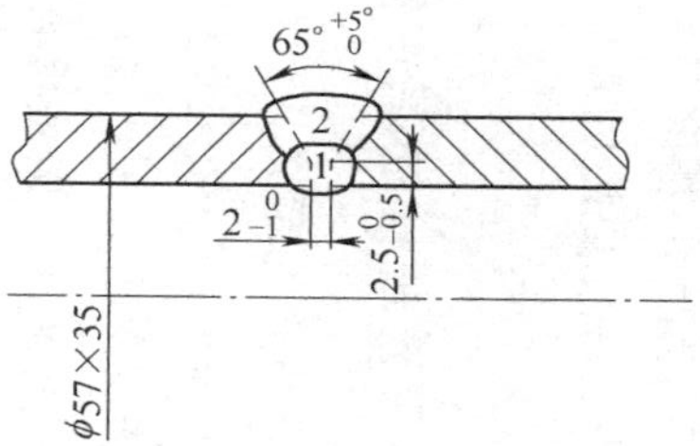</td><td>焊接技术要求</td><td colspan="4">1. 焊前准备:①在坡口及坡口边缘各20mm范围内,将油、污、锈、垢、氧化皮等清除干净,直至呈现金属光泽,焊丝也要进行同样的清理;②定位焊缝为两条,两条定位焊缝的间距为120°,定位焊缝的长度为5~8mm,厚度为3~4mm。
2. 焊接操作:①氩弧焊按上面的焊接参数进行焊接,焊接时,焊丝终端应始终处于氩气保护范围内;钨极端部严禁与焊丝、焊件相接触,防止造成夹钨缺陷;停焊后重新引弧时,焊缝应与原焊缝重叠5~10mm。②电弧焊按上面的焊接参数进行焊接,焊接时,焊条在坡口两侧稍作停留,并熔化两边缘各1~2mm,换焊条或断弧后再引弧。</td></tr>
<tr><td>编制</td><td colspan="2"></td><td>审核</td><td colspan="2"></td><td>日期</td><td colspan="2">年　月　日</td></tr>
</table>

表 6-5 装配工序卡

	装配工序卡								产品型号		零件图号			
									产品名称		零件名称		共 页	第 页
	工序号	(1)	工序名称		(2)	车间	(3)		工段(4)	设备	(5)	工序工时		(6)
	简图(7)													
	工步号	工步内容							工艺装备		辅助材料		工时定额/min	
	(8)	(9)							(10)		(11)		(12)	
描图														
描校														
底图号														
装订号														
											设计(日期)	审核(日期)	标准化(日期)	会签(日期)
	标记	处数	更改文件号	签字	日期	标记	处数	更改文件号	签字	日期				

注：表中（ ）填写内容：(1) 工序号；(2) 本工序的名称；(3) 执行本工序的车间名称或代号；(4) 执行本工序的工段名称或代号；(5) 本工序所使用的设备型号名称；(6) 本工序工时定额；(7) 绘制装配简图或装配系统图；(8) 工步号；(9) 各工步名称、操作内容和主要技术要求；(10) 各工步所需工艺装备的型号、名称或编号；(11) 各工步所需的辅助材料；(12) 各工步的工时定额。

表 6-6 焊接工艺规程样表

编号 No. ____________ 焊接工艺评定报告编号____________

<table>
<tr><td colspan="8">焊接方法____________
产品零部件名称____________</td></tr>
<tr><td colspan="8">接头坡口形状及尺寸</td></tr>
<tr><td>适用范围</td><td colspan="7">1. 母材
类别号________组号________与类别号________组号________相焊
牌号____________________与牌号____________________相焊
2. 厚度范围
对接____________角接____________堆焊____________
3. 管子直径范围
对接____________角接____________</td></tr>
<tr><td>焊接材料</td><td colspan="7">1. 钨极牌号及规格______________________________
2. 焊条牌号及规格______________________________
3. 焊丝牌号及规格______________________________焊剂牌号____________
4. 保护气体____________流量____________L/min;背面成形气体____________ 流量____________ L/min
5. 焊带牌号及规格
6. 其他焊接材料(衬垫材料)</td></tr>
<tr><td>焊前准备</td><td colspan="7">1. 焊前清理要求
2. 焊接材料预处理要求
3. 焊接设备调整要求</td></tr>
<tr><td>焊接温度参数</td><td colspan="3">最低预热温度____________℃
最高层间温度____________℃
后热温度及时间____________℃/h
消氢处理温度及时间____________℃/h</td><td>焊后热处理</td><td colspan="3">1. 不进行热处理 2. 消除应力处理
3. 正火 + 回火处理 4. 调质处理
温度________________
保温时间________________
加热速度________________
冷却速度________________</td></tr>
<tr><td>焊接参数</td><td colspan="7">1. 焊接参数
1）电流种类及极性____________________2）焊接电流____________________(峰值电流,基值电流)
3）电弧电压____________________4）焊接速度____________________
5）送丝速度____________________(自动氩弧焊、热丝焊)
2. 焊接顺序</td></tr>
<tr><td>操作技术</td><td colspan="7">1. 焊接位置 平焊______ 立焊______ 横焊______ 仰焊______ 全位置______
2. 锤击要求____________________
3. 摆动焊 摆动宽度______ 两侧停留时间______ 中间停留时间______ 摆速______
4. 清根方法____________________
5. 其他</td></tr>
<tr><td>焊后检查</td><td colspan="7">1. 目视检查
2. 密封性检查
3. 无损检测方法及检测范围
4. 焊接试板检查</td></tr>
<tr><td>备注</td><td colspan="7"></td></tr>
<tr><td>编制</td><td></td><td>审核</td><td></td><td>审定</td><td></td><td>日期</td><td></td></tr>
<tr><td>会签</td><td></td><td></td><td></td><td></td><td></td><td></td><td></td></tr>
</table>

3. 焊接工艺规程的种类

现代焊接结构生产中使用的焊接工艺规程基本有以下三种形式。

（1）专用焊接工艺规程　只适用于某类焊接结构特定接头的焊接，且必须经相应的焊接工艺评定加以验证。这些焊接结构的生产大多需要接受国家质量监督部门的检查，并要求严格执行相关的国家标准或制造规程，如锅炉、压力容器、管道、船舶和重载钢结构等。这种焊接工艺规程必须由生产企业自行编制，不得借用其他生产企业的类似焊接工艺规程，也不得委托其他单位编制。企业必须重视并组织好专用焊接工艺规程的编制工作。

（2）标准焊接工艺规程　是企业在积累多年焊接生产经验的基础上，为采用标准的结构材料和焊接材料，并以最通用的焊接工艺方法焊接标准形式的接头和坡口所编制的焊接工艺规程。它不再需要通过相应的焊接工艺评定加以验证，经过规定的审批程序后，可直接用于指导焊接生产。

（3）通用焊接工艺规程　主要用于非承载焊缝和对接头力学性能无特定要求的焊件，其编制依据是企业多年积累的焊接生产经验。对焊缝质量的要求主要是外形尺寸和形状应符合标准规定，因此无需经过焊接工艺评定的验证，编制人员应对所适用的焊接工艺具有丰富的实践经验和专业知识。在通用焊接工艺规程中，应明确规定其适用范围。通用焊接工艺规程的格式、项目和内容基本上与标准焊接工艺规程相同，只是所规定的各种焊接参数的范围相对较宽。

四、焊接工艺规程的编制

1. 焊接工艺规程的编制程序

焊接工艺规程的编制程序大体上可以分为以下四种情况：

1）对于企业首次投产的新产品，应先编制焊接工艺方案，提出必要的焊接工艺评定项目；评定合格后，根据焊接工艺评定报告，编制正式的焊接工艺规程。

2）对于结构形状为相同类型，而结构材料和相配的焊接材料类别不同的焊接结构，则应在产品施工图样批准生效后，提出必须进行的焊接工艺评定项目，并根据该评定报告编制相应的焊接工艺规程。

3）企业为提高生产率，改进质量和降低制造成本，计划采用新工艺、新材料和新设备时，应先提出相关的焊接试验项目和焊接工艺评定项目，并根据该试验研究报告和工艺评定报告编制相对应的焊接工艺规程。

4）对于不要求进行焊接工艺评定的焊件或接头，可按产品制造技术条件或图样规定的技术要求直接编制焊接工艺规程。

2. 焊接工艺规程的编写原则

编写焊接工艺规程时，应遵循以下原则：

（1）名词术语的标准化　焊接工艺规程中的术语应统一采用 GB/T 3375—1994《焊接术语》和其他相关标准中规定的名词术语。英文技术名词和缩写，应符合美国 AWS 有关标准的规定。不应沿用本企业生产活动中常用的习惯用语和口头语。

（2）规范用词　焊接工艺规程中的用词应简洁、明了、易懂，切忌用词模糊不清、含义不确切。

（3）插图标准化　焊接工艺规程中插图的描绘应符合国家制图标准的规定。尺寸和公差应标注清晰、正确。焊接顺序和焊缝层次可用数字标注，焊接方向用箭头表示。

(4) 物理量名称及符号的标准化　焊接工艺规程中所用的物理量名称及符号应符合 GB 3102.1 ~ 8—1993 中的规定。计量单位应采用法定计量单位制。

3. 焊接工艺规程的编写依据

焊接工艺规程的编写，应以下列国家标准、行业标准及有关技术文件为依据：

1) GB/T 19866—2005《焊接工艺规程及评定的一般原则》。

2) JB/T 4709—2011《压力容器焊接规程》(同 NB/T 47015—2011)。

3) JB/T 1613—1993《锅炉受压元件焊接技术条件》。

4) JGJ 81—2002《建筑钢结构焊接技术规程》。

5) ANSI/AWS B2.1/B2.1M ADD1—2012《焊接程序和性能确定规范》。

6) ANSI/ASME BPVC Section9—2007《锅炉和压力容器规范　第 9 节：焊接和钎焊评定》。

7) 本企业的基础工艺标准。

8) 本企业产品焊接技术条件。

9) 相关焊接新材料、新工艺试验研究报告。

10) 相对应的焊接工艺评定报告。

11) 相对应的焊件施工图样。

4. 焊接工艺规程的编制内容

一份完整的焊接工艺规程，应列出为焊接质量符合标准要求的焊缝所必需的全部焊接参数。除了规定直接影响接头力学性能的重要焊接参数外，还应明确规定可能影响焊缝外观质量和外形尺寸的次要焊接参数。具体项目包括：焊接工艺方法；母材金属的类别及牌号；适用接头厚度范围：焊接材料的种类、牌号和规格；接头形式、坡口形状和尺寸；焊前准备要求；预热温度、层间温度和后热温度；焊接参数；保护气体的种类和流量；热处理方法和工艺参数；操作技术；焊后检查方法；检验程序及要求。对于厚壁焊件或形状复杂、易变形的焊件，还应规定合理的焊接顺序。对于容许加衬垫焊接的焊件，还应规定衬垫的种类、材料牌号、规格和敷设方法。

第四节　焊接工艺评定

焊接工艺评定是验证焊接工艺规程适用性的一种程序和方法，是重要焊接结构生产中进行质量控制所不可缺少的主要环节之一，并已列入相应的国家标准和制造法规中。近期，我国已颁发多项焊接工艺评定标准，适用于不同类型的焊接结构。目前，实施焊接工艺评定工作的正确性和合法性，已成为考核焊接结构生产企业质量控制有效性的主要指标之一。

一、焊接工艺评定的目的

焊接工艺评定是指通过对焊接试板接头、试样力学性能或其他性能的检验，证实焊接工艺规程正确性和合理性的一种程序。

焊接工艺评定的目的在于验证焊接工艺指导书的正确性，焊接工艺正确与否的标志在于焊接接头的使用性能是否符合要求。焊接工艺评定有两个功能：一是验证施焊单位拟定的焊接工艺的正确性；二是评定施焊单位焊制焊接接头的使用性能符合设计要求的能力。经焊接工艺评定合格后，提出焊接工艺评定报告，作为编制焊接工艺规程的主要依据之一。焊接工艺评定可以作为施焊单位技术储备的标志之一。

二、焊接工艺评定的条件与规则

1. 焊接工艺评定的条件

被焊材料已经经过（或有可靠的依据）严格的焊接性试验检验合格；焊接工艺评定所用设备、仪表与辅助机械均处于正常工作状态，所选被焊材料与焊接材料必须符合相应的标准，并需由本单位技能熟练的焊接人员焊接试件和进行热处理。

2. 焊接工艺评定的规则

进行焊接工艺评定，评定对接焊缝与角焊缝的焊接工艺时，均可采用对接焊缝接头形式；板材对接焊缝试件评定合格的焊接工艺，适用于管和板材的角焊缝。凡有下列情况之一者，需要重新进行焊接工艺评定：

1）改变焊接方法。

2）新材料或施焊单位首次焊接的钢材。

3）改变焊接材料，如焊丝、焊条、焊剂的牌号和保护气体的种类或成分。

4）改变焊接参数，如焊接电流、电弧电压、焊接速度、电源极性、焊道层数等。

5）改变热规范参数，如预热温度、层间温度、后热温度和焊后热处理方法等。

三、焊接工艺评定的依据

焊接结构生产企业可按所生产的产品类型，分别遵照下列国家标准、行业标准、制造规程或国际通用制造法规完成焊接工艺评定工作。

1）GB/T 19866—2005《焊接工艺规程及评定的一般原则》。

2）GB/T 19868. 1—2005《基于试验焊接材料的工艺评定》。

3）GB/T 19868. 2—2005《基于焊接经验的工艺评定》。

4）GB/T 19868. 3—2005《基于标准焊接规程的工艺评定》。

5）GB/T 19868. 4—2005《基于预生产焊接试验的工艺评定》。

6）GB/T 19869. 1—2005《钢、镍及镍合金的焊接工艺评定试验》。

7）《压力容器安全技术监察规程》。

8）NB/T 47014—2011《承压设备焊接工艺评定》或 NB/T 47015—2011《压力容器焊接规程》。

9）《蒸汽锅炉安全技术监察规程》（2012）。

10）《钢质海船入级与建造规范》。

11）JGJ 81—2002《建筑钢结构焊接技术规程》。

12）ANSI/ASME BPVC Section9—2007《锅炉和压力容器规范　第 9 节：焊接和钎焊评定》。

13）ANSI/AWS B2. 1/B2. 1M ADD1—2012《焊接程序和性能确定规范》。

四、焊接工艺评定的程序

焊接工艺评定的程序主要按焊接结构的类型和质量等级而定。以大型焊接结构生产企业为例，焊接工艺评定的基本程序如下。

1. 焊接工艺评定的立项

焊接工艺评定的立项可分为以下三种情况：按产品或部件焊接工艺方案立项、按新产品或老产品改型施工图样立项，以及按产品焊接工艺的重大更改立项。

2. 编制焊接工艺评定任务书

焊接工艺评定立项后，通过审批程序后，即可按施工图样和产品制造技术条件的要求，编制焊接工艺评定任务书。其内容应包括产品订货号、部件名称、接头形式、母材金属牌号及规格、焊接材料牌号及规格、拟采用的焊接工艺方法、对接头力学性能或其他性能的要求、检验项目和合格标准等。表6-7列出了焊接工艺评定任务书的一种推荐格式。

表 6-7　焊接工艺评定任务书（示例）

任务书编号＿＿＿＿＿＿＿＿

任务来源			
产品名称		产品编号	
部(组)件名称		部(组)件图号	
零件名称		焊接方法	

被评接头	母材钢号	母材类组别	规　格	接头形式	

母材力学性能

	钢号	试件规格	R_{eL}/MPa	R_m/MPa	KU_2/J	Z(%)	A_e(%)	冷弯角	标　准
产品									
试件									

评定标准

试件无损检测项目　外观　□MT　□PT　□RT　□UT

试件理化性能试验项目

项目 / 试样数量	拉　伸		弯曲			冲击	金　相		硬度	化学分析		
	接头	全焊缝	面弯	背弯	侧弯		宏观	微观				

补充试验项目(不作考核)

性能试验合格标准(按试件母材)

要求完成日期：

制订＿＿＿＿＿＿　日期＿＿＿＿＿＿　校对＿＿＿＿＿＿　日期＿＿＿＿＿＿

3. 工艺评定试件焊接前的准备

（1）焊接试件的准备　试件的材质必须与实际结构相同，并根据所统计焊接接头的类型来确定选取哪些试件及其数量，试件类型如图6-25所示。

（2）焊接设备及工艺装备的准备　焊接工艺评定所用的焊接设备应与结构施焊时所用设备相同。要求焊机的性能稳定、调节灵活。焊机上应装有准确的电流表、电压表、焊接速度表、气体压力表和流量计等。焊接工艺装备就是为了焊接各种位置的各种试件方便而制作的支架，将试件按要求的焊接位置固定在支架上进行焊接，有利于保证试件的焊接质量。

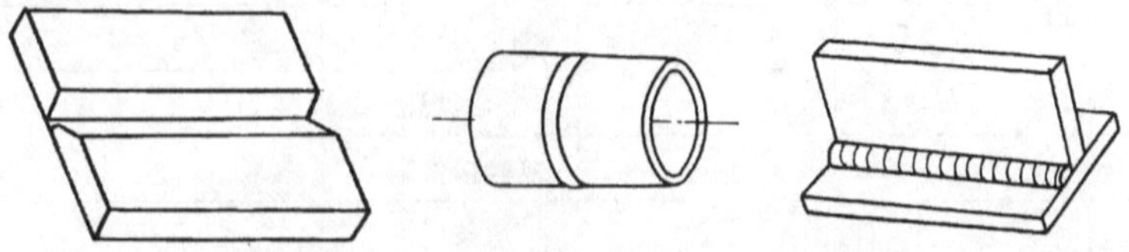

a)　b)　c)

图6-25　焊接工艺评定试件形式
a）板状试件　b）管状试件　c）T形接头试件

（3）焊工准备　焊接工艺评定应由本单位技术熟练的焊工施焊，且应按所编制的焊接工艺指导书施焊。

4. 工艺评定试件的焊接

焊接工艺评定试件的焊接是关键环节。除要求焊工认真操作外，还应有专人做好记录。记录内容主要有试件名称编号、接头形式、焊接位置、焊接电流、电弧电压、焊接速度、焊缝的长度与焊接时间等。应事先准备好记录卡，记录卡是现场焊接的原始资料，也是编制焊接工艺评定报告的重要依据，应妥善保存。

5. 工艺评定试件的性能试验

试件焊完即可交给力学性能与焊缝质量检测部门进行有关项目的检测。送交试件时应随带检测任务书，指明每个试件所要进行的检测项目及其要求等。

常规性能检测项目包括焊缝外观检验，力学性能检验（拉伸试验、面弯、背弯或侧弯等弯曲试验及冲击韧性试验等），金相检验，断口检验等。

6. 编制焊接工艺评定报告

按试件接头的类型完成所要求的试验项目且试验结果全部合格后，即可编制焊接工艺评定报告，见表6-8。焊接工艺评定报告的内容大体上分为两大部分：第一部分记录焊接工艺评定的试验条件，包括试件、材料牌号、类别号、接头形式、焊接位置、焊接材料、保护气体、预热温度、焊接参数和焊后热处理工艺参数等；第二部分记录各项检验结果，包括拉伸、弯曲、冲击、硬度、宏观金相、着色检测及化学成分分析结果等。

编写焊接工艺评定报告最重要的原则是如实记录，无论是试验条件还是检验结果，都必须是实测记录数据，并有相应的记录卡和试验报告等原始凭据。焊接工艺评定报告是一种必须由企业管理者代表签署的重要质保文件，也是政府质量监督部门和用户代表审核企业质保能力的重要依据之一。因此，编写人员应认真负责，如实填写，不得错填和涂改。报告应经有关人员校对和审核，并对其真实性负责。

焊接工艺评定试验可能由于试件接头某项性能不合格而失败。在这种情况下，首先应分析试验项目不合格的原因，然后重新编制焊接工艺规程设计书，重复上述程序，直至评定试验结果全部合格。

表 6-8　焊接工艺评定报告（示例）

<table>
<tr><td colspan="2">编　号</td><td colspan="3"></td><td colspan="2">日　期</td><td colspan="2">年　月　日</td></tr>
<tr><td colspan="7">相应焊接工艺指导书编号</td><td colspan="2"></td></tr>
<tr><td colspan="2">焊接方法</td><td colspan="3"></td><td colspan="2">接头形式</td><td colspan="2"></td></tr>
<tr><td colspan="2" rowspan="3">工艺评定
试件母材</td><td rowspan="3">钢板</td><td>材质</td><td></td><td rowspan="3">管子</td><td>材质</td><td colspan="2"></td></tr>
<tr><td>分类号</td><td></td><td>分类号</td><td colspan="2"></td></tr>
<tr><td>规格</td><td></td><td>规格</td><td colspan="2"></td></tr>
<tr><td colspan="2">质量证明书</td><td colspan="3"></td><td colspan="2">复验报告编号</td><td colspan="2"></td></tr>
<tr><td colspan="2">焊条型号</td><td colspan="3"></td><td colspan="2">焊条规格</td><td colspan="2"></td></tr>
<tr><td colspan="2">焊接位置</td><td colspan="3"></td><td colspan="2">焊条烘干温度</td><td colspan="2"></td></tr>
<tr><td rowspan="2">焊接规范</td><td colspan="2">电弧电压
/V</td><td colspan="2">焊接电流
/A</td><td colspan="2">焊接速度
/(cm/min)</td><td>焊工姓名</td><td></td></tr>
<tr><td colspan="2"></td><td colspan="2"></td><td colspan="2"></td><td>焊工钢印号</td><td></td></tr>
<tr><td rowspan="3">试验结果</td><td rowspan="2">外观检验</td><td rowspan="2">射线检测</td><td colspan="2">拉伸试验</td><td colspan="2">弯曲试验</td><td rowspan="2">宏观金相试验</td><td rowspan="2">冲击韧性试验</td></tr>
<tr><td>R_{eL}/MPa</td><td>R_m/MPa</td><td>面弯</td><td>背弯</td></tr>
<tr><td></td><td></td><td></td><td></td><td></td><td></td><td></td><td></td></tr>
<tr><td>报告号</td><td></td><td></td><td colspan="2"></td><td colspan="2"></td><td></td><td></td></tr>
<tr><td colspan="3">焊接工艺评定结论</td><td colspan="6"></td></tr>
<tr><td colspan="2">审　批</td><td colspan="3"></td><td colspan="2">报告编制</td><td colspan="2"></td></tr>
</table>

【综合训练】

一、填空

1. 为了提高设计产品结构的工艺性，工厂应对__________产品和__________的产品以及__________产品图样，在首次生产前进行结构工艺性审查。

2. 焊接结构工艺性审查的目的是保证__________、__________、__________和__________。

3. 制造焊接结构的图样是工程的语言，它主要包括__________图样、__________图样和__________图样等。

4. 将原材料或半成品转变为产品的全过程称为__________。它包括直接改变零件形状、尺寸和材料性能或将零部件进行装配焊接等所进行的加工过程，称为__________；也包括如材料供应、零部件的运输保管、质量检验、技术准备等内容，称为__________。

5. 工序是工艺过程的最基本组成部分，是生产计划的基本单元，工序划分的主要依据是加工工艺过程中__________和__________。

6. 在一个工序内，__________、__________、__________和__________均保持不变的条件下所完成的那部分动作称为工步。

7. 现代焊接结构生产中使用的焊接工艺规程，基本有以下三种形式：__________、__________和__________。

二、简答

1. 焊接结构工艺性审查的目的是什么？
2. 焊接结构工艺性审查的内容包括哪些？

3. 焊接工艺评定的目的和方法是什么？
4. 如何进行焊接工艺评定？
5. 如何从减小应力集中的角度进行工艺性审查？
6. 如何从减小焊接应力与变形的角度进行工艺性审查？
7. 焊接工艺规程有什么作用？编制焊接工艺规程的基本原则是什么？
8. 简述焊接工艺规程的编制步骤。
9. 常用的工艺规程文件有哪些形式？各适用于什么情况？
10. 如何从采用先进工艺的可能性方面进行工艺过程分析？

第七章　装配-焊接工艺装备

学习目标：通过本章的学习，了解焊接工装的种类、作用等基本知识；熟悉装配-焊接过程中所用的焊接工装夹具、焊接变位机械的常见形式；掌握常用焊接工装的适用范围及使用方法。

第一节　概　　述

一、焊接工装的地位与作用

1. 焊接工装的地位

装配-焊接工艺装备是焊接结构装配与焊接生产过程中起配合及辅助作用的工装夹具、机械装置或设备的总称，简称焊接工装。焊接工装的应用对于提高产品质量，减轻焊接工人的劳动强度，加速焊接生产实现机械化、自动化进程等方面起着非常重要的作用。

焊接结构生产过程中，纯焊接工作所需要的作业工时仅占构件装配与焊接工时的25%~30%，其余作业工时则用于备料、装配及其他辅助工作。随着高效率焊接方法的应用，这种工时配比的差异更为突出。积极推广使用机械化和自动化程度较高的焊接工装，是解决工时配比差异的最佳途径。

2. 焊接工装的作用

焊接工装的作用主要表现在如下方面：

1）定位准确、夹紧可靠，可部分或全部取代下料和装配时的划线工作。减小了制品的尺寸偏差，提高了零件的精度和互换性。

2）防止和减小焊接变形，减少焊接后的矫正工作量，达到提高劳动生产率的目的。

3）能够保证最佳的施焊位置，焊缝的成形性优良，工艺缺陷明显降低，可获得令人满意的焊接接头。

4）采用机械装置进行零部件装配的定位、夹紧及焊件翻转等繁重的工作，可改善工人的劳动条件。

5）可以扩大先进工艺方法和设备的使用范围，促进焊接结构生产机械化和自动化的综合发展。

二、焊接工装的分类及应用

焊接工装可按其功能、适用范围或动力源等进行分类。分类方法见表7-1。

表7-1　焊接工装的分类及应用

分类方法	工装名称	主要形式	基本应用
按功能分类	装配-焊接夹具	定位器	主要对焊件进行准确的定位和可靠的夹紧
		夹紧器	

（续）

分类方法	工装名称	主要形式		基本应用
按功能分类	装配-焊接夹具	拉紧及顶撑器		主要对焊件进行准确的定位和可靠的夹紧
		装配胎架		
	焊接变位机械	焊件变位机械	焊接回转台	将焊件回转或倾斜，使接头处于水平或船形位置
			焊接翻转机	
			焊接滚轮架	
			焊接变位机	
		焊机变位机械	平台式焊接操作机	将焊接机头或焊枪送到并保持在待焊位置，或以选定的焊接速度沿规定的轨迹移动焊机
			悬臂式焊接操作机	
			伸缩臂式焊接操作机	
			门架式焊接操作机	
		焊工变位机		焊接高大焊件时带动焊工升降
	焊接辅助装置			为焊接工作提供辅助性服务
按适用范围分类	专用工装			适用于某一种焊件的装配和焊接
	通用工装			不需调整即能适用于多种焊件的装配或焊接
	组合式工装			使用前需将各夹具元件重新组合，才能适用于另一种产品的装配和焊接
按动力源分类	手动工装			靠人工完成焊件的定位、夹紧或运动
	气动工装			利用压缩空气作为动力源
	液压式工装			利用液体压力作为动力源
	电动工装	电磁工装		利用电磁铁产生的磁力作为动力源
		电动工装		利用电动机的转矩作为动力源

三、焊接工装的组成及选用原则

1. 焊接工装的组成

焊接工装的构造是由其用途及可实现的功能所决定的。

装配-焊接夹具一般是由定位元件、夹紧元件和夹具体组成的。夹具体起连接各定位元件和夹紧元件的作用，有时还起支承焊件的作用。

焊接变位机、焊接操作机基本由原动机（力源装置）、传动装置（中间传动机构）和工作机（夹紧元件）三个基本部分组成，并通过机体把它们连接成整体。

图 7-1 所示是一种典型的夹紧装置。其中，力源装置是产生夹紧作用力的装置，通常是指机械夹紧时所用的气压、液压、电动等动力装置；中间传动机构起着传递夹紧力的作用，工作时可以通过它改变夹紧作用力的方向和大小，并保证夹紧机构在自锁状态下安全可靠；夹紧元件是夹紧机构的最终执行元件，它和焊件的受压表面直接接触而完成夹紧。

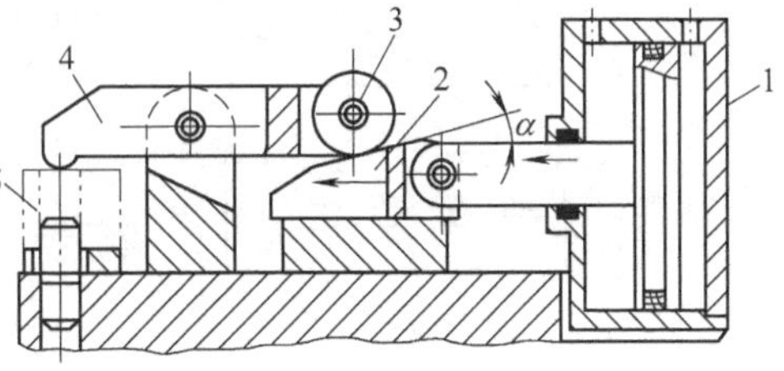

图 7-1　典型夹紧装置组成示意图

1—气缸　2—斜楔　3—辊子　4—压板　5—焊件

2. 焊接工装的基本选用原则

焊接工装的选用与焊接结构产品的各项技

术要求及经济指标有着密切的联系。其一，焊接结构的生产规模和生产类型，在很大程度上决定了所选用工艺装备的经济性、专用化程度、完善性、生产率及构造类型；其二，产品的质量、外观尺寸、结构特征，以及产品的技术等级、重要性等也是选择工艺装备的重要依据；其三，在产品生产工艺规程中，对工艺装备的选用有着较明确的要求和说明（零部件有效定位、夹紧、反变形、定位焊、施焊等），这些内容对选择工艺装备有很强的指导性。除此之外，还有以下几点原则：

（1）工艺装备的可靠性　主要包括承载能力、结构刚性、夹紧力大小、机构的自锁性、安全防护与制动、结构自身的稳定性及负载条件下的稳固性等。

（2）对制品的适应性　主要包括焊件装卸的方便性，待焊焊缝的可达性，可观察性，对焊件表面质量的破坏性及焊接飞溅对结构的损伤等。

（3）焊接方法对夹具的特殊要求　闪光对焊时，夹具兼作导电体；钎焊时，夹具兼作散热体。因此，要求夹具本身具有良好的导电性和导热性。

（4）安装、调试和维护的可行性　主要涉及生产车间的安装空间、起重能力、力源配备、主要易损件的备件提供方式、车间维护能力和操作者的技术水平等。

（5）尽量选用已通用化、标准化的工艺装备　这样可减少投资成本并缩短开发周期。

第二节　焊接工装夹具

焊接结构生产中经常采用的工装夹具有装配定位焊夹具、焊接夹具、矫正夹具等。一个完整的工装夹具一般由定位器、夹紧机构和夹具体三部分组成。其中，定位是夹具结构设计中的关键问题，定位方案一旦确定，其他组成部分的总体配置也基本随之确定。

一、定位器

定位器可作为一种独立的工艺装置，也可以是复杂夹具中的一个基本元件，它的基本任务是确定所装配零部件的正确位置。定位器具有多种结构形式，使用时，应根据被定位焊件的结构形式及定位要求进行布置和选择。

1. 平面定位器

工件以平面定位时，常采用挡铁、支承钉或支承板等进行定位。

（1）挡铁定位器　挡铁定位器是一种应用较广且结构简单的定位元件，可使工件在水平面或垂直面内定位，如图 7-2 所示。

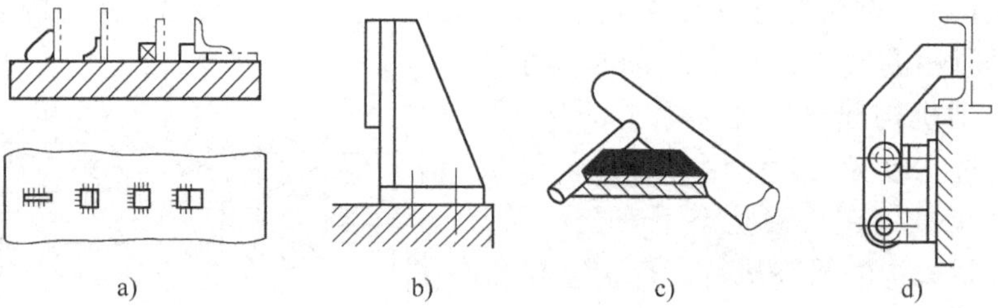

图 7-2　挡铁的结构形式

a）固定式　b）可拆式　c）永磁式　d）可退式

1）固定式挡铁。固定式挡铁一般可采用一段型钢或一块钢板按夹具的定位尺寸直接焊接在夹具体或装配平台上使用。

2）可拆式挡铁。当固定挡铁对工件的安装和拆卸有影响时应选择可拆式挡铁。在定位平面上加工出孔或沟槽，将挡铁直接插入夹具体或装配平台的锥孔中，不用时可以拔除；也可用螺栓将挡铁固定在平台上。

3）永磁式挡铁。永磁式挡铁采用永磁性材料制成，使用非常方便，一般可定位30°、45°、70°、90°夹角的铁磁性金属材料。适用于中小型板材或管材焊件的装配。

4）可退式挡铁。可退式挡铁可保证复杂的结构件经定位焊或焊接后，能从夹具中顺利取出。通过铰链结构使挡铁使用后能迅速退出，以提高工作效率。

挡铁定位方法简便，定位精度不太高，所用挡铁的数量和位置主要取决于焊件的结构形式、选取的基准及夹紧装置的位置。对于受力（重力、热应力、夹紧力等）较大的挡铁，必须保证挡铁具有足够的强度。

（2）支承钉（板）定位器

1）固定支承钉定位器。固定支承钉一般固定安装在夹具体上，根据功能不同又分为平头支承钉、球头支承钉和齿纹头支承钉三种类型，如图7-3所示。平头支承钉用来支承已加工过的平面；球头支承钉用来支承未经加工、粗糙不平的毛坯表面或工件的窄小表面，这种支承钉与工件形成点接触，接触应力较大，易压溃工件表面，使表面留下浅坑，故尽量不用于负荷较大的场合；齿纹头支承钉多用在工件侧面，可增大摩擦因数，防止工件在加工过程中产生滑动，使定位更加稳定，但它易损伤工件表面，故多用于还需精加工的工件表面的定位。

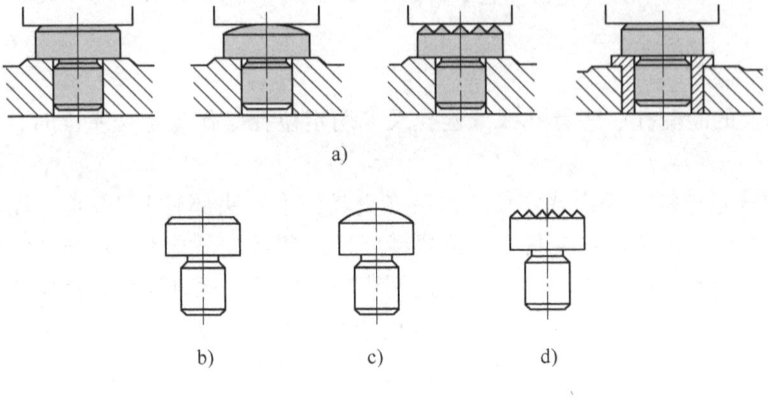

图7-3　固定支承钉及其应用

a）应用　b）平头式　c）球头式　d）齿纹头式

2）可调支承钉定位器。可调支承钉是指高度可以调节的支承钉。图7-4所示为几种常用的可调支承钉的结构形式，这几种可调支承钉都可以通过螺钉和螺母来实现支承点位置的调节。当所调支承点的位置一经调节适当后，便需通过锁紧螺母锁紧，以防止在加工过程中因支承钉的松动而使其支承点位置发生变化。当不同工件的毛坯质量差异较大或同类工件要求不同的规格及改变某一尺寸的定位要求时，可通过可调支承钉的一次性调整来满足新工件的定位要求，并适当补偿工件的尺寸误差。

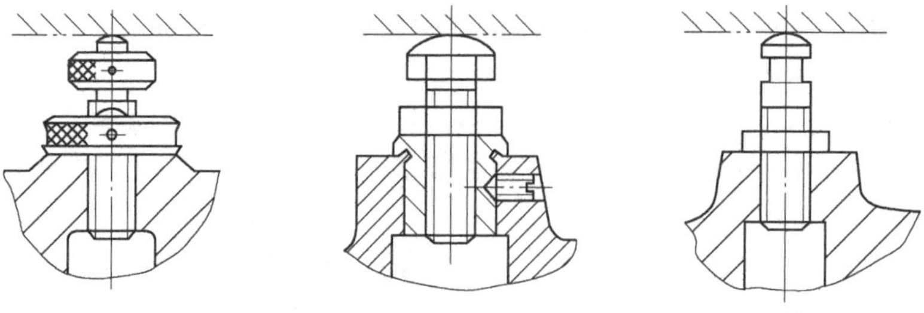

a)　　b)　　c)

图 7-4　常用可调支承钉

a）GB/T 2229　b）GB/T 2227　c）GB/T 2230

3）支承板定位器。为使幅面和跨度较大的加工平面安装稳固、可靠，多选用支承板定位。图 7-5 所示为两种常用支承板的结构形式，光面支承板多用于垂直布置的场合；带斜槽的支承板则多用于水平方向布置的定位，其凹槽可防止细小切屑停留在定位面上。

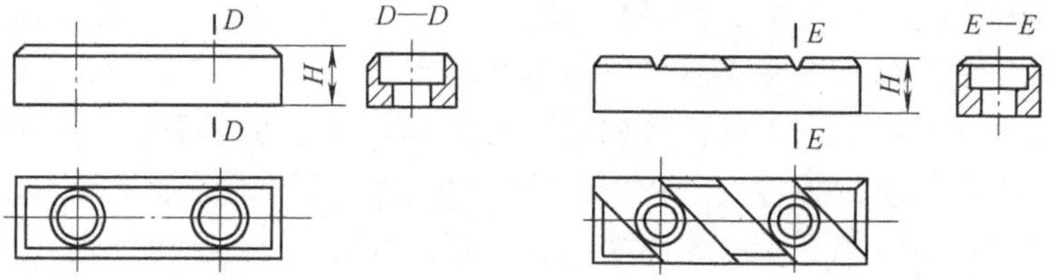

a)　　b)

图 7-5　支承板定位器

a）光面支承板　b）带斜槽的支承板

2. 圆孔定位器

利用工件上的装配孔、螺钉孔或螺栓孔及专用定位孔等作为定位基准时，多采用定位销定位。

（1）固定式定位销　固定式定位销常装在夹具体上，头部有 15°倒角，以符合工艺要求且安装方便。为保证定位销在夹具上的位置精度，一般固定式定位销的连接采用过盈配合。几种固定式定位销的结构形式如图 7-6 所示。图 7-6a 所示的两种定位销结构用于被定位工件圆孔尺寸较小的情况，这种带有小凸肩的定位销与夹具体连接时稳定牢靠；图 7-6b 所示的定位销结构用于被定位工件圆孔尺寸较大的情况；图 7-6c 所示的两种定位销结构用于被定位工件同时以圆柱孔和端面组合定位的情况。

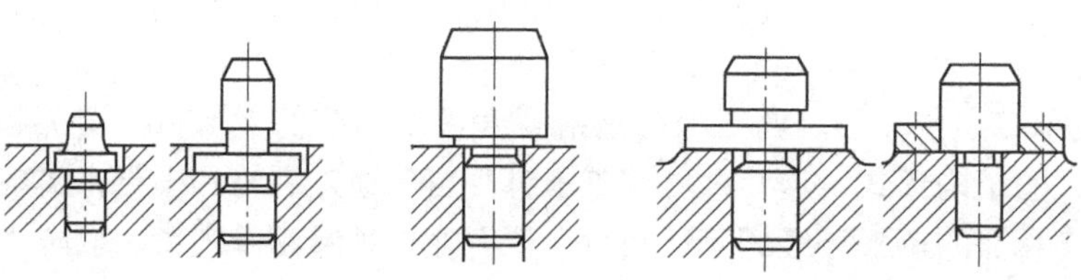

a)　　b)　　c)

图 7-6　固定式定位销的典型结构

（2）可换式定位销　在大批量生产中，由于定位销磨损较快，为了保证工件的加工精度，需要定期进行维修和更换，常采用便于更换的可换式定位销。图 7-7 所示为几种可换式定位销的结构形式，插销式定位销依靠工件之间的工艺孔进行定位，一般情况是定位焊后拆除该定位销才能进行焊接；衬套式定位销是为了便于定期更换，在定位销与夹具体之间装有衬套，由于定位销与衬套之间存在装配间隙，故其位置精度较固定式定位销低；为适应以工件上的两孔一起定位的需要，通常在两个定位销中采用一个削边定位销，其目的是解决销定位时的重复定位问题。

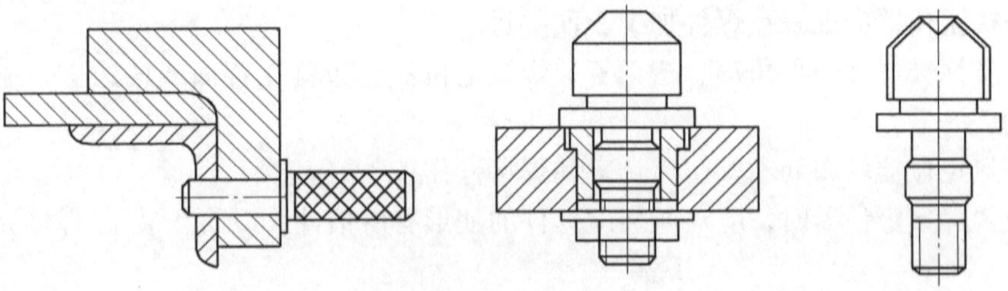

a)　b)　c)

图 7-7　可换式定位销的典型结构

a）插销式　b）衬套式　c）削边式

3. 外圆定位器

生产中，管子、轴及小直径圆筒节等圆柱形工件的定位多采用 V 形块。V 形块既能用于精定位基面，又能用于粗（毛坯）定位基面；既能用于完整的圆柱面，又能用于局部的圆柱面。V 形块定位的对中性好，工件的定位基准总是处于 V 形块两限位基面的对称面内。

V 形块的结构形式取决于它所起的作用和工件的结构、尺寸、精度及生产批量等。如图 7-8 所示，固定式单 V 形块用于较短工件的定位，双 V 形块用于较长工件两端或断续圆柱轴颈的定位；可调式 V 形块一般用于同一类型但尺寸有变化的工件，或用于可调整夹具中。常用 V 形块两工作斜面的夹角一般有 60°、90°和 120°几种，其中 90°角应用得最多。

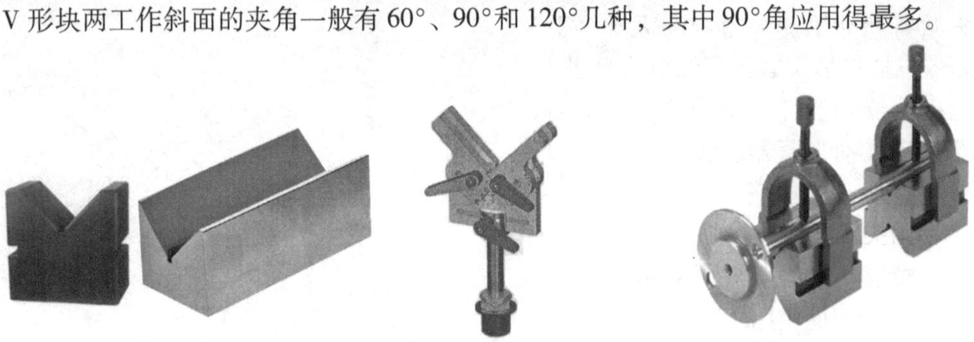

a)　b)　c)

图 7-8　V 形块的结构形式与应用

a）固定式　b）可调式　c）应用示例

4. 使用定位器时的注意事项

定位器一般不用作受力元件，以免损坏它的精度，若必须同时作为受力元件，则应适当增加其强度和刚度；定位器不应设置在有碍工人操作的位置，同时应考虑在装配或焊接后便于从工艺装备中取出；定位器的工作表面应具有良好的耐磨性，以便较长时期地保持定位精度；定位器在磨损或损坏时应是容易修复或更换的。制品中经过机械加工的面、孔等，原则上都可以作为定位基准，但应符合定位要求。

定位器通常不单独使用，它们的作用是将工件定位，为了使工件在装配与焊接过程中不发生移动，常用夹具施力以使工件固定。因此在胎具上，定位器总与夹紧器联合作用以确定工件的位置。布置定位器时应注意以下事项：

1）焊接定位器应配置在焊件加工表面附近。

2）对型钢类焊件，如角钢、槽钢等，焊接定位器要布置在背面或棱边上，避免布置在内侧斜面上。

3）焊接定位器的布局不应妨碍切割和焊接操作。

4）布置焊接定位器时，应对所装配焊件的变形有所估计，以防止装配-焊接完成后焊件取不下来。

5）定位器应具有一定的耐磨性和结构刚度。

二、夹紧器

利用某种施力元件或机构使焊件达到并保持预定位置的操作称为夹紧，用于夹紧操作的元件或机构称为夹紧器或夹紧机构。夹紧器是装配-焊接夹具中最重要的基本组成部分。对夹紧器的基本要求包括以下方面：

1）夹紧作用准确，处于夹紧状态时应能保持自锁，以保证夹紧定位的安全可靠。

2）夹紧动作迅速，操作方便省力，夹紧时不应损坏焊件表面质量。

3）夹紧器应具备一定的刚性和强度，夹紧作用力应是可调节的。

4）结构力求简单，便于制造和维修。

夹紧器对零部件的紧固方式有压紧、拉紧、推拉和顶压（或撑开）四种，如图 7-9 所示。夹紧器按其夹紧力的来源，可分为手动夹紧器和非手动夹紧器两大类。手动夹紧器包括楔形夹紧器、螺旋夹紧器、偏心轮夹紧器和杠杆夹紧器等；非手动夹紧器包括气动夹紧器、液压夹紧器和磁力夹紧器等。

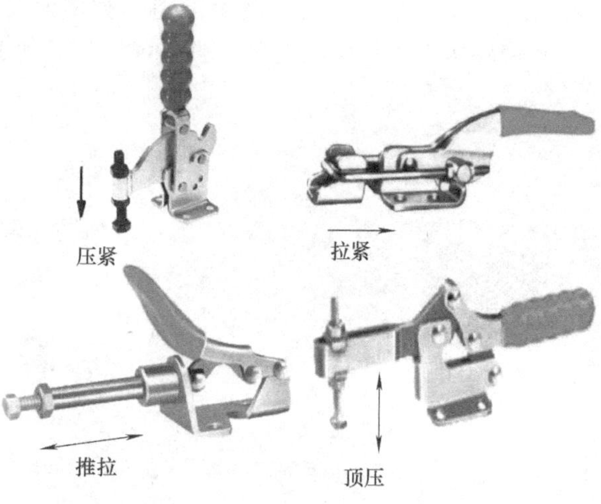

图 7-9　装配夹紧器的夹紧方式

1. 手动夹紧器

（1）楔形夹紧器　楔形夹紧器主要通过斜面的移动所产生的压力夹紧焊件。图 7-10 所示为斜楔夹紧的工作原理，为了保证斜楔具有稳定的工作状态，手动（锤击）夹紧时一般取斜楔升角 $\alpha=6°\sim8°$，当斜楔动力源由气压或液压提供时，可扩大斜楔升角 $\alpha=15°\sim30°$。适当加大斜楔升角或制成双斜面斜楔，可减小夹紧时斜楔的行程，提高生产率。

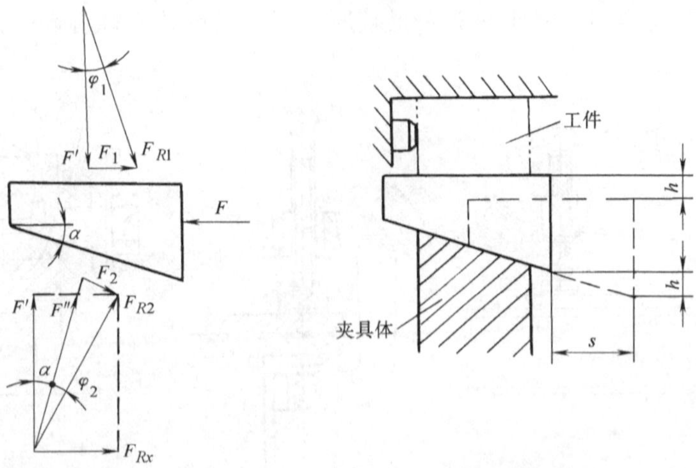

图 7-10 斜楔夹紧的工作原理

斜楔夹紧器结构简单，易于制造，既可独立使用，又能与其他机构（如气压或液压等动力源）联合使用。手动斜楔的夹紧力不是很大，效率较低，多用于单件、小批量生产或在现场大型金属结构的装配与焊接。

（2）螺旋夹紧器 螺旋夹紧器一般由螺杆、螺母和主体三部分组成，如图 7-11 所示，通过螺杆与螺母的相对旋动达到夹紧工件的目的。为避免螺杆直接压紧焊件而造成焊件表面压伤和产生位移，通常在螺杆的端部装有可以摆动的压块。图 7-12 所示为螺旋夹紧器在焊接生产中的应用实例。

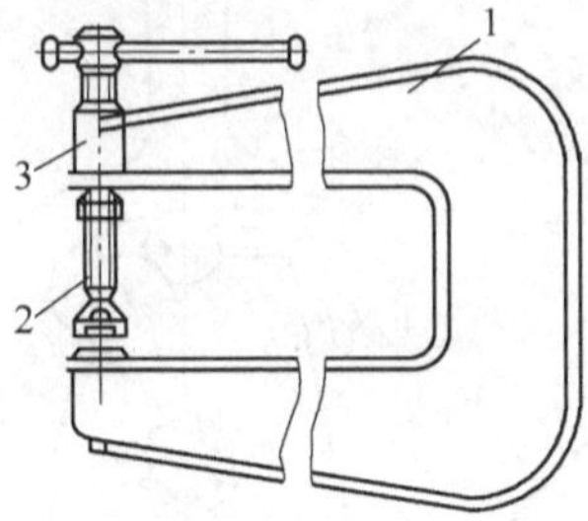

图 7-11 螺旋夹紧器

1—主体 2—螺杆 3—螺母

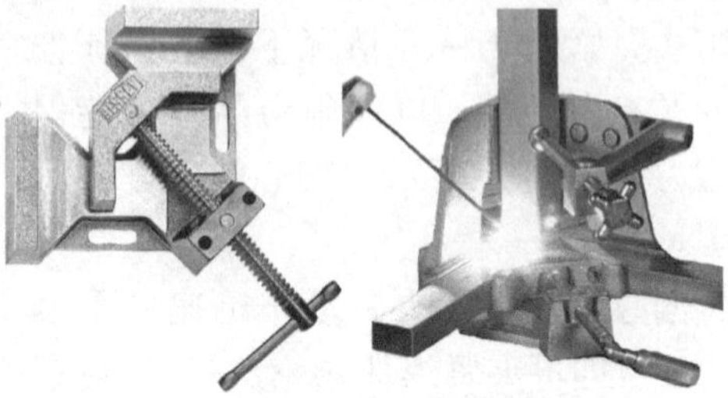

图 7-12 螺旋夹紧器应用实例

螺旋夹紧器的动作较慢（每转一圈前进一个螺距），辅助时间长，工作效率不高。图 7-13 所示为几种快速螺旋夹紧器的结构形式。图 7-13a 所示为旋转式螺旋夹紧器，其特点是夹紧机构的横臂可以转轴为中心进行旋转，便于快速装卸焊件。图 7-13b 所示为铰接式螺旋夹紧器，其特点是夹紧主体可以铰接点为中心旋转到夹具体下面，焊件可以顺利装卸，螺旋的行程可根据焊件的厚度和夹紧装置确定。图 7-13c 所示为快撤式螺旋夹紧器，螺母套筒 1 不直接固定在主体 4 上，而是通过其外圆的 L 形槽沿着主体上的定位销 3 来回移动，焊件装入后，推动手柄 2，使螺母套筒 1 连同螺栓 5 快速接近焊件；转动手柄使定位销 3 进入螺母套筒的圆周槽内，螺母不能轴向移动，再旋转螺栓便可夹紧焊件。卸下焊件时，只要稍松螺栓，再转动手柄使定位销进入螺母套筒外圆的直槽位置，便可快速撤回螺栓，取出焊件。螺旋夹紧器的螺母容易磨损，因此一般做得较厚，还可以设计成螺母套筒固定在主体上的形式。

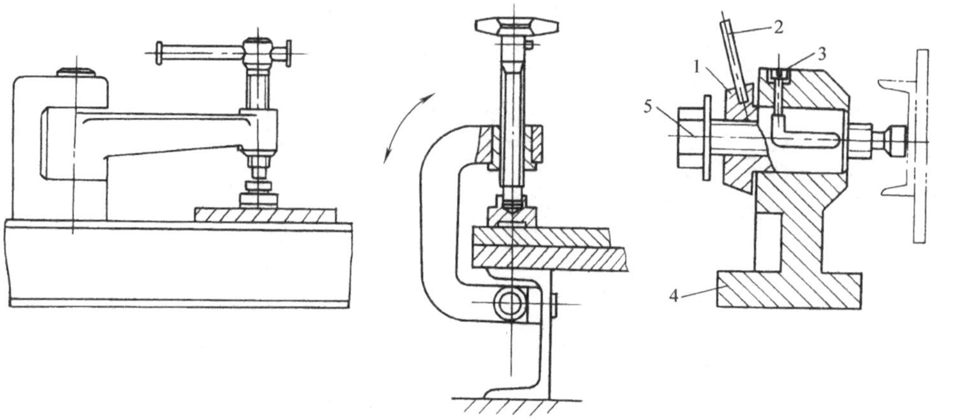

a) b) c)

图 7-13 快速夹紧的螺旋夹紧器

1—螺母套筒 2—手柄 3—定位销 4—主体 5—螺栓

（3）偏心轮夹紧器 偏心轮是指绕一个与自身几何中心相对偏移一定距离的回转中心旋转的零件。偏心轮旋转时，在某一方向上，回转中心与轮边缘的距离会发生变化，利用这一变化来夹紧和松开零件。其旋转一次手柄即可压紧工件，是快速作用式夹紧器。一般情况下，应保证偏心轮具有自锁性，以便施力结束后能保持压力。图 7-14 所示为偏心轮夹紧器示意图。

偏心轮夹紧器夹紧动作迅速（手柄转动一次即可夹紧焊件）、有一定的自锁性、结构简单，但行程较短。特别适用于尺寸偏差较小、夹紧力不大及很少出现振动情况下的批量生产。

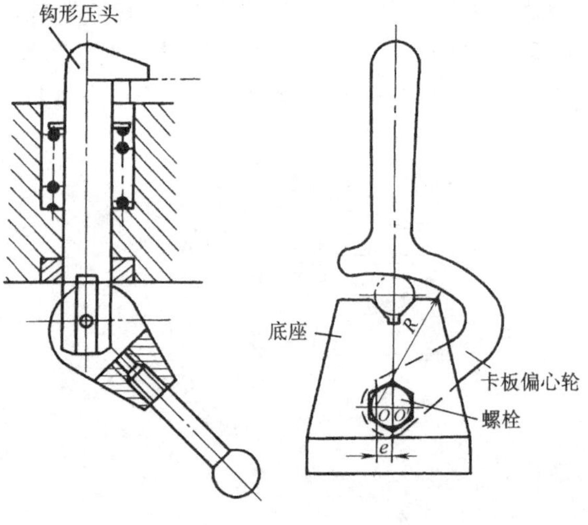

a) b)

图 7-14 偏心轮夹紧器

a）夹紧平面构件 b）夹持圆柱表面和管子

（4）杠杆夹紧器 杠杆夹紧器是利用杠杆的增力作用夹持或压紧焊件的。由于它制作简单、使用方便、通用性强，故在装配中应用较多。图 7-15 所示为典型的杠杆夹紧器。当向左推动手柄时，间隙 s 增大，焊件被松开；当向右推动手柄时，焊件被夹紧。杠杆夹紧器多与其他夹紧器联合使用。其特点是夹紧动作迅速，可起到增力的作用，适用于大批量生产。另外，应注意其调节机构及防滑锁紧装置的设计。

2. 气动、液动夹紧器

气动夹紧器以压缩空气为传力介质，推动气缸活塞与连杆动作，实现对焊件的夹紧作用。液压夹紧器是以液压油为传力介质，推动液压缸活塞与连杆产生动作实现夹紧的。

（1）气动夹紧器　气动夹紧器中气压传动用气体的工作压力一般为 0.4 ~ 0.6MPa。气动夹紧器具有夹紧动作迅速、夹紧力比较稳定、结构简单、操作方便、不污染环境及有利于实现程序控制等优点。

1）气动斜楔夹紧器。图 7-16 所示为气缸通过斜楔进一步增力后实现夹紧作用的机构，其增力比大，可自锁，但夹紧行程小，机械效率低，其夹紧力即为气缸推力。

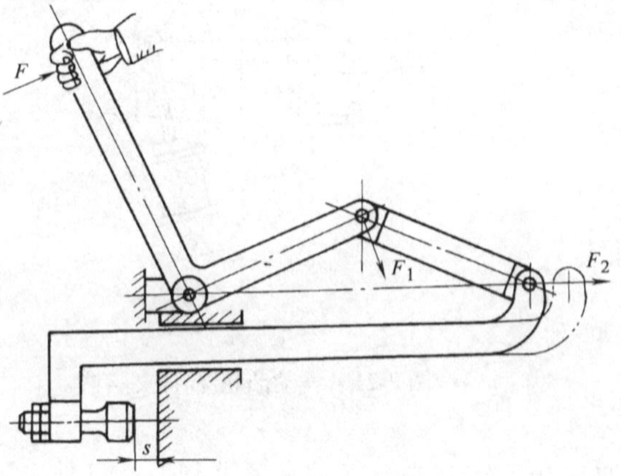

图 7-15　杠杆夹紧器

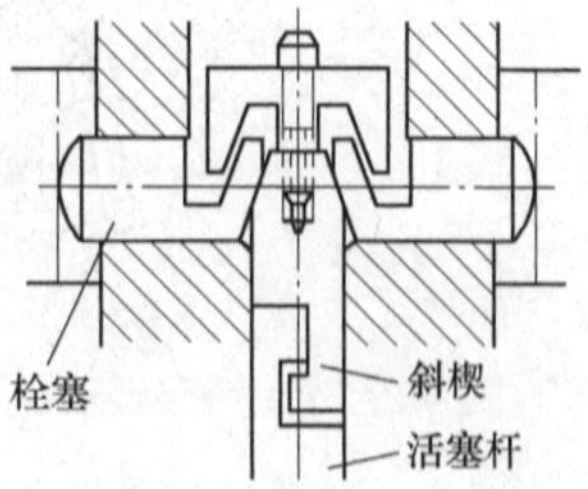

图 7-16　气动斜楔夹紧器

2）气动杠杆夹紧器。图 7-17 所示为气缸通过杠杆进一步增力或减力后实现夹紧作用的机构，其形式多样、适用范围广，在装焊生产线上应用较多。

3）气动斜楔-杠杆夹紧器。图 7-18 所示机构的气缸通过斜楔增力后，再经杠杆进一步增力或减力，实现夹紧作用。其结构形式多样、能自锁、省能源，在装焊作业中应用较广泛。

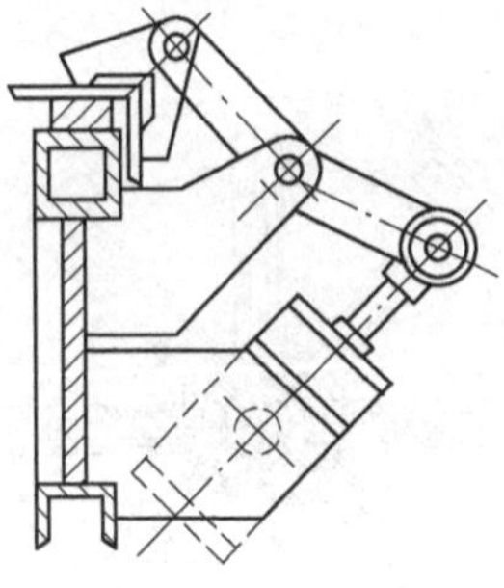

图 7-17　气动杠杆夹紧器

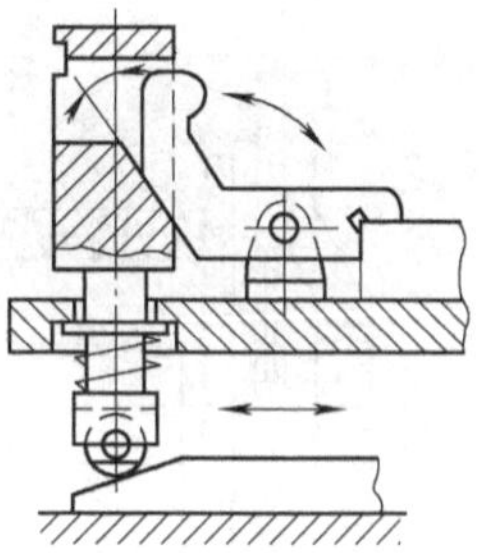

图 7-18　气动斜楔-杠杆夹紧器

4）气动铰链-杠杆夹紧器。图 7-19 所示机构的气缸首先通过铰链连接板的扩力，再经杠杆进一步增力或减力后，实现夹紧作用。其增力比大、机械效率高、夹头开度大，一般不具备自锁性能，多用于动作频繁、夹紧速度快、大批量生产的场合。

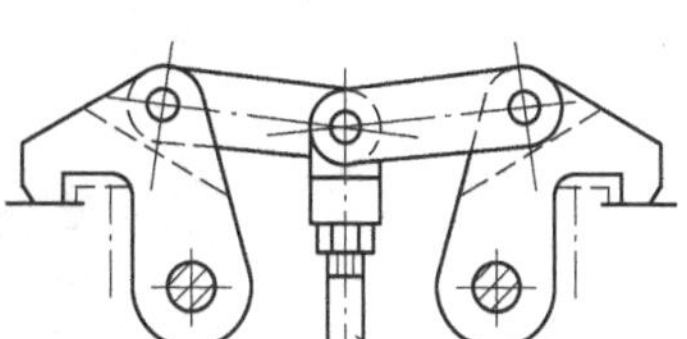

图 7-19　气动铰链-杠杆夹紧器

5）气动杠杆-铰链夹紧器。图 7-20 所示为通过杠杆与连接板的组合，将气缸力传递到焊件上实现夹紧的机构。其增力比大、有自锁性、机械效率较高、夹头开度大、形式多样，多用于动作频繁的大批量生产场合。

6）气动凸轮-杠杆夹紧器。图7-21所示机构是气缸压力经凸轮或偏心轮增力后，再经杠杆增力或减力来夹紧焊件。这种夹紧器有自锁性、增力比大，但夹头开度小、夹紧行程不大，因此在装焊作业中应用较少。

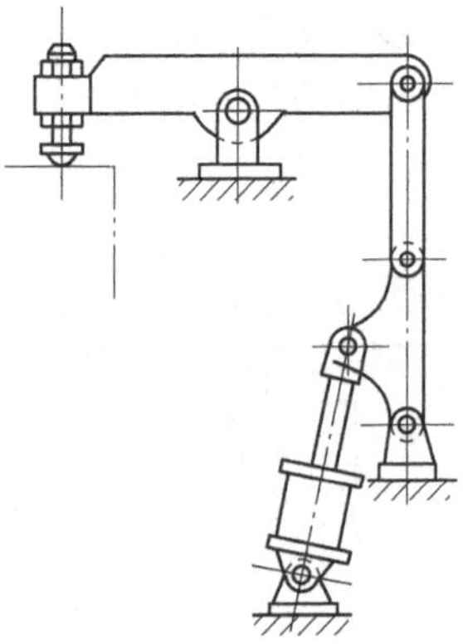

图7-20　气动杠杆-铰链夹紧器

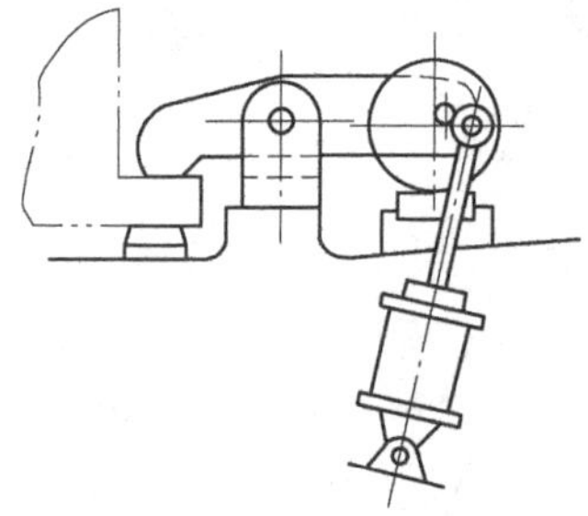

图7-21　气动凸轮-杠杆夹紧器

（2）液压夹紧器　液压夹紧器的工作原理和工作方式与气动夹紧器相似，只是采用高压液体代替了压缩空气。液压传动用液体的工作压力一般为3～8MPa，在输出力相同的情况下，液压缸的尺寸较小、惯性小、结构紧凑。由于液体有不可压缩性，故液动夹紧器的夹紧刚度较高且工作平稳，夹紧力大，有较好的抗过载能力。液压油有吸振能力，便于频繁换向。但液压系统结构复杂，制造精度要求高，成本较高，控制部分复杂，不适合远距离操纵。

图7-22所示为液压撑圆器，适用于厚壁筒体的对接、矫正及撑圆装配。

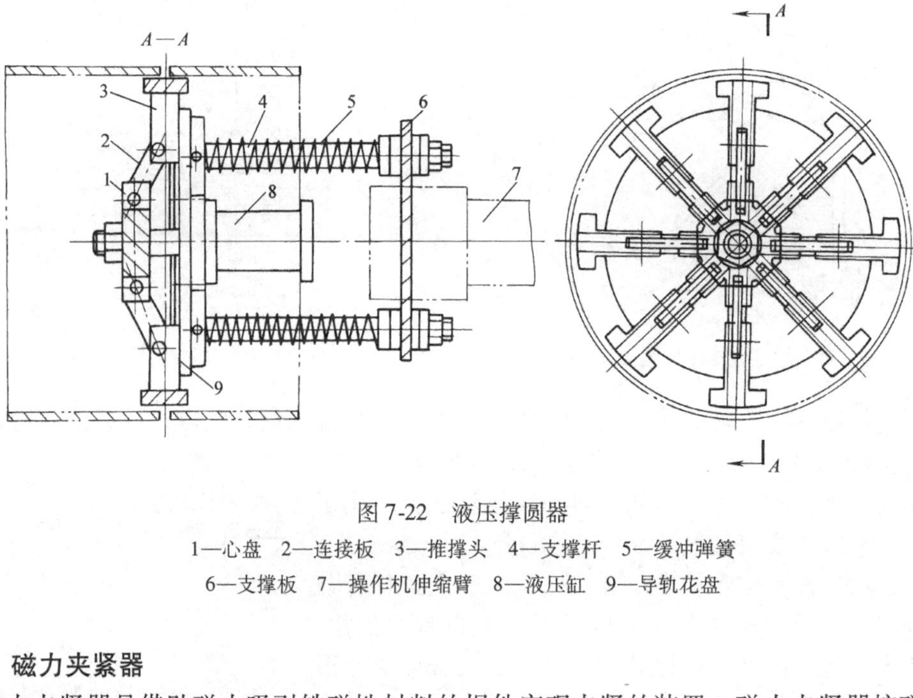

图7-22　液压撑圆器

1—心盘　2—连接板　3—推撑头　4—支撑杆　5—缓冲弹簧

6—支撑板　7—操作机伸缩臂　8—液压缸　9—导轨花盘

3. 磁力夹紧器

磁力夹紧器是借助磁力吸引铁磁性材料的焊件实现夹紧的装置。磁力夹紧器按磁力的来源，可分为永磁式和电磁式两种，应用较多的是电磁式磁力夹紧器；按工作性质，可分为固定式和移动式两种。磁力夹紧器操作简便，而且对工件表面质量没有影响，但其夹紧力通常不是很大。

图 7-23 所示为移动电磁夹紧器的几种应用形式。图 7-23a 所示为用两个电磁铁与螺旋夹紧器配合使用矫正变形的板料；图 7-23b 所示为利用电磁铁作为杠杆的支点，压紧角铁与焊件表面；图 7-23c 所示为依靠电磁铁对齐拼板的错边，并可代替定位焊；图 7-23d 所示为采用电磁铁做支点使板料接口对齐。

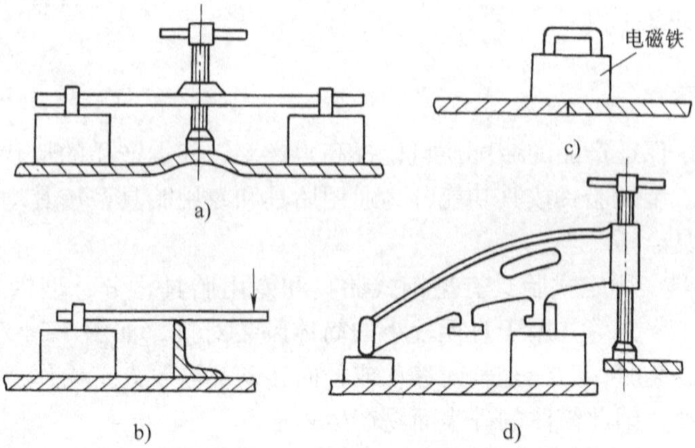

图 7-23　磁力夹紧器及其应用

4. 布置夹紧器时的注意事项

1）选用的夹紧器要简单可靠、便于操作、劳动量小。

2）夹紧动作快、生产率高。

3）对精度要求较高的工件，作用点应在工件中心线下方，不能影响工艺顺序及操作。

4）对同一胎夹具，夹紧器元件的类型越少越好。

5）带有手柄的夹紧器，其手柄的运动方式应是从上往下朝自己，从右往左用力。

第三节　装配用设备

装配用设备有平台、转胎、专用胎架及吊装设备等。

一、装配平台

装配平台的主要类型及其特点如下：

（1）铸铁平台　它是由许多块铸铁组成的，其结构坚固，工作表面经过机械加工，平面度比较高，面上具有许多孔洞，便于安装夹具。铸铁平台常用于装配及进行钢板和型钢的热弯。

（2）钢结构平台　这种平台是由型钢和厚钢板焊制而成的。它的上表面一般不经过切削加工，所以平面度较差。常用于制作大型焊接结构或桁架结构。

（3）导轨平台　这种平台是由安装在水泥基础上的许多导轨组成的。每条导轨的上表面都经过切削加工，并有紧固工件用的螺栓沟槽。这种平台主要用于制作大型结构件。

（4）水泥平台　它是由水泥浇注而成的一种简易且适用于大面积工件的平台。浇注前在一定的部位预埋拉桩、拉环，以便装配时用来固定工件。在水泥中还放置交叉形扁钢，扁钢面与水泥面平齐，作为导电板或用于固定工件。这种水泥平台既可以用于拼接钢板、框架和构件，又可以用于安装胎架，进行较大部件的装配。

（5）电磁平台　它是由平台（型钢或钢板焊成）和电磁铁组成的。电磁铁能将型钢吸紧固定在平台上，焊接时可以减少变形。充气软管和焊剂的作用是组成焊剂垫，用于埋弧焊，可防止漏渣和铁液下淌。

二、装配胎具

装配胎具是为了保证产品的装配质量，提高生产率，根据产品的形状和零件装配的位置要求而设计的工装。装配胎具按其功能分为通用胎具和专用胎具，按其动作方式又分为固定式胎具和旋转式胎具。

（1）固定式胎具　固定式胎具有型钢式胎具和专用胎具之分，型钢式胎具常用的形式有槽钢、轨道钢、工字钢等，用于直径较小的筒体卧装对接，如图 7-24 和图 7-25 所示。筒体在型钢式胎具上卧装时，无论是轴向移动或径向转动都需要人工操作，劳动强度较大。由于轴向移动属于滑动，因此筒体的外表面易产生划痕。

图 7-24　用槽钢卧装对接筒体

图 7-25　用工字钢卧装对接筒体

较大型压力容器封头的组装采用专用胎具，如图 7-26 所示。专用胎具的模板构成支承工作面，通过放样得出实际形状，然后加工而成，它只适用于一种形状、尺寸工件的装配。较为复杂的结构（如船舶分段），其装配胎具的结构也较复杂，胎具的制作往往要消耗较多的工时和材料。

（2）旋转式胎具　旋转式胎具有垂直旋转式胎具和水平旋转式胎具两种。对于分瓣下料的大型压力容器封头的组装，通常采用垂直旋转式胎具，这种胎具一般采用现场制作，由钢板和加强肋组成，如图 7-27 所示。

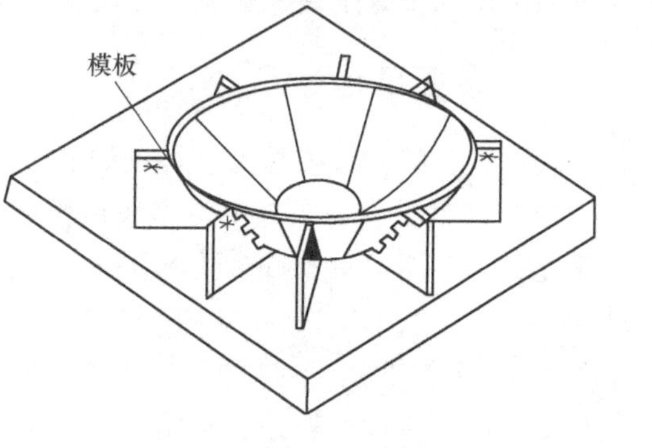

图 7-26　固定式封头专用胎具

水平旋转式胎具有滚轮式胎具、辊筒式胎具和筒体卧装对接机。在对筒体进行卧装时，可以采用滚轮式胎具和辊筒式胎具，如图7-28和图7-29所示。使用以上胎具可以减轻对接筒体径向滚动时的劳动强度，且没有划痕；但是在轴向移动时，筒体的外表面仍易产生划痕。

图7-27　多瓣椭圆形封头装配施焊图

图7-28　滚轮架组装

筒体卧装对接机如图7-30所示，其结构原理为：电动机经减速器减速后，通过刚性联轴器与二次减速器的输入轴连接，再通过套筒联轴器、轴与另一减速器的输入轴连接。两台减速器的输出轴用十字轴式万向联轴器分别与辊筒连接，同一轴向的辊筒与辊筒之间仍然采用十字轴式万向联轴器连接。采用筒体卧装对接机进行套筒卧装对接，不仅减轻了劳动强度，而且可一次性对接较长的筒体。

图7-29　辊筒组装

图7-30　筒体卧装对接机

三、吊装设备

在焊接结构生产中，各种板材、型材及焊接构件在各工位之间时常要往返吊运，有时还要按照工艺要求进行焊件的翻转、就位、分散或集中等作业，生产准备中的吊装工作量很大。吊装过程中若采用与工件截面形状相对应的吊具，对提高输送效率、节省工时、减轻捆挂作业强度及保证安全生产都起着重要作用。

装焊吊具按其作用原理不同，可分为机械吊具、磁力吊具和真空吊具三类。

（1）机械吊具　图7-31所示是一种主要用于板材水平吊装的吊具。吊具成对使用，按照不同的规格，每对吊具的起重量为1000～8000kg，整体吊具由吊爪、压板、销轴及吊耳等组成。使用时，若将4个吊具通过链条两两并排安装在纵向起吊梁上，则既可用于较长、较薄板材的吊装，又可用于筒节、箱体等结构件的吊装。

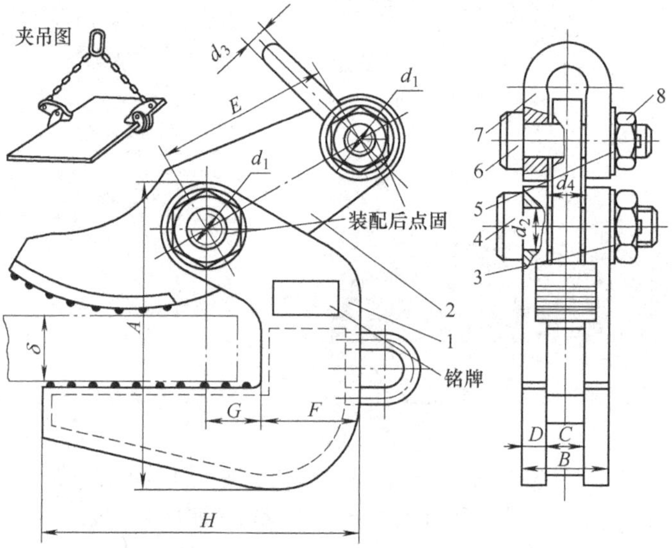

图7-31　板材水平吊具

1—吊爪　2—压板　3、5—垫圈　4、6—销轴　7—吊耳　8—螺母

（2）磁力吊具　磁力吊具有永磁式、电磁式及永磁-电磁式吊具三类。图7-32所示为一种永磁-电磁式吊具的结构形式，在吊具与焊件接触的初期，给电磁铁通电并使电磁铁的极性与永久磁铁的极性相同，以增加吸附力，使焊件牢牢地吸附在吊具上，然后关断电流，转为仅依靠永久磁铁吸附焊件。当需要卸料时，反向给电磁铁通入电流，使其极性与永久磁铁的极性相反，抵消永久磁铁的磁力，以达到迅速卸料的目的。

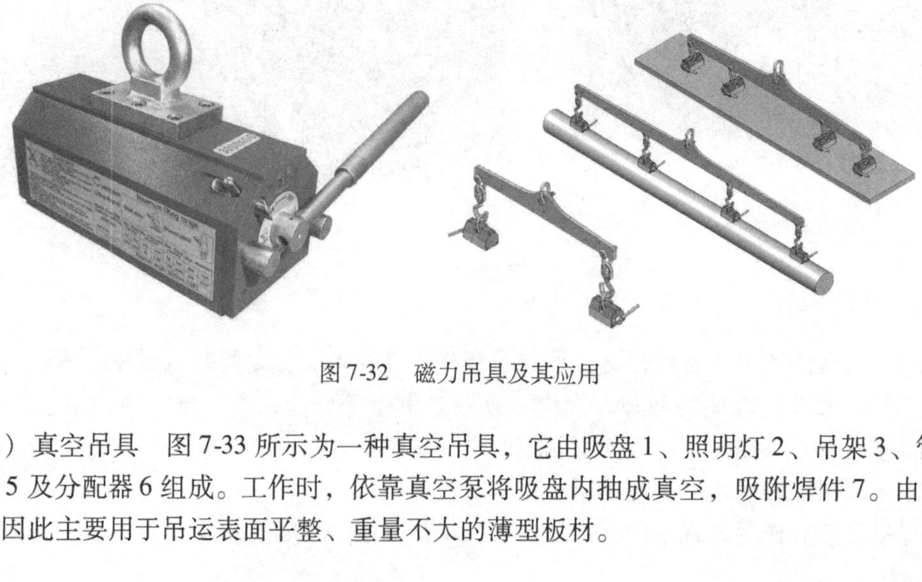

图7-32　磁力吊具及其应用

（3）真空吊具　图7-33所示为一种真空吊具，它由吸盘1、照明灯2、吊架3、管路4、换向阀5及分配器6组成。工作时，依靠真空泵将吸盘内抽成真空，吸附焊件7。由于吸力有限，因此主要用于吊运表面平整、重量不大的薄型板材。

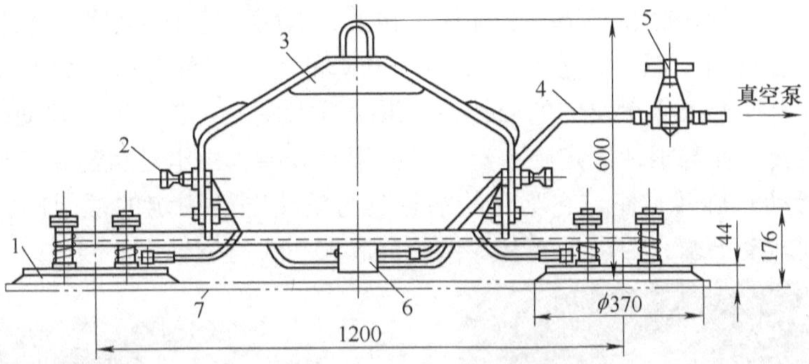

图 7-33　真空吊具

1—吸盘　2—照明灯　3—吊架　4—管路　5—换向阀　6—分配器　7—焊件

第四节　焊接变位机械

焊接变位机械的主要作用是改变焊件、焊机、焊接工人的操作位置，以达到和保持最佳的施焊条件，同时有利于实现机械化和自动化焊接生产。各种焊接变位机械既可单独使用，又可相互配套使用。

一、焊件变位机械

焊件变位机械有焊接回转台、焊接翻转机、焊接滚轮架及焊接变位机等，其作用是支承焊件并使焊件回转和倾斜，使焊缝处于水平或船形等易于施焊的位置。

1. 焊接回转台

焊接回转台是将焊件绕垂直轴或倾斜轴回转的焊件变位机械，如图 7-34 所示。其工作台一般处于水平或某一固定倾角。回转台多采用直流电动机驱动，工作台能保证以焊接速度回转，且速度均匀可调。主要用于回转体焊件的焊接、堆焊与切割。

图 7-34　焊接回转台

2. 焊接翻转机

焊接翻转机是使焊件绕水平轴转动或使之处于倾斜位置的焊件变位机械。焊接生产中，将沉重的焊件翻转到最佳施焊位置是比较困难的，使用车间现有的起重设备不仅费时，增加劳动强度，还有可能出现意外事故。采用焊接翻转机可以提高生产率，改善焊接结构的焊接质量。

（1）头尾架式翻转机　头尾架式翻转机是由主动的头架和从动的尾架组成的，主要用于轴类及筒形和椭圆形焊件环形焊缝的焊接以及表面堆焊时的旋转变位。图 7-35 所示是一种典型的头尾架式翻转机，头架为固定式安装驱动机构，在头架的驱动轴上装有工作台、卡盘或专用夹紧器，可以翻转或按焊接速度转动，并能调整位置和实现自锁。尾架台车可以在轨道上移动，驱动轴可以伸缩，便于调节卡盘与焊件间的位置。头尾架式翻转机的不足之处是焊件由两端支承，翻转时在头架端要施加扭转力，因而不适用于刚性小、易弯曲的焊件。

（2）框架式翻转机　图 7-36 所示为一台可升降的框架式翻转机。焊件装夹在回转框架上，框架两端安有两个插入滑块中的回转轴。滑块可沿左、右支柱上下移动，由电动机、减速器带动丝杠旋转，使与滑块固定在一起的丝杠螺母升降。由电动机经减速器带动光杠上的蜗杆（可上下滑动）旋转，使与它啮合的蜗轮及与蜗轮刚性固定的框架旋转，实现焊件的翻转。为了达到转动平衡，要求框架和焊件的合成重心线与枢轴中心线重合。

图 7-35　头尾架式翻转机

图 7-36　框架式翻转机

（3）转环式翻转机　将焊件夹紧固定在由两个半圆组成的支承环内，并安装在支承滚轮上，依靠摩擦力或齿轮传动方式翻转的机构称为转环式翻转机，如图 7-37 所示。它具有水平和垂直两套夹紧装置，可用于夹紧和调整焊件位置。采用销钉定位使两半圆环对中，并用锁紧装置锁紧。支承滚轮安放在支承环外面的滚轮槽内，滚轮轴两侧装有两根支承杆。电动机经减速后带动支承环上的针轮传动系统，使支承环旋转。

（4）链条式翻转机　链条式翻转机主要用于经装配定位焊后自身刚性很好的梁柱等焊件的翻转变位，其结构形式如图 7-38 所示。工作时，主动链轮带动链条上的焊件翻转变位，从动链轮上装有制动器，以防止焊件因自重而产生滑动。无齿链轮用以拉紧链条，防止焊件下沉。链条式翻转机的结构简单、焊件装卸迅速，但使用时应注意因翻转速度不均而产生的冲击作用。

图 7-37　转环式翻转机

图 7-38　链条式翻转机

（5）液压双面推拉式翻转机　图7-39所示为液压双面推拉式翻转机结构，主要应用于小车架、基座等非长形板结构、桁架结构的倾斜变位。工作台1可向两面倾斜90°，并可停留在任意位置。

液压双面推拉式翻转机的结构及工作特点是：在台车底座3的中央设置翻转液压缸2，其上端与工作台1铰接，操作时，先由四个辅助液压缸（图中未画出）带动四个推拉式销轴4动作，两个拉出，两个送进；然后向翻转液压缸供油，推动工作台绕销轴转动倾斜。使用时，为防止焊件倾倒，焊件应紧固在工作台面上。

3. 焊接滚轮架

焊接滚轮架是借助主动滚轮与焊件之间的摩擦力带动筒形焊件旋转的焊件变位机械，主要用于筒形焊件的装配与焊接。根据产品需要，适当调整主、从动轮的高度，还可进行锥体、分段不等径回转体的装配与焊接。焊接滚轮架按结构形式不同分为以下几种类型：

（1）长轴式滚轮架　长轴式滚轮架的结构形式如图7-40所示，驱动装置布置在一侧，与一排长轴滚轮相连，另一排长轴滚轮从动。为适应不同直径筒体的焊接，从动轮与主动轮之间的距离可以调节。由于支承的滚轮较多，因此适用于长度大的薄壁筒体，而且筒体在回转时不易打滑，能方便、准确地将两筒节进行对装。

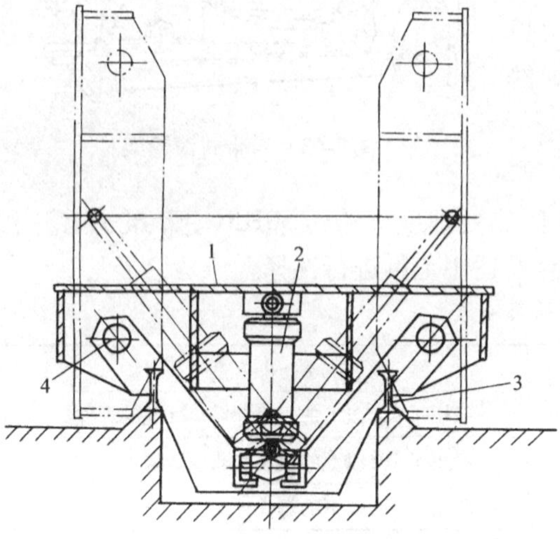

图7-39　液压双面推拉式翻转机
1—工作台　2—翻转液压缸
3—台车底座　4—推拉式销轴

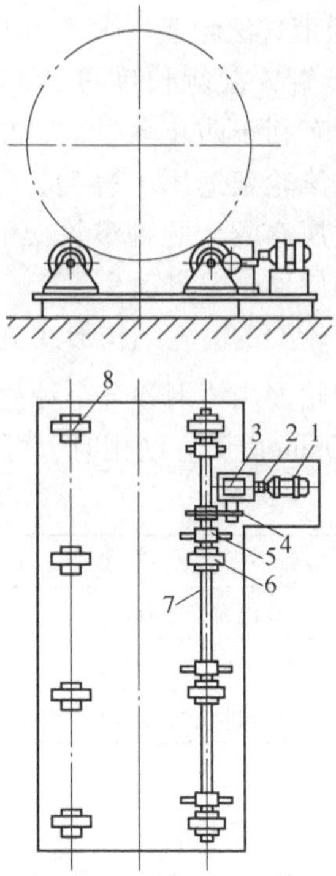

图7-40　长轴式滚轮架
1—电动机　2—联轴器　3—减速器
4—齿轮对　5—轴承　6—主动齿轮
7—公共轴　8—从动滚轮

（2）组合式滚轮架　图7-41所示为一种由电动机传动的主动滚轮组架与一个从动滚轮组架配合应用的组合式滚轮架结构。每组滚轮都相对独立地安装在各自的底座上，且每组滚轮的轮距是可调的，以适应不同直径筒体的焊接。生产中，所选用滚轮组架的多少可根据焊件的质量和长度确定，焊件上的孔洞和凸起部位可通过调整滚轮位置避开。这种滚轮架使用方便灵活，对焊件的适应性强，是目前焊接生产中应用最广泛的一种结构形式。

图 7-42 所示为自调式滚轮架，它也属于组合式滚轮架的一种。其主要特点是可根据筒体的直径自动调节滚轮的中心距，适于在一个工作地点装配和焊接不同直径的筒体。

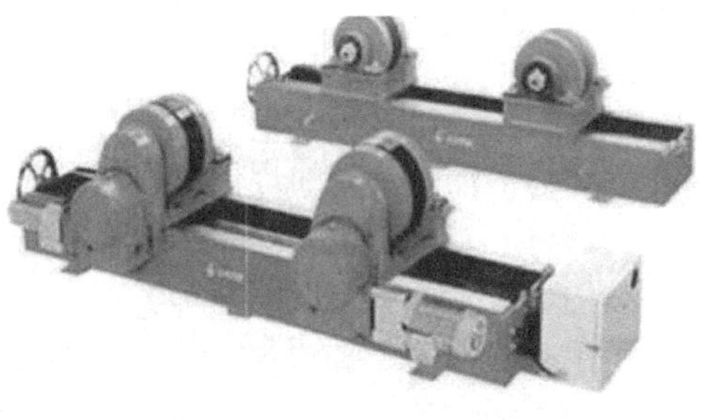

图 7-41　组合式滚轮架

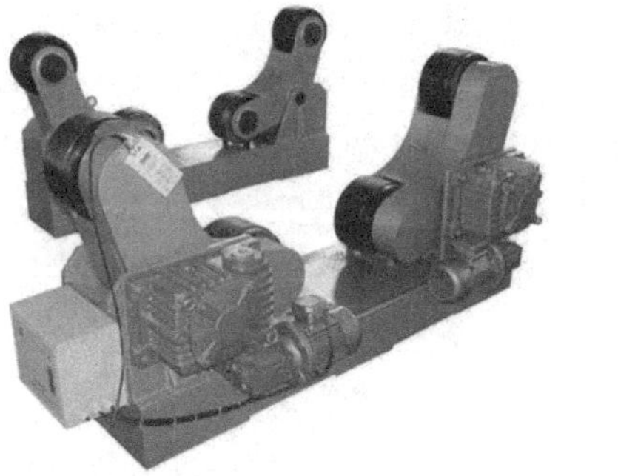

图 7-42　自调式滚轮架

（3）履带式滚轮架　图 7-43 所示为履带式滚轮架的结构形式。工作时，大面积的履带与焊件相接触，接触长度可达到焊件圆周长度的 1/6 ~ 1/3，有利于防止薄壁焊件的变形，且传动平稳。履带式滚轮架适用于轻型、薄壁、大直径的焊件及非铁金属容器。此种滚轮架的不足之处是焊件容易产生螺旋形轴向窜动。

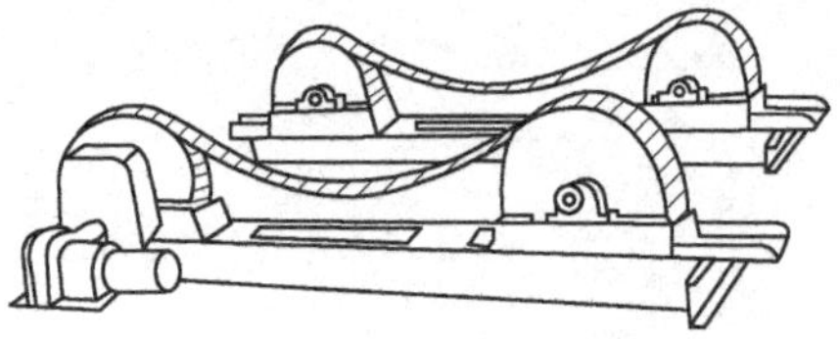

图 7-43　履带式滚轮架

焊接滚轮架的滚轮结构形式见表 7-2。其中，金属材料的滚轮多用铸钢和合金球墨铸铁制作，表面热处理硬度约为 50HRC，滚轮直径一般在 200 ~ 700mm 之间。使用时，可根据滚轮的特点及适用范围进行选择。

表 7-2　滚轮结构及特点

形　式	特　点	适用范围
钢轮	承受能力强，制造简单	一般用于 60t 以上的焊件和需热处理的焊件
胶轮	钢轮外包橡胶，摩擦力大，传动平稳，橡胶易压坏	一般用于 10t 以下的钢制和非铁金属容器
组合轮	钢轮与胶轮相结合，承载能力比胶轮高，传动平稳	一般用于 10t 以下的焊件

4. 焊接变位机

焊接变位机是集翻转（或倾斜）和回转功能于一身的变位机械。翻转和回转分别由两根轴驱动，夹持焊件的工作台除能绕自身轴线回转外，还能绕另一根轴倾斜或翻转。因此，可将焊件上各种位置的焊缝调整到水平或“船形”等易于施焊的位置。

（1）伸臂式焊接变位机　伸臂式焊接变位机的结构如图 7-44 所示。其工作特点是带有 T 形沟槽的回转台由电动机和回转机构带动回转；旋转伸臂通过电动机、带传动机构及伸臂旋转减速器传递旋转运动。伸臂旋转时，其空间轨迹为圆锥面，因此，在改变焊件倾斜位置的同时将伴随着焊件的升高或下降，以满足获得最佳施焊位置的需求。这种变位机主要用于

1t 以下中小焊件的旋转变位。

（2）座式焊接变位机　图 7-45 所示为一种常见的座式焊接变位机的结构形式。回转工作台的回转轴与翻转轴相互垂直，工作台回转的传动装置由位于两侧的翻转轴支承，通过扇形齿轮传动装置使翻转轴能在 0°～140°的范围内恒速倾斜或翻转。此变位机主要用于 1～50t 焊件在焊接时的变位，对焊件生产的适应性较强，在焊接结构中应用广泛，最适合与焊接操作机或机器人配合使用。图 7-46 所示为座式焊接变位机操作示意图，图中的箭头表示焊嘴的位置和方向。

图 7-44　伸臂式焊接变位机

图 7-45　座式焊接变位机

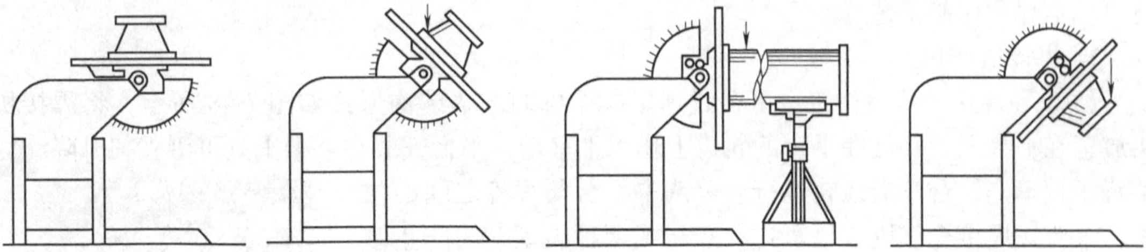

a)　b)　c)　d)

图 7-46　座式焊接变位机操作示意图

a）工作台水平　b）工作台倾斜 45°　c）工作台倾斜 90°　d）工作台倾斜 135°

（3）双座式焊接变位机　图 7-47 所示为双座式焊接变位机。其结构特点是工作台及回转装置安装在一个 U 形架上，U 形架两端装有翻转轴，由两个支座支承，通过传动装置实现翻转。由于工作台位于转轴中心线的下面，为了减小倾斜翻转时传动系统所受的阻力，在变位机右侧转轴上装有可调的平衡配重。使 U 形梁与焊件的合成重心与翻转轴线重合，可减小翻转时的偏心距，降低驱动功率，使工作平稳。焊件置于工作台可动部分上面，且用四个螺旋定位与夹紧装置固定。工作台以恒速或以焊接速度绕水平轴转动。双座式焊接变位机是为了获得较高的稳定性和较大的承载能力而设计制造的，特别适用于

图 7-47　双座式焊接变位机

大型和重型焊件的变位。

使用焊接变位机时的注意事项如下：

1）注意对变位机载荷能力的校核，防止超载运行而产生的各种不良后果。更换焊件时，尤其是严重偏心或重心较高的焊件，应该校核最大回转力矩和最大倾斜力矩。

2）注意调节工作台回转速度或倾斜速度，使之符合焊接速度的要求。回程（变位）时可适当提高转速，以便提高变位效率。

3）正确配接导电装置，电刷磨损后应及时更换。不能随意将焊接电缆搭在机架上，以防焊接电流通过轴承等传动副而破坏传动性能（可能引起打弧），损伤滚动体。

4）注意因变位机倾斜运动而引起的焊接位置（施焊高度）的变化。当焊件尺寸较大时，焊工可能难以适应各条焊缝的施焊高度。这时，可提供专用焊工升降平台或采用地坑来降低焊件的相对高度。

5）注意对倾斜角度的控制，必要时应在机体上增加机械限位装置。

二、焊机变位机械

焊机变位机械是将焊接机头准确送达并保持在待焊位置，或是以选定的焊接速度沿规定的轨迹移动焊接机头，配合完成焊接操作的焊接机头变位机械。与焊接变位机配合使用，可以焊接多种焊缝，如纵缝、环缝、对接焊缝、角焊缝及任意曲线的自动焊接焊缝，也可以进行自动堆焊和切割工艺。

1. 焊接操作机

（1）平台式焊接操作机　平台式焊接操作机的基本结构形式如图 7-48 所示，将焊接机头放置在平台上，并可在平台的轨道上作水平移动。平台安装在立架上且可沿立架升降，立架置于台车上，台车沿地轨运行，可调整平台与焊件之间的位置。平台式焊接操作机有单轨式和双轨式两种类型，为防止倾覆，单轨式须在车间的墙上或柱上设置另一轨道，双轨式则要在台车或支架上放置平衡配重，以增加操作机工作的稳定性。

图 7-48　单轨平台式操作机

平台焊接操作机主要用于筒形容器外纵缝和外环缝的焊接。焊接外纵缝时，焊件放在滚轮架上，焊机在平台上沿专用轨道以焊接速度移动完成焊接。焊接外环缝时，焊机固定，焊件在滚轮架上回转完成焊接。一般平台上还设置起重电葫芦，目的是吊装焊丝、焊剂等重物，从而保证生产的连续性。

（2）悬臂式焊接操作机　图 7-49 所示为悬臂式焊接操作机的一种结构形式，焊接机头安装在悬臂的一端，并可沿悬臂移动，同时可绕立柱回转和沿立柱升降。焊机可随悬臂沿地轨作纵向移动。当它与焊件翻转装置配合使用时，可以焊接不同直径容器的纵、环焊缝。

（3）伸缩臂式焊接操作机　伸缩臂式焊接操作机是在悬臂式焊接操作机的基础上发展起来的，其结构基本相同，如图 7-50 所示。伸缩臂式焊接操作机的工作特点如下：

1）具有台车行走、立柱回转、伸缩臂伸缩与升降 4 个运动。作业范围大，机动性强。

2）操作机的伸缩臂能以焊接速度运行，与焊接变位机、滚轮架配合使用，可以完成筒体、封头内外表面的焊接及螺纹形焊缝的焊接。

3）在伸缩臂的一端除安装焊接机头外，还可安装割炬、磨头、探头等工作机头，可完成切割、打磨和探伤等作业。

4）可以完成各种工位上内、外环缝和内、外纵缝的焊接任务。

5）各种运动平稳，无卡模现象，运动速度均匀。

图 7-49　悬臂式焊接操作机

图 7-50　伸缩臂式焊接操作机

2. 电渣焊立架

在焊接生产中，许多厚板材的拼接及厚板结构的焊接常采用电渣焊方法。采用电渣焊时，焊缝多处于立焊位置，焊接机头沿专用轨道自下而上运动。电渣焊立架是将电渣焊机头按焊接速度进行提升的装置，主要用于直缝电渣焊，也可与滚轮架配合完成环缝电渣焊。图 7-51 所示是专门焊接小直径筒节纵缝的电渣焊立架。供电渣焊机头爬行的导轨安装在由厚度为 20mm 的钢板及槽钢制成的底座 1 上，底座上有台车轨道，以便安置可移动的台车 2。台车上固定有可带动筒节回转的圆盘回转台 6，圆盘回转台上有三个调节筒节水平的螺栓，台车一端装有制动器 3。这套电渣焊立架装置可以完成壁厚 60mm、长 2500mm 筒节的纵缝焊接。

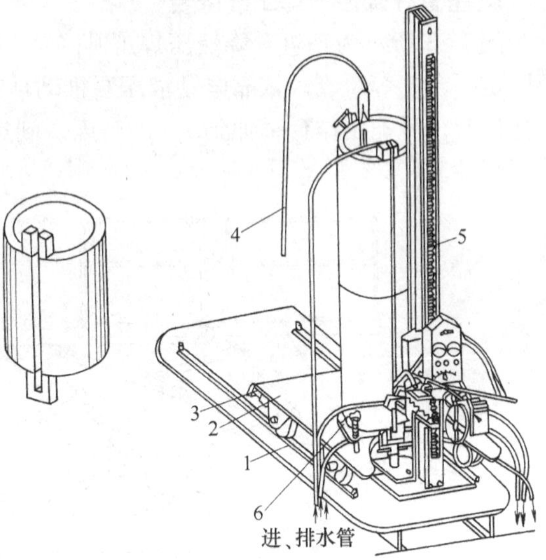

图 7-51　电渣焊立架

1—底座　2—台车　3—制动器　4—电缆线

5—齿条　6—圆盘回转台

三、焊工变位机械

焊工变位机械又称焊工升降台，这类装置的主要作用是在焊接高大结构或在工地上施工时，将焊工连同焊接或切割设备输送到作业位置。

1. 移动式液压焊工升降台

图 7-52 所示为移动式液压焊工升降台，其工作载荷为 1961.33N，工作台与地面之间的高度可在 1700～4000mm 的范围内调节，同时工作台的伸出位置也可以改变。使用时，将支承装

置1放下，使升降台不再移动，用手动液压泵2驱动工作台8升降到合适的高度即可工作。

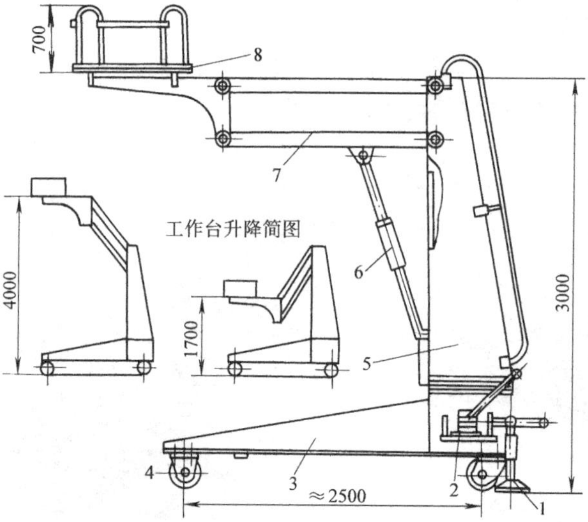

图7-52　移动式液压焊工升降台

1—支承装置　2—手动液压泵　3—底架组成　4—走轮
5—立架　6—柱塞液压泵　7—转臂　8—工作台

2. 垂直升降液压焊工升降台

图7-53所示为垂直升降液压焊工升降台，它由底架6、液压缸5、铰接杆4、活动平台2及固定平台3等组成。依靠电动液压泵推动顶升液压缸5，使其获得平稳的升降，液压缸全部伸出时，可把工作台举伸到7m的高度。到达所需高度后，工作台可水平移出，便于工人接近焊件。

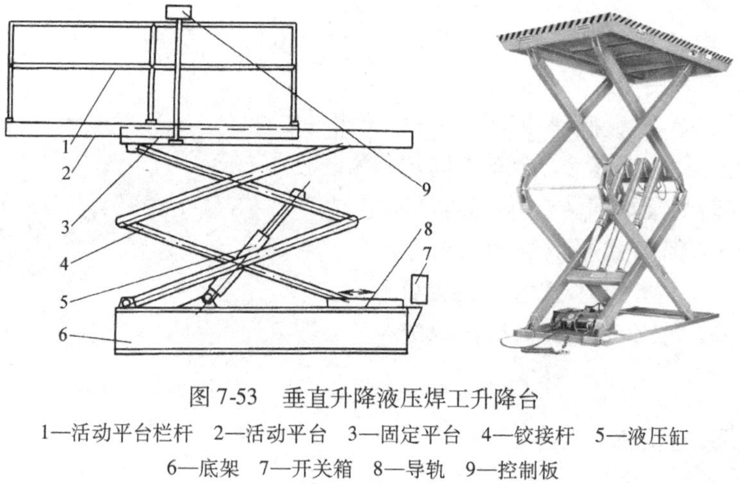

图7-53　垂直升降液压焊工升降台

1—活动平台栏杆　2—活动平台　3—固定平台　4—铰接杆　5—液压缸
6—底架　7—开关箱　8—导轨　9—控制板

四、焊接机器人

焊接机器人又称机器人焊接加工系统，是20世纪60年代后期在国际上迅速发展起来的工业机器人技术的一个主要应用分支。目前，焊接机器人在焊接领域已应用到电阻焊、电弧焊、切割及热喷涂等方面，本节仅对焊接机器人作简单介绍。

1. 焊接机器人的组成

机器人是指可以反复编程的多功能操作机。图 7-54 所示为通用焊接机器人的一般组成，它由焊接操作机、控制系统和焊机三部分组成。

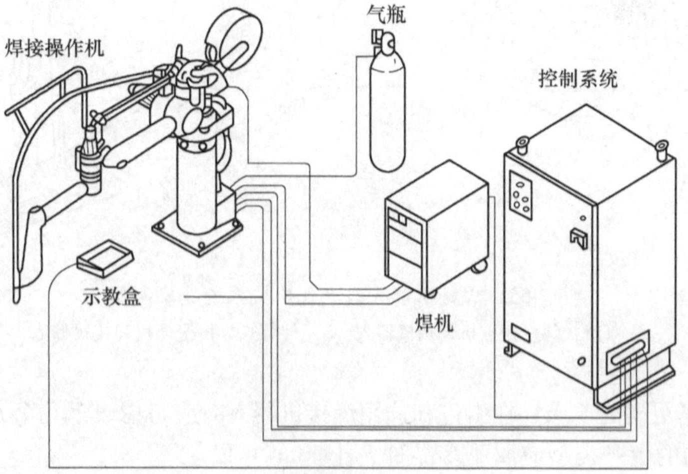

图 7-54　通用焊接机器人的一般组成

焊接操作机就是通常所指的机器人，其功能是完成焊件的焊接。焊接操作机具有 4～6 个自由度，可以完成各种复杂的动作，为其安装上焊炬即可进行焊接。控制系统完成焊接机器人各部分的控制工作，如控制操作机各关节的回转、提供焊接电源等，使其协调运行。控制系统还能完成示教-再现控制，即通过手工操作机器人，并将机器人的运动轨迹数据自动存储在机器人的记忆装置中，然后将数据读出，指挥机器人按原路径运行。控制部分还能实现一些智能功能，如能根据焊接变形自动调整运动的路径、根据操作者的声音进行操作等。焊机部分则提供焊接所需的电流、电压、送气、送丝等，也称为工艺保障部分。

2. 机器人的自由度

机器人的动作要按自由度进行分类。在机器人的操作机部分，其臂和腕是基本动作部分。任何一种机器人的臂部都有三个自由度，以保证臂的端部能够到达其工作范围内的任意一点。腕部的三个自由度是绕空间相互垂直的三个坐标轴（X、Y、Z）的回转动作，一般称其为滚转、俯仰和偏转运动。

机器人还可以与各种变位机械配合，构成多达 12 个自由度的自动焊接系统。整个系统由焊接机器人控制系统集中控制和编程，可以极大地提高焊接生产率。图 7-55 所示为几种典型机器人与焊接变位机的配置，图 7-55a 所示为双座式焊接变位机与机器人的配合；图 7-55b 所示为伸臂式焊接变位机与机器人的配合。

3. 机器人存在的问题

焊接机器人并非十全十美，其主要问题之一是焊接电弧不能自动跟踪焊缝的实际位置，只能按示教轨迹运动。即当焊件有安装误差或加工误差时，不能焊到正确的位置，而会出现焊偏的现象，其二是当焊缝装配间隙、坡口角度、钝边尺寸有波动时，不能自动调节焊接参数和焊接方式，从而不能保证焊缝的均匀成形。因此，焊接机器人的应用对零件加工、装配、焊接工

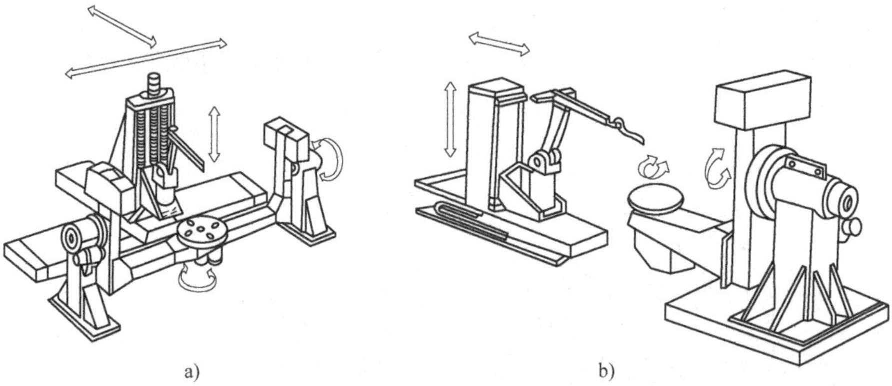

a)　　b)

图 7-55　焊接机器人自动化焊接系统典型配置

a）双座式焊接变位机焊接机器人　b）伸臂式焊接变位机焊接机器人

艺的制订等提出了更高的要求。在引进和选用焊接机器人时应考虑以下几个方面：

1）焊接结构的生产类型应属于多品种、小批量性质。

2）焊件的结构尺寸以中小型机器零件为主，且焊件的材质、厚度有利于采用定位焊或气体保护焊的焊接方法。

3）待焊坯料在尺寸精度和装配精度方面能满足机器人焊接的工艺要求。

4）与机器人配套使用的设备，如各类变位机械及输送机等，应能与机器人协调工作。

【综合训练】

一、填空

1. 装配-焊接夹具一般是由____________、____________和____________组成。

2. 焊接变位机、焊接操作机基本由____________、____________和____________三个基本部分组成，并通过机体把它们连接成整体。

3. 通常选择焊件上最大的表面作为____________；选择焊件上最长的表面作为____________；选择焊件上最短、最窄的表面作为____________。

4. 磁力夹具是借助磁力吸引____________材料的焊件实现夹紧的装置。按磁力的来源可分为____________和____________两种。

5. 磁力吊具分为____________、____________和____________三种。

6. 焊件变位机械有____________、____________、____________及____________等，其作用是支承焊件并能对其进行回转和使其倾斜，使焊缝处于____________、____________等易于施焊的位置。

7. 机器人是指可以反复编程的多功能操作机，由____________、____________和____________三部分组成。

二、简答

1. 焊接工装的作用有哪些？选用焊接工装的基本原则是什么？
2. 布置定位器时的注意事项有哪些？
3. 机械式夹紧器有哪些形式？各有何特点？
4. 焊接翻转机的形式有哪些？它们在焊接生产中有何应用？
5. 焊接滚轮架的结构形式有哪些？它们在生产中有何应用？
6. 焊接操作机的形式有哪些？它们在焊接生产中有何应用？

第八章　典型焊接结构的生产工艺

学习目标： 通过本章的学习，了解起重机桥架、压力容器、船舶结构等典型焊接产品的结构，熟悉其制造过程中的难点、技术关键；掌握这些典型结构的生产工艺，以便进一步巩固和运用前面所学的理论知识，提高分析和解决实际问题的能力。

第一节　桥式起重机桥架的生产工艺

起重机作为运输机械在国民生产各个部门的应用十分广泛，其结构形式多样，如桥式起重机、门式起重机、塔式起重机、汽车起重机等。其中，以桥式起重机的应用最广，其结构的制造技术具有典型性，掌握了它的制造技术，其他起重机结构的制造都可加以借鉴。

一、桥式起重机桥架的基本知识

1. 桥式起重机桥架的组成

桥式起重机的桥架结构如图 8-1 所示，它主要由主梁（或桁梁）、栏杆（或辅助桁架）、端梁、走台（或水平桁架）、轨道及操纵室等组成。桥架的外形尺寸取决于起重量、跨度、起升高度及主梁的结构形式。

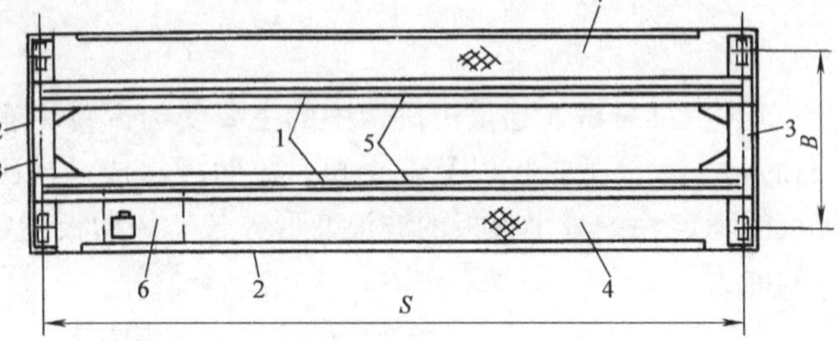

图 8-1　桥式起重机桥架

1—主梁　2—栏杆　3—端梁　4—走台　5—轨道　6—操纵室

桥式起重机桥架的常见结构形式如图 8-2 所示。

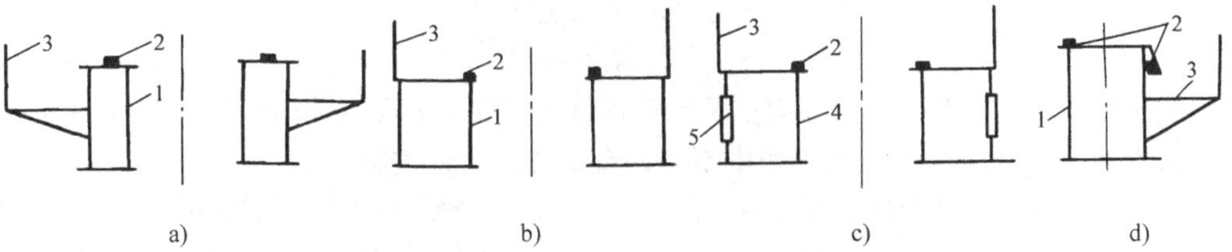

图 8-2　桥式起重机桥架的常见结构形式

1—箱形主梁　2—轨道　3—走台　4—工字形主梁　5—空腹梁

1）中轨箱形梁桥架。如图 8-2a 所示，该桥架由两根主梁和两根端梁组成。主梁外侧分别设有走台，轨道放在箱形梁的中心线上，小车载荷依靠主梁上的翼板和肋板来传递。该结构的工艺性好，主梁、端梁等部件可采用自动焊接，生产率高；但制造过程中主梁的变形量较大。

2）偏轨箱形梁桥架。如图 8-2b 所示，桥架由两根偏轨箱形梁和两根端梁组成。小车轨道安装在上翼板边缘主腹板处，载荷直接作用在主腹板上。主梁多为宽主梁形式，依靠加宽主梁来增加桥架的水平刚度，同时可省掉走台，主梁制造变形较小。

3）偏轨空腹箱形梁桥架。如图 8-2c 所示，该桥架与偏轨箱形梁桥架相似，只是副腹板上开有许多矩形孔洞，自重减轻，又能使梁内通风散热，为梁内放置运行机构和电气设备提供了有利条件，同时便于内部维修，但制造比偏轨箱形梁麻烦。

4）箱形单主梁桥架。如图 8-2d 所示，桥架由一根宽翼缘偏轨箱形主梁与端梁不在对称中心连接，以增强桥架的抗倾翻能力。小车偏跨在主梁一侧使主梁受偏心载荷，最大轮压作用在主腹板顶面轨道上，主梁上要设置 1 ~ 2 根支承小车反滚轮的轨道。该桥架制造成本低，主要用于起重量较大、跨度较大的门式起重机。

上述几种桥架形式中，以中轨箱形梁桥架最为典型，应用最为广泛，本节所涉及的内容均为该结构。

2. 主要部件的结构特点及技术标准

起重机钢结构的设计依照国家标准 GB/T 3811—2008《起重机设计规范》执行；起重机的生产制造按照 GB/T 14405—2011《通用桥式起重机》、JB/T 3695—2008《电动葫芦桥式起重机》、GB/T 14406—2011《通用门式起重机》执行。这里主要介绍通用桥式起重机的制造。

（1）主梁

1）主梁的结构特点。主梁是桥式起重机桥架中的主要受力部件，箱形主梁的结构如图 8-3 所示，它由左、右腹板，上、下翼板以及若干长、短肋板组成。当腹板较高时，还需加水平肋板，以提高腹板的稳定性，减小腹板的波浪变形；长、短肋板主要用于提高梁的稳定性及上翼板承受载荷的能力。

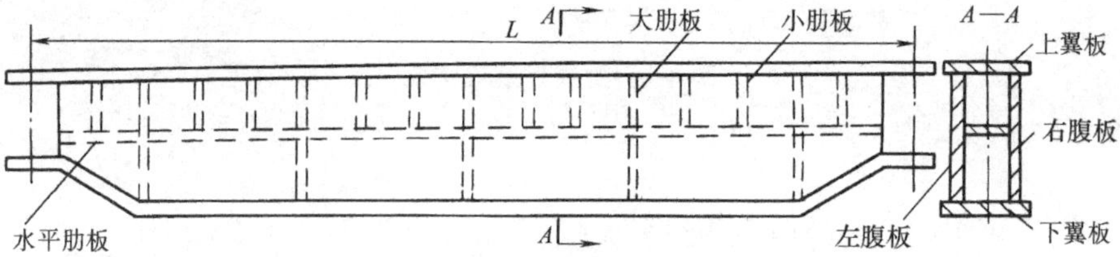

图 8-3 箱形主梁

2）主梁的技术标准。为保证起重机的使用性能，主梁在制造中应遵循一些主要技术要求，如图 8-4 所示。由于主梁在工作中不允许有下挠，所以主梁应满足一定的上挠要求，其上挠度 $f_k = (1/1000 \sim 1/700)L$（$L$ 为主梁的跨度）；为了补偿焊接走台时的变形，主梁向走台一侧应有一定的旁弯，$f_b = (1/2000 \sim 1/1500)L$；主梁腹板的波浪变形除对刚度、强度和稳定性有影响外，也影响表面质量，所以对波浪变形要加以限制，以测量长度 1m 计，受压区内波浪变形 $e < 1.2\delta_f$；主梁翼板和腹板的倾斜会使梁产生扭曲变形，从而影响小车的运行和

梁的承载能力，因此，一般要求上翼板的水平度 $c \leqslant B/250$，腹板的垂直度 $a \leqslant H/200$。另外，各肋板之间的距离公差应在 ±5mm 的范围内。

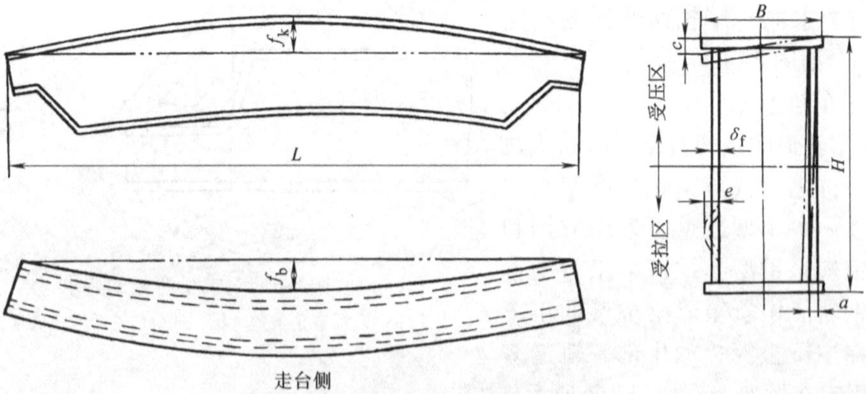

图 8-4　箱形主梁的主要技术要求

（2）端梁

1）端梁的结构特点。端梁是起重机桥架的组成部分之一，端梁的截面形式较多，通常采用两种截面形式，即箱形截面形式和槽形对接截面形式，如图 8-5 所示。

端梁与主梁的连接接头可分为焊接接头和法兰板接头两种形式。焊接接头是主梁端部的上、下翼板延伸出来与端梁的上、下翼板焊接固定，主梁的腹板通过连接板焊接在一起。这种端梁由中间分成两段，并用连接板或连接角钢通过螺栓连成整体，运输时拆成两段。法兰板连接接头形式是端梁的腹板上含有法兰连接板，并用高强螺栓与主梁端部法兰板连接，两法兰板的接合面要紧密接触，运输时可卸掉法兰板上的连接螺栓，主梁、端梁分为四根梁，故称为四梁结构。

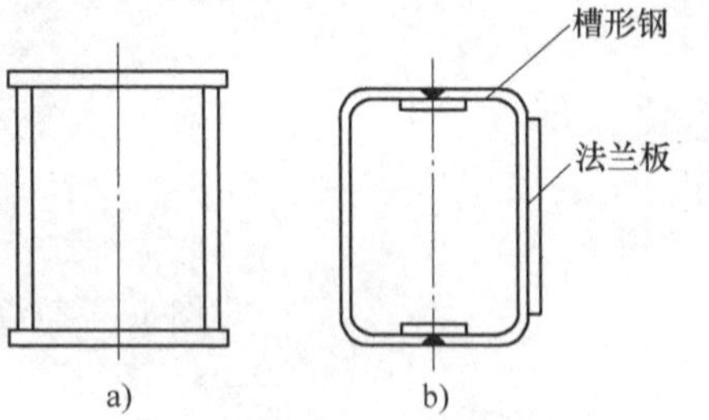

图 8-5　端梁的两种截面形式
a）端梁的箱形截面　b）端梁的槽形对接截面

桥式起重机的端梁同时又是行走梁，按车轮的安装形式，端梁分为两种：角形轴承箱式端梁和车轮嵌入式端梁。与角形轴承箱式端梁相适应，车轮、轴和轴承等零部件装在角形轴承箱中，然后用螺栓紧固在端梁的弯板上，厚钢板压制成 90°的弯板焊接在端梁的腹板上。对于车轮嵌入式端梁，在端梁的两端镗出轴承孔，将轴承连同车轮和轴直接安装到端梁的两端，端梁腹板上的两法兰板应控制在同一平面内。这种端梁与主梁的连接均采用法兰板连接方式。

2）端梁的技术标准。对端梁的主要技术要求是：翼板水平倾斜 $b \leqslant B/250$（B 为翼板宽度），腹板垂直偏斜 $h \leqslant H/250$（H 为腹板高度），同时对两端的弯板有特殊要求。端梁两端的弯板（图 8-6a）是用来安装角形轴承箱及走轮的，大车轮、轴和轴承等零部件装在角形轴承箱内，然后用螺栓紧固在端梁的弯板上，将弯板压制成 90°焊接在腹板上。角形轴承箱两直角面及止口板均经过机械加工，而弯板是非加工面。如弯板直角偏大，则安装角形轴承箱止口板与弯板的间隙大，需加垫片调整，这样既费事，又难以保证质量，因而通常要求弯板直角偏差折合为最外端间隙不大于1.5mm。同时，为保证桥架受力均匀和行走平稳，应控制同一端梁两端弯板的高度差不大于5mm，并且要求同一车轮两弯板的高度差g≤2mm，如图8-6b所示。

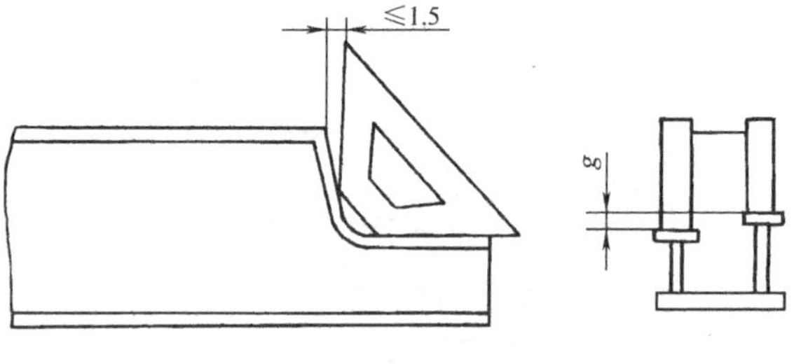

图8-6　对端梁弯板的要求

a）弯板直角偏差　b）同一车轮两弯板高度差

（3）小车轨道

1）小车轨道的结构特点。起重机轨道有四种：方钢、铁路钢轨、重型钢轨和特殊钢轨。中小型起重机采用方钢和轻型铁路钢轨；重型起重机采用重型钢轨和特殊钢轨。中轨箱形梁桥架的小车轨道安放在主梁上翼板的中部，轨道多采用压板固定在桥架上，如图8-7所示。

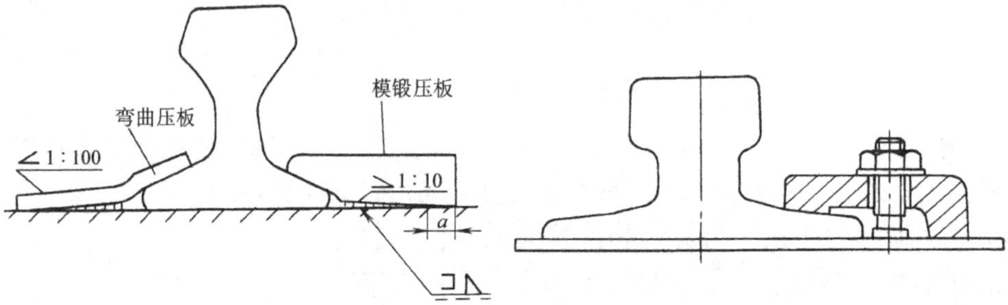

图8-7　轨道压板形式（a=10mm，无斜度）

a）焊接压板　b）螺栓压板

2）小车轨道的技术标准。为保证小车正常运行和桥架承载的需要，安装小车轨道时应满足以下要求：对于同一截面小车两轨道的高度差c有一定的限制，如图8-8所示。一般当轨距T≤2.5m时，c≤3；当轨距T>2.5m时，c≤5mm。同时，两轨道应相互平行，轨距偏差为±5mm。小车轨道的局部弯曲也有限制，一般在任意2m的范围内不大于1mm。

二、桥式起重机桥架主要部件的制造工艺

1. 主梁制造工艺要点

（1）板件的拼接　桥式起重机桥架的主梁长度一般为10～40m，腹板与上、下翼板要用多块钢板拼接而成。钢板的拼接分为纵向焊缝和横向焊缝的拼接，一般是先焊纵向焊缝，然后进行横向焊缝的拼接（对于一般小吨位的起重机，上、下翼板的宽度和腹板的高度如果不超过1.8m，则基本不存在纵向焊缝的拼接，而只有横焊缝的拼接）。主梁上、下翼板和腹板的焊缝都要求全熔透，根据国家标准要求对受拉区进行射线或超声波

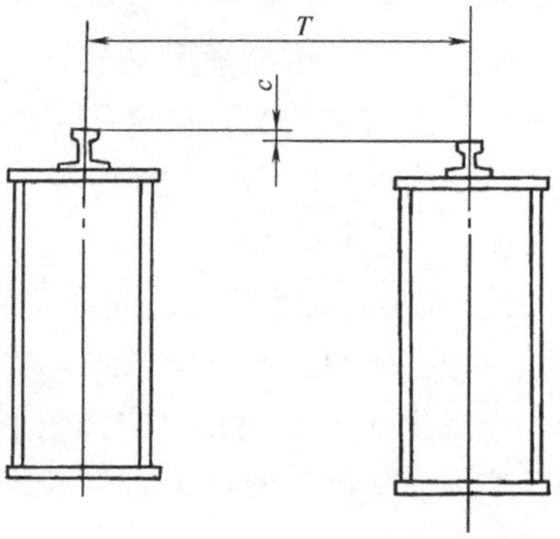

图8-8　同一截面小车两轨道高度差

检测，主梁受拉区翼板、腹板的对接焊缝质量应达到 GB/T 3323—2005《金属熔化焊焊接接头射线照相》中射线检测二级焊缝或者 JB/T 4730.2—2005《承压设备无损检测　第 2 部分：射线检测》中规定的超声检测一级焊缝。

为了保证梁的承载能力，板件的拼接还要考虑上下翼板、腹板、肋板之间焊缝的关系。上、下翼板和腹板对接焊缝的错开距离不得小于 200mm，所有大肋板的布置与腹板对接焊缝错开 200mm 以上。

因为拼接要求熔透，如果采用焊条电弧焊或气体保护焊，则当板厚 $\delta>6\text{mm}$ 时就要开坡口；对于埋弧焊，当板厚 $\delta>10\text{mm}$ 时就需要开坡口。具体参见 GB/T 985.1—2008《气焊、焊条电弧焊、气体保护焊和高能束焊的推荐坡口》和 GB/T 985.2—2008《埋弧焊的推荐坡口》的规定。焊接方法可以采用焊条电弧焊、气体保护焊和埋弧焊，可以采用双面焊或单面焊双面成形。对接焊缝的焊接应该按照工厂的工艺规程进行。目前，用于钢板的对接大多采用单面焊双面成形埋弧焊的方法。

（2）肋板的制造　肋板是一个长方形，长肋板中间一般开有减轻孔。短肋板用整料制成，长肋板也可用整料制成，但消耗材料多，为节省材料可用零料拼接。由于肋板尺寸影响到装配质量，要求其宽度差不能大，应在 1mm 以内；长度尺寸允许有稍大一些的误差。肋板的四个角应保证为 90°，尤其是肋板与上翼板接触处的两个角更应严格保证为直角，这样才能保证箱形梁在装配后腹板与上翼板垂直，并且使箱形梁在长度方向不会产生扭曲变形。

（3）腹板上挠度的预制　考虑主梁的自重和焊接变形的影响，为满足技术规定的主梁上挠要求，腹板应预制出数值大于技术要求的上挠度，具体可根据生产条件和所用的工艺程序等因素来确定，一般跨中上挠度的预制值 f_m 可取（1/450 ~ 1/350）L。目前，上挠曲线主要有二次抛物线、正弦曲线及四次函数曲线等，如图 8-9 所示。

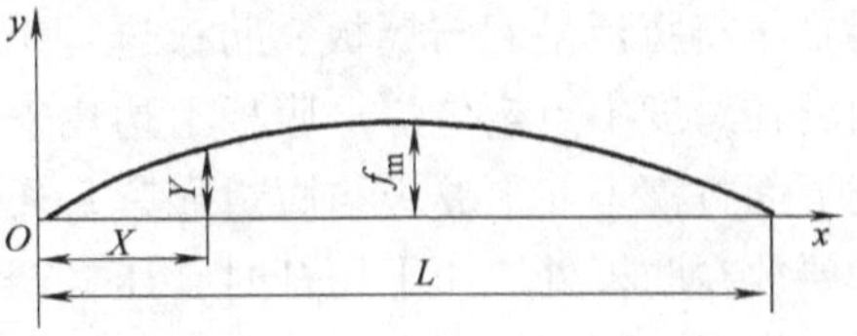

图 8-9　预制腹板上挠曲线

距主梁端部距离为任意值的一点的上挠度值如下：

1）二次抛物线上挠计算

$$Y=4f_mX(L-X)/L^2 \quad (8\text{-}1)$$

2）正弦曲线上挠计算

$$Y=f_mX\sin180°/L \quad (8\text{-}2)$$

3）四次函数曲线上挠计算

$$Y=16f_m[X(L-X)/L^2]^2 \quad (8\text{-}3)$$

国内起重机制造一般采用二次抛物线上挠计算法，此法与正弦曲线上挠计算法的共同问题是端头起挠太快。生产中，开始几点的上挠计算值必须加以修整，以减缓挠度。采用四次函数作上挠曲线，是取在移动载荷与自重载荷作用下梁下挠曲线的相反值，端头起挠较为平缓，故称为理想挠度曲线。

腹板上挠度的制备多采用先划线后气割的方法，切出相应的曲线形状，在专业生产时，也可采用靠模气割。图 8-10 所示为靠模气割示意图，气割小车 1 由电动机驱动，四个滚轮 4 沿小车轨道 3 作直线运动，运动速度为气割速度且可调节。小车上装有可作横向自由移动的横向导杆 7，导杆的一端装有靠模滚轮 6 并沿着靠模 5 移动。靠模制成与腹板上挠曲线形状相同的导轨。导杆上装有两个可调节的割嘴 2，割嘴间的距离应等于腹板的高度加割缝宽度。当小车沿轨道运动时，就能割出与靠模上挠曲线一致的腹板。

（4）箱形梁半成品的装配与焊接　箱形梁半成品是指由翼板、腹板和肋板组成的“п”形梁，分为平台组装和夹具组装两种方式。国外起重机公司基本采用夹具组装工艺，在我国则普遍采用平台组装工艺，平台组装又分为以上翼板为基准组装和以腹板为基准组装两种，本节主要介绍以上翼板为基准组装的方法。

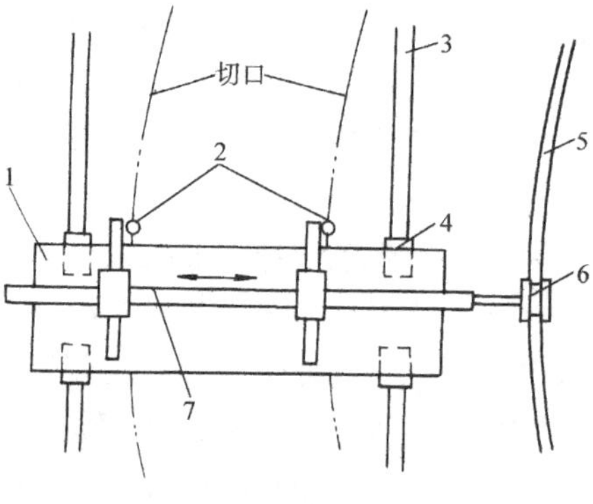

图 8-10　腹板靠模气割示意图

1—气割小车　2—割嘴　3—小车轨道　4—滚轮　5—靠模　6—靠模滚轮　7—横向导杆

1）肋板与上翼板的装焊。装配时，先在上翼板上以划线定位的方式装配肋板，用直角尺检验垂直度合格后进行定位焊，为减小梁的下挠变形，装好肋板后应进行肋板与上翼板焊缝的焊接。如翼板未预制旁弯，则焊接方向应为由内侧向外侧（图 8-11a），以满足一定旁弯的要求；如翼板预制有旁弯，则方向应如图 8-11b 所示，以控制变形。

2）腹板的装焊。组装腹板时，首先要求在上翼板和腹板上分别划出跨度中心线，然后用吊车将腹板吊起与翼板、肋板进行组装，使腹板的跨度中心线对准上翼板的跨度中心线，然后在跨度中点定位焊。腹板上边用安全卡 1（图 8-12）将其临时紧固到长肋板上，可在翼板下面打楔子使上翼板与腹板靠紧；通过平台孔安放沟槽限位板 3，斜放压杆 2，并注意压杆要放在肋板处。压下压杆时，压杆产生的水平力使下部腹板靠严肋板。为了使上部腹板与肋板靠紧，可用专用夹具式腹板装配胎夹紧。由跨中组装后，定位焊至腹板一端，然后用垫块垫好（图 8-13），再装配和定位焊另一端的腹板。

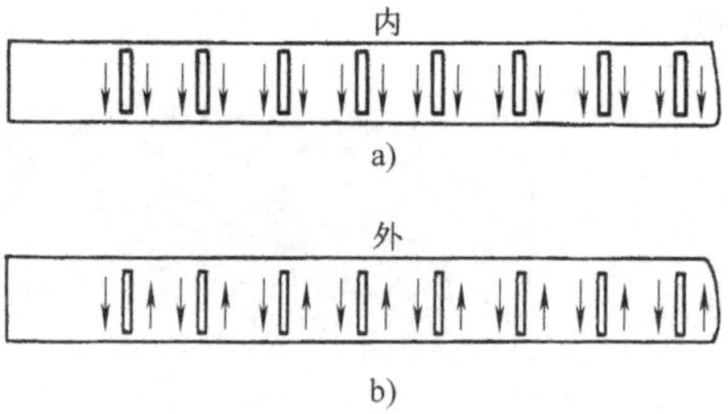

图 8-11　肋板焊接方向

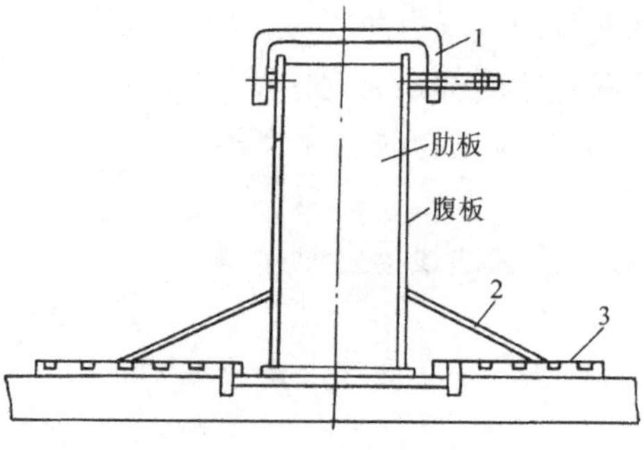

图 8-12　腹板夹卡图

1—安全卡　2—压杆　3—沟槽限位板

腹板装好后，即应进行肋板与腹板的焊接。焊前应检查变形情况以确定焊接次序。如旁弯过大，则应先焊外腹板焊缝；如旁弯不足，则应先焊内腹板焊缝隙。对“п”形梁内壁的所有焊缝，就国内生产而言，大多还是采用焊条电弧焊。较理想的是采用 CO_2 气体保护焊，它可以减小变形，提高生产率。为使“п”形梁的弯曲变形均匀，应沿梁的长度方向由偶数焊工对称施焊。

（5）下翼板的装配　下翼板的装配质量关系到主梁最后的成形质量。装配时，先在下翼板上划出腹板的位置线，将“п”形梁吊装在下翼板上，两端用双头螺杆将其压紧固定（图 8-14）；然后用水平仪和线锤检验梁中部和两端的水平度、垂直度及挠度，如有倾斜或扭曲，应用双头螺杆单边拉紧。下翼板与腹板的间隙应不大于 1mm，定位焊时应从中间向两端同时进行。主梁两端弯头处的下翼板可借助起重机的拉力进行装配定位焊。

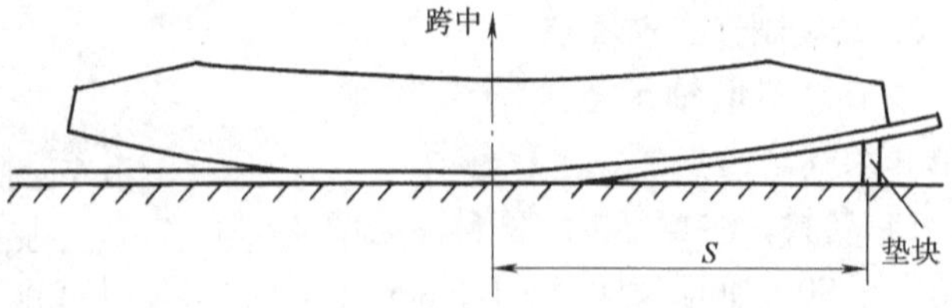

图 8-13　腹板装配过程

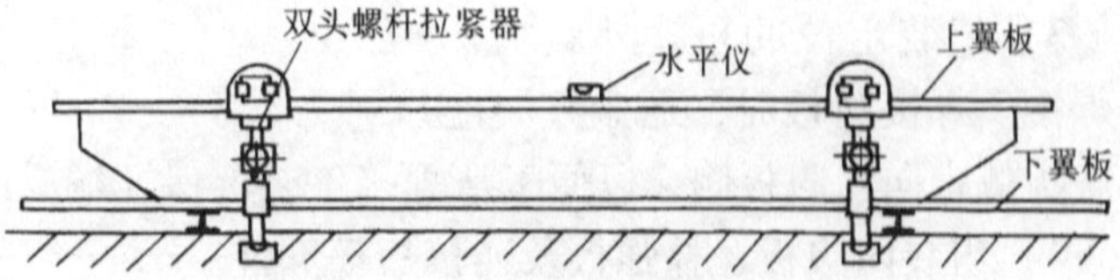

图 8-14　下翼板的装配

（6）主梁纵缝的焊接　主梁有四条纵缝，目前国内主要采用的是以下几种焊接方式：

1）埋弧焊或气体保护焊的船形位置焊。这种焊接方式比较普遍，用垫架将箱形梁需要焊接的焊缝摆放为 45°位置，这样焊缝成形较好。准备两个或两个以上的垫架，梁固定在垫架上。可以在工作台上放置埋弧焊焊机或气体保护焊焊机的行走机构，平台上设置行走机构的轨道或导向板，沿着焊缝进行焊接，如图 8-15a 所示；也可将气体保护焊机的送丝机构放在主梁上，自动焊小车通过支撑滚轮放在腹板上，沿着焊缝进行焊接，如图 8-15b 所示。这种方式与前一种方式相比，焊接上翼板和腹板之间的焊缝时，遇到挠度的变化不用调整行走位置。

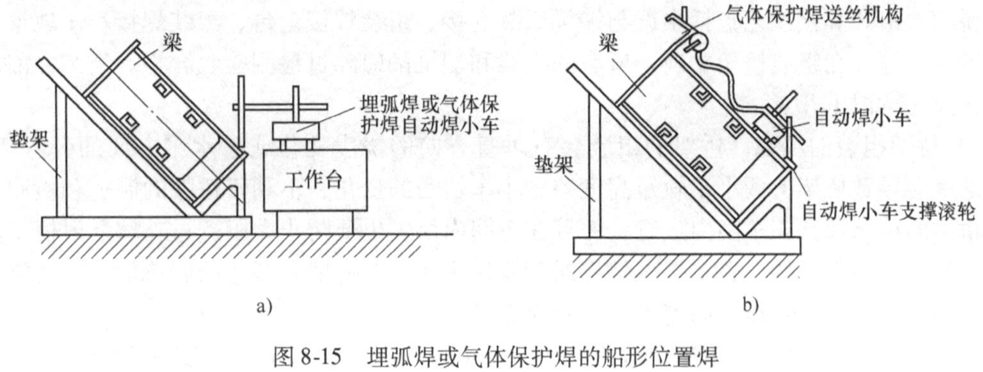

图 8-15　埋弧焊或气体保护焊的船形位置焊
a）自动焊小车放在单独工作台上　b）自动焊小车放在腹板上

2）固定式气体保护焊或埋弧焊焊接。采用这种方式焊接时，可以采用两台焊机同时焊接，如图 8-16 所示，不但效率高，而且焊接变形小于船形焊。采用这种方式焊接时，工件或焊机可以移动，根据装梁完成时的挠度选择先焊接上翼板与腹板间的焊缝或者下翼板与腹板之间的焊缝。如果挠度低于标准值，可以先焊接下翼板与腹板之间的两条焊缝；当挠度高于标准值时，应先焊接上翼板和腹板之间的焊缝，可调节梁下面垫块的位置来控制梁的挠度变形。

（7）主梁的矫正　箱形主梁装焊完毕后应进行检查，每根箱形梁在制造时均应达到技术条件的要求，如果变形超过了规定值，则应进行矫正。矫正时，应根据变形情况采用火焰矫正法，选择好加热的部位与加热方式进行矫正。

2. 端梁制造工艺要点

本节以角形轴承箱式端梁为例，简单介绍其制作步骤及注意事项。

1）备料。注意弯板的备料，应使弯角大于90°，间隙为0.5～1.5mm。

2）将端梁上翼板放于平台上，划出肋板与腹板的位置线。

3）组装定位肋板、外腹板，然后焊接。焊接肋板时，运条方向应从外腹板侧走向内腹板侧，以便于从焊接工艺上保证端梁向内弯。

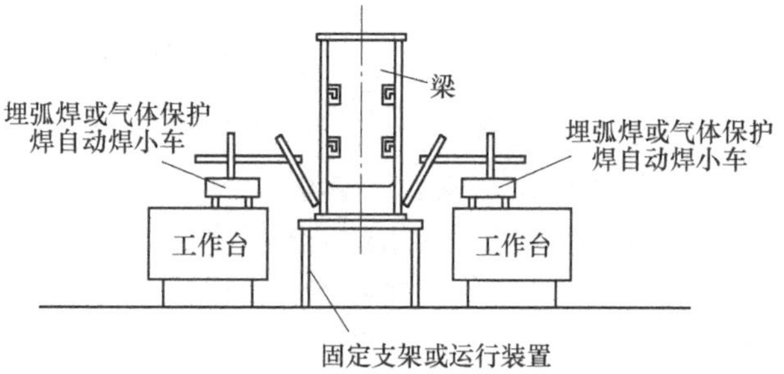

图8-16　固定式气体保护焊或埋弧焊焊接

4）组装内腹板、补强板及连接板等部件。

5）先将两块弯板放在平台上，用定位元件将其连接成一体，然后组装弯板到梁上，使用水平尺检查弯板的水平度，保证两块弯板在同一高度，其公差控制在1mm以内。

6）焊接内部焊缝。先焊接端梁外侧腹板与肋板焊缝，后焊接端梁内侧腹板与肋板焊缝，同样是从焊接工艺上保证端梁向内弯。

7）装配下翼板，焊接前检查翼板的水平度，控制翼板的扭曲。

8）焊接外面四条主焊缝，先焊接下翼板处的主焊缝，然后焊接上翼板处的主焊缝。

三、桥架的装配与焊接工艺

桥架的组装焊接工艺包括主梁与端梁组装焊接、组装焊接走台、组装焊接小车轨道与焊接轨道压板等。在组装桥架之前，所有的主梁和端梁都应经过检测验收合格。组装之前的准备工作应注意以下几点：

1）桥架组装的场地。桥架的组装会有垂直方向的挠度变化或者水平方向的旁弯产生。相应地就会导致桥架上两小车轨道高度差和小车轨距的变化，不利于桥架的制造和检测。因此，桥架的组装通常在车间内进行，而且在车间内组装也要防止太阳透过玻璃照射桥架。对于必须露天安装作业的，也要根据外界温度变化规律，对挠度和旁弯的制造加一个经验数值进行修整；检测时应安排在温差不大或者无强光的早、晚或者夜间进行。

2）垫架位置的选择。垫架位置不同，对主梁的挠度也会有不同程度的影响。主梁垫架位置应选择在主梁的跨端或接近跨端的位置。起重量较小的桥架在最后测量调整时应尽量垫到端梁处。

3）桥架组装基准。为使桥架安装车轮后能正常运行，两个端梁上的四组弯板组装时应在同一水平面内，以该水平面为组装和调整桥架各部分的基准。为此，可穿过端梁上翼板的吊装孔立T形标尺，用水平仪测量调整。

4）桥架装焊顺序。为减小桥架整体焊接变形，在桥架组装前应焊完所有部件本身的焊缝，不要等到整体组装后再补焊。因为部件焊接变形容易控制，便于翻转，容易施焊，可提高焊缝质量。

1. 主梁与端梁的装配与焊接

将分别经过阶段验收的两根主梁摆放在垫架上，通过调整使两主梁中心线的距离、对角线差及水平高度差等均在规定范围之内。然后，在端梁上翼板上划出纵向中心线，用直尺将弯板垂直面的位置引到上翼板，与端梁纵向中心线相交得基准点，以基准点为依据划出主梁装配时的纵向中心线。而后将端梁吊到划线部位与主梁装配，用夹具将端梁固定于主梁上翼板上，调整端梁使其上翼板两端 A'、C'、B'、D' 四点的水平高度差及对角线 $A'D'$ 与 $B'C'$ 的高度差在规定的范围内，如图 8-17 所示。同时，穿过吊装孔立 T 形标尺，用水准仪测量调整，保证同一端梁弯板水平面的高度差及跨度方向高度差不超过规定数值，所有这些检查合格后，再进行定位焊。

主梁与端梁采用的焊接连接方式有直板连接和三角板连接两种，如图 8-18 所示。主要焊缝有主梁与端梁上下翼板焊缝、直板焊缝或三角板焊缝。为减小变形与应力，应先焊上翼板焊缝，然后焊下翼板焊缝，再焊直板或三角板焊缝；先焊外侧焊缝，后焊内侧焊缝。

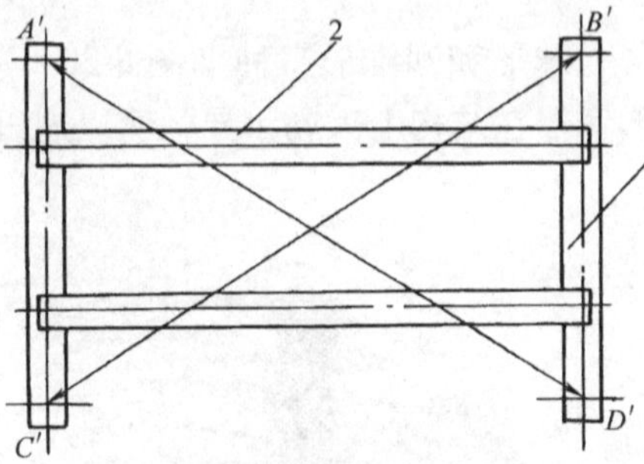

图 8-17 主梁与端梁的组装
1—端梁 2—主梁

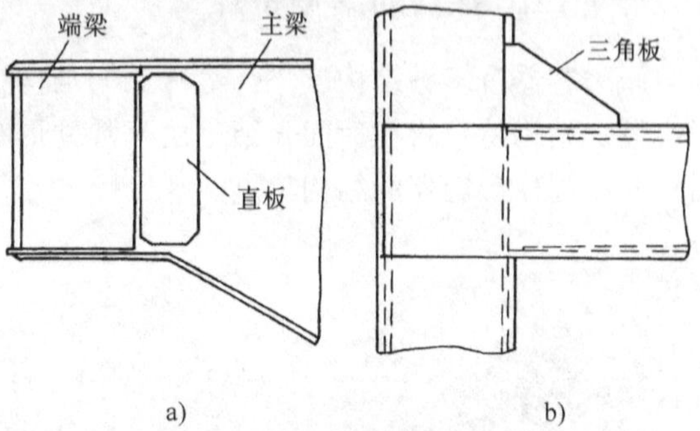

图 8-18 主梁与端梁的焊接连接
a）直板连接 b）三角板连接

2. 走台的装配与焊接

为减小桥架的整体变形，应预先按图样尺寸要求将走台的斜撑与连接板装配焊接成组件，如图 8-19 所示，再进行桥架组装焊接。组装时，按图样尺寸划走台的定位线，走台应与主梁上翼板平行，即具有与主梁一致的上挠曲线。装配横向水平角钢时，用水平尺找正，使外端略高于水平线，并定位焊于主梁腹板上，然后组装定位焊斜撑组件，再组装定位焊走台边角钢。走台边角钢应具有与走台相同的上挠度。走台板应在接宽的纵向焊缝完成后进行矫平，然后组装定位到走台上。焊接整个走台的焊缝时，为减小应力变形，应选择好焊接顺序，水平外弯大的一侧走台和走台下部的焊缝应先焊。

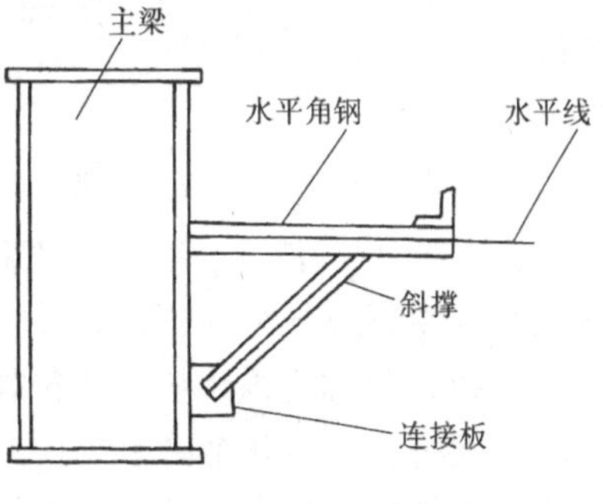

图 8-19 组装水平角钢

3. 小车轨道的装配与焊接

小车轨道用电弧焊方法焊接成整体，焊后磨平焊缝。小车轨道应平直，不得扭曲和有显著的局部弯曲。轨道与桥架组装时，应预先在主梁的上翼板划出轨道位置线，然后装配，再定位焊轨道压板。为使主梁受热均匀，从而使下挠曲线对称，可由多名焊工沿跨度均匀分布，同时焊接。

桥式起重机桥架组装焊接后应全面检测，使之符合技术要求。

第二节　压力容器的生产工艺

在种类繁多的焊接结构中，质量要求最高、技术难度最大、先进的焊接工艺方法应用最广、采用钢材品种最多的全焊结构首推锅炉、压力容器与管道。这类焊接结构不仅运行条件苛刻、工作环境恶劣，而且要求具有长时期的服役周期。在压力容器中，有些需在高压和低温下工作，有些不仅要承受内压和高温，还要经受各种工作介质的腐蚀。因此，对这类结构的设计和制造提出了十分严格的要求，必须采用先进、正确、合理的制造工艺和完善的质量保证措施。本节主要介绍压力容器的结构特点及其加工工艺过程。

一、压力容器的结构特点

压力容器有多种结构形式，最常见的结构为圆柱形、球形和圆锥形三种（图 8-20）。球形容器的结构特点将在后面介绍，由于圆柱形和圆锥形容器在结构上大同小异，所以这里只简单介绍圆柱形容器的结构特点。

a)　　b)　　c)

图 8-20　压力容器的结构形式

a）圆筒形　b）球形　c）圆锥形

（1）筒体　筒体是压力容器最主要的组成部分，由它构成储存物料或完成化学反应所需要的大部分压力空间。当筒体直径小于 500mm 时，可用无缝钢管制作；当直径较大时，一般用钢板卷制或压制（压成两个半圆）后焊接而成。由于焊缝的方向与筒体的纵向（即轴向）一致，故称为纵焊缝。当筒体较短时，可做成完整的一节；当筒体的纵向尺寸大于钢板的宽度时，可由几个筒节拼接而成。压缩空气储罐就是由两节筒节拼接而成的。由于筒节与筒节或筒体与封头之间的连接焊缝呈圆环形，故称为环焊缝。所有的纵、环焊缝焊接接头，原则上均采用对接接头。

（2）封头　根据 GB/T 25198—2010《压力容器封头》的规定，封头的类型可分为半球形、椭圆形、碟形和球冠形等，目前应用最普遍的是椭圆形封头。各种封头的断面形状、类型代号及形式参数见表 8-1。

表 8-1　各种封头的断面形状、类型代号及形式参数

名　称		断 面 形 状	类型代号	形式参数关系
半球形封头		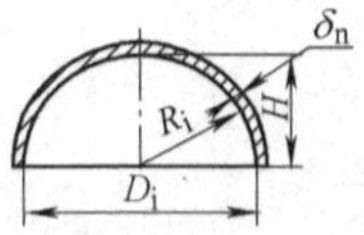	HHA	$D_i=2R_i$ $DN=D_i$
椭圆形封头	以内径为基准	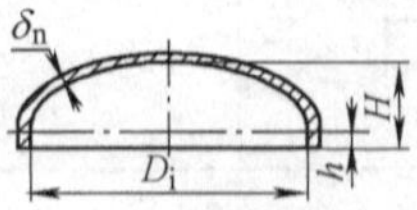	EHA	$D_i/2=2(H-h)$ $DN=D_i$
	以外径为基准	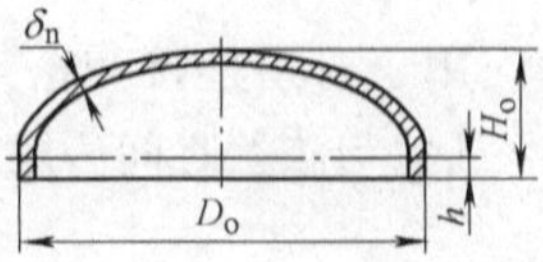	EHB	$D_o/2=2(H_o-h)$ $DN=D_o$
碟形封头	以内径为基准	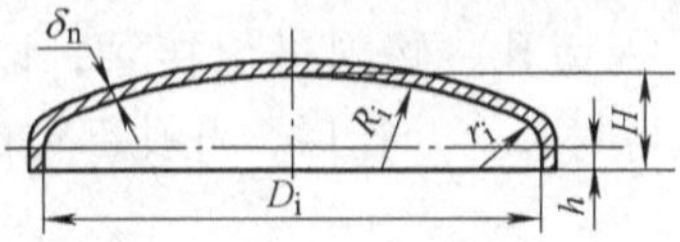	THA	$R_i=1.0D_i$ $r_i=0.1D_i$ $DN=D_i$
	以外径为基准	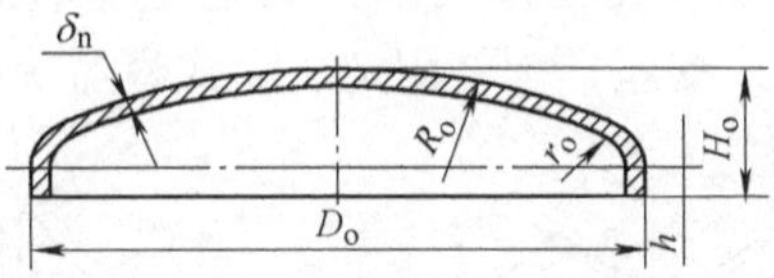	THB	$R_o=1.0D_o$ $r_o=0.1D_o$ $DN=D_o$
球冠形封头		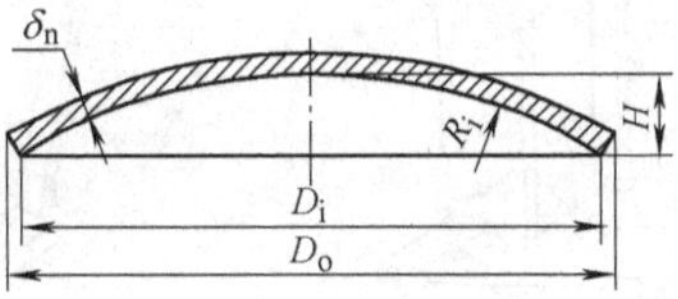	SDH	$R_i=1.0D_i$ $DN=D_o$
平底形封头		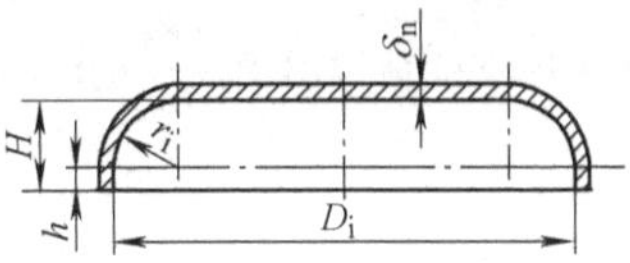	FHA	$r_i\geqslant 3\delta_n$ $H=r_i+h$ $DN=D_i$
锥形封头		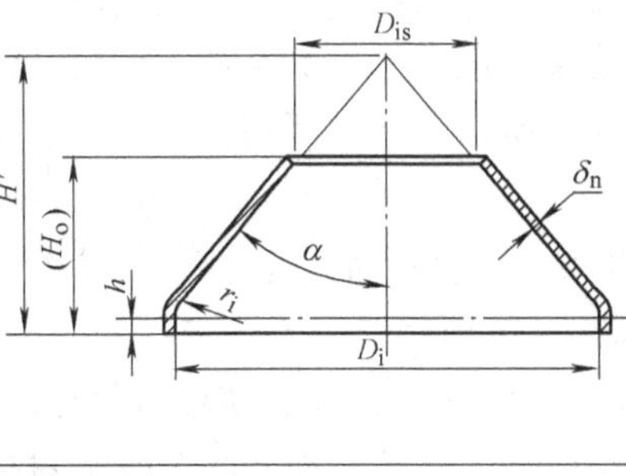	CHA(30)	$r_i\geqslant 0.1D_i$ 且 $r_i\geqslant 3\delta_n$ $\alpha=30°$ DN 以 D_i/D_{is} 表示
			CHA(45)	$r_i\geqslant 0.1D_i$ 且 $r_i\geqslant 3\delta_n$ $\alpha=45°$ DN 以 D_i/D_{is} 表示

（续）

名　　称	断　面　形　状	类型代号	形式参数关系
锥形封头	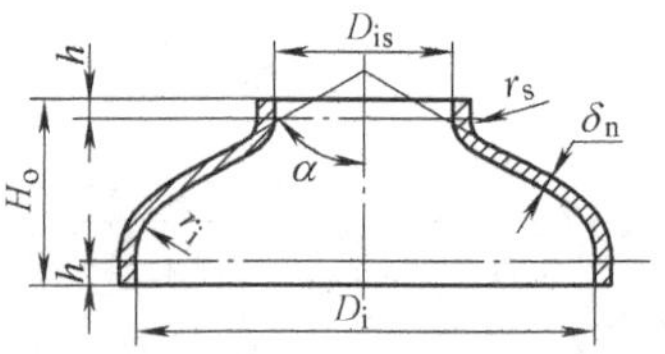	CHA(60)	$r_i \geqslant 0.1D_i$ 且 $r_i \geqslant 3\delta_n$ $r_s \geqslant 0.05D_{is}$ 且 $r_s \geqslant 3\delta_n$ $\alpha = 60°$ DN 以 D_i/D_{is} 表示

注：DN 为封头公称直径。

（3）法兰　法兰分为管法兰和容器法兰。用于管道连接和密封的法兰称为管法兰；用于容器顶盖与筒体连接的法兰称为容器法兰。法兰与法兰之间一般加密封件，并用螺栓连接起来。

（4）开孔与接管　由于工艺要求和检修时的需要，常在石油化工容器的筒体或封头上开设各种孔或安装接管，如人孔、手孔、视镜孔、物料进出接管，以及安装压力表、液位计、流量计、安全阀等的接管开孔。筒体与封头上开孔后，开孔部位的强度被削弱，一般应通过补强圈补强。

（5）支座（支腿）　压力容器靠支座（支腿）支承并固定在基础上。根据圆筒形容器的安装位置不同，卧式容器主要采用鞍式支座支承并固定，立式容器一般采用支腿支承并固定，如图 8-21 所示。

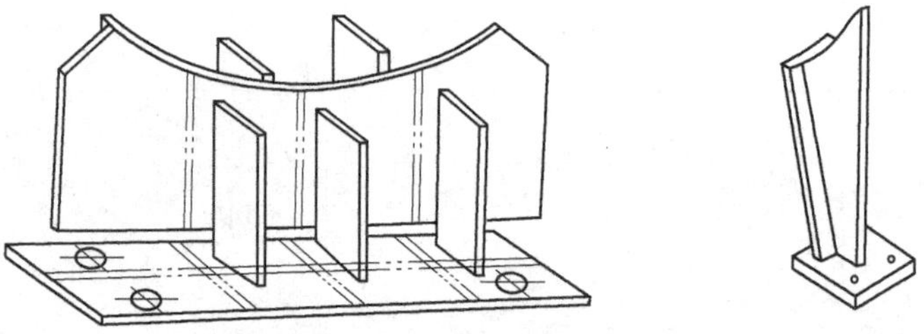

a)　　b)

图 8-21　支座与支腿结构形式

a）支座　b）支腿

压力容器不仅是工业生产中的常用设备，也是一种比较容易发生事故的特殊设备。与其他生产装置不同，压力容器一旦发生事故，不仅会使容器本身遭到破坏，而且往往会诱发一系列恶性事故，如破坏其他设备和建筑设备、危及人员的生命和健康、污染环境，给国民经济造成重大损失，其结果可能是灾难性的。所以，必须严格控制压力容器的设计、选材、制造、安装、检验和使用监督。

（6）焊接接头分类　在 GB 150—2011《压力容器》中，压力容器受压部分的接头按其所在的位置分为 A、B、C、D 四类，如图 8-22 所示。

1）A 类接头。包括圆筒部分和锥壳部分的纵向接头、球形封头与圆筒连接的环向接头、各类凸形封头和平封头中的所有拼焊接头、嵌入式接管或凸缘与壳体对接连接的接头。工艺要求采用双面焊或保证全部焊透的单面焊。

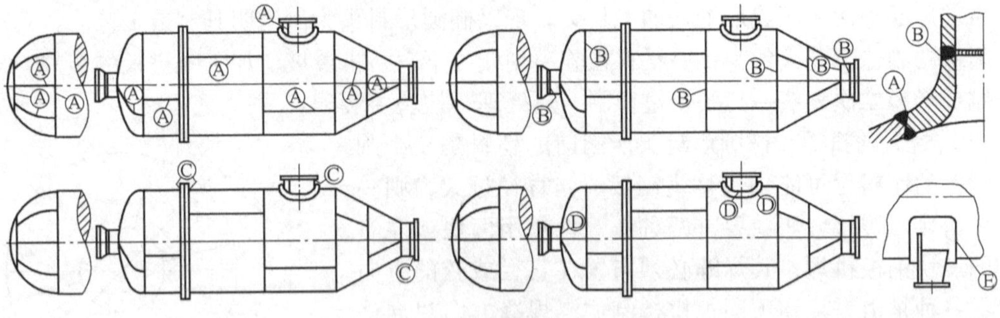

图 8-22　压力容器四类接头的位置

2）B 类接头。壳体部分的环向接头、锥形封头小端与接管连接的接头、长颈法兰与壳体或接管连接的接头、平盖或管板与圆筒对接连接的接头及接管间的对接环向接头。工艺要求采用双面焊或采用带衬垫的单面焊。

3）C 类接头。球冠形封头、平盖、管板与圆筒非对接连接的接头，法兰与壳体或接管连接的接头，内封头与圆筒的搭接接头及多层包扎容器层板层纵向接头。工艺要求通常采用角焊缝连接，高压容器和剧毒介质容器应保证全部焊透。

4）D 类接头。接管、人孔、凸缘、补强圈等与壳体连接的接头。此类接头的受力条件差，存在较高的应力集中。因此，工艺要求接头全部焊透。

非受压元件与受压元件的连接接头为 E 类焊接接头，如容器鞍座的焊接。

二、压力容器的制造工艺

钢制压力容器的制造工艺过程按照容器结构的不同而各有差异。钢板卷焊式容器是目前普遍采用的一种压力容器结构形式。它具有制造工序简单，生产周期短，生产过程易于实现机械化和自动化的特点。下面以图 8-23 所示的压力容器为例介绍具体的生产工艺过程。

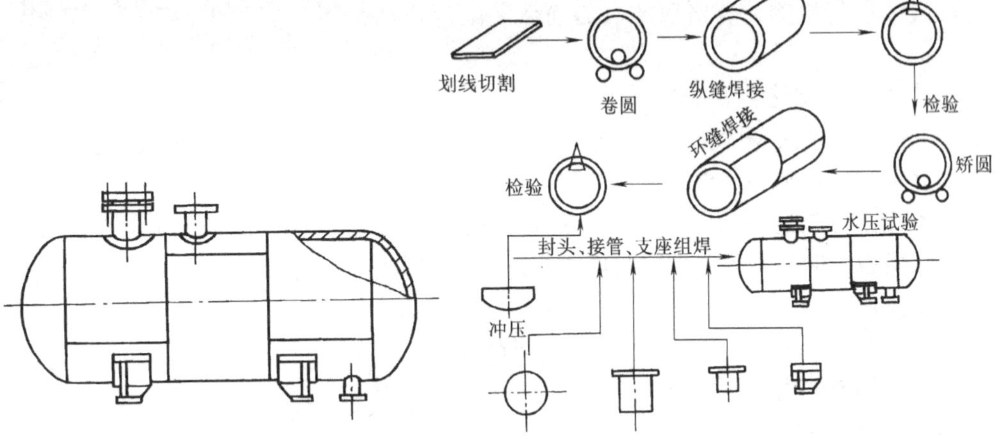

图 8-23　圆筒形压力容器制造工艺流程
a）压力容器的结构示意图　b）制造工艺流程

1. 封头的制造工艺

目前广泛采用冲压成形工艺加工封头。现以椭圆形封头为例说明其制造工艺。

封头的制造工艺大致为：原材料检验→划线→下料→拼缝坡口加工→拼板的装焊→加热→压制成形→二次划线→封头余量切割→热处理→检验→装配。

（1）封头的拼焊　椭圆形封头压制前的坯料是一个圆形，封头的坯料尽可能采用整块钢板，如直径过大，则一般采用拼接。拼接方法主要有两种：一种是用两块或左右对称的三块钢板拼焊，其焊缝必须布置在直径或弦的方向上；另一种是由瓣片和顶圆板拼接制成，焊缝方向只允许是径向和环向。径向焊缝之间的最小距离应不小于名义厚度 δ_n 的 3 倍，且不小于 100mm，如图 8-24 所示。封头拼接焊缝一般采用双面埋弧焊。

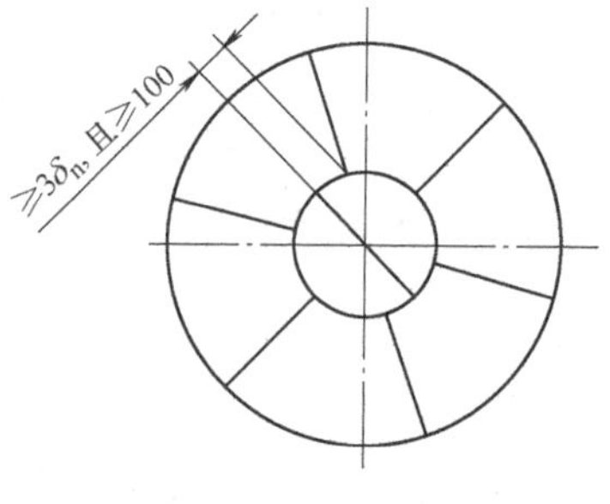

图 8-24　封头拼缝位置

（2）封头的成形　封头成形有热压和冷压之分。采用热压时，为保证热压质量，必须控制始压和终压温度。低碳钢的始压温度一般为 1000 ~ 1100℃，终压温度为 750 ~ 850℃。加热的坯料在压制前应清除表面的杂质和氧化皮。封头的压制是在水压机（或油压机）上用凸凹模一次压制成形，不需要采取特殊措施。

（3）封头的边缘加工　已成形的封头还要进行边缘加工，以便于和筒体装配。一般应先在平台上划出保证直边高度的加工位置线，用氧气切割割去加工余量，可采用图 8-25 所示的封头余量切割机。此机械装备在切割余量的同时，可通过调整割炬角度直接割出封头边缘的坡口（V 形），经修磨后可直接使用；如对坡口精度要求高或需要得到其他形式的坡口，一般是将切割后的封头放在立式车床上进行加工，以达到设计图样的要求。封头加工完后，应对主要尺寸进行检测，合格后才可与筒体装配焊接。

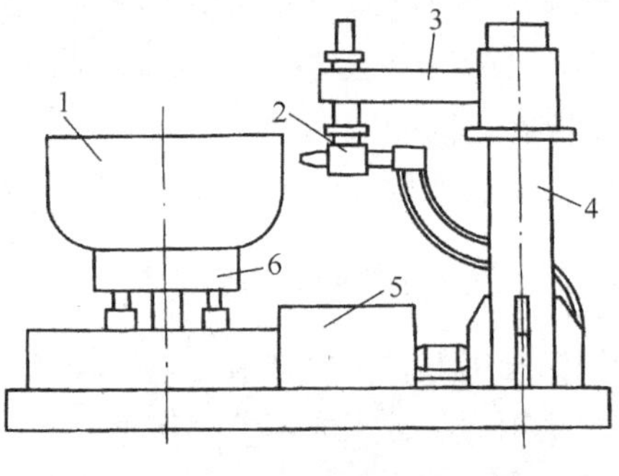

图 8-25　封头余量切割机示意图

1—封头　2—割炬　3—悬臂　4—立柱

5—传动系统　6—支座

2. 筒节的制造工艺

筒节制造的一般过程为：原材料检验→划线→下料→边缘加工→卷制→纵缝装配→纵缝焊接→焊缝检验→矫圆→复检尺寸→装配。

（1）筒节的划线与下料　筒节一般在卷板机上卷制而成，由于一般筒节的内径比壁厚大许多倍，所以，筒节下料的展开长度 L 可用筒节的平均直径 D_p 来计算，即

$$L = 2\pi D_p$$

$$D_p = D_g + \delta \tag{8-4}$$

式中　D_g——筒节的内径；

δ——筒节的壁厚。

筒节可采用剪切或半自动切割下料，下料前先划线，包括切割位置线、边缘加工线、孔洞中心线及位置线等。其中，管孔中心线距纵缝及环缝边缘的距离应不小于管孔直径的 0.8 倍，并打上样冲标记，图 8-26 所示为筒节划线示意图。这里需要注意，筒节的展开方向应

与钢板轧制的纤维方向一致，且最大夹角应小于45°。

（2）筒节的成形　中低压压力容器的筒节可在三辊或四辊卷板机上冷卷而成，卷制过程中要经常用样板测量弧度，检查曲率，循序渐进，直到筒体形状基本符合样板形状后，再从卷板机上取下。卷圆后，其纵缝处的棱角、径向和纵向错边量应符合技术要求。

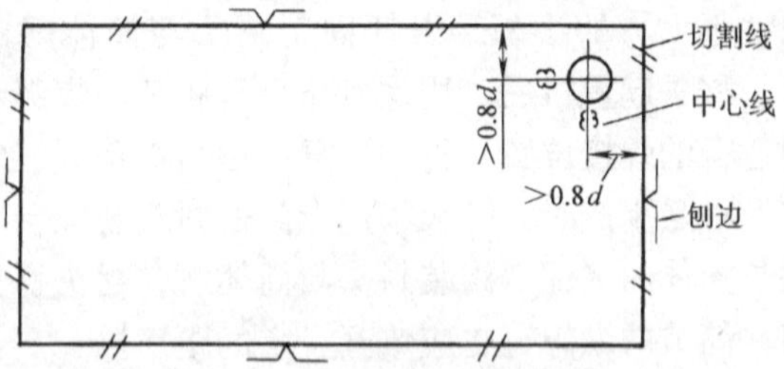

图 8-26　筒节的划线示例

（3）筒节的焊接　筒节卷制好后，在进行纵缝焊接前应先进行纵缝的装配，主要采用杠杆-螺旋拉紧器、柱形拉紧器等各种工装夹具来消除卷制后出现的质量问题，满足纵缝对接时的装配技术要求，保证焊接质量。装配好后即可进行定位焊。筒节的纵、环缝坡口是在卷制前就加工好的，焊前应注意坡口两侧的清理。

筒节纵缝焊接的质量要求较高，一般采用双面焊，顺序是先里后外。焊接纵缝时，一般都应做产品的焊接试板；同时，由于焊缝引弧处和熄弧处的质量不好，故焊前应在纵向焊缝的两端装上引弧板和引出板，图8-27所示为筒节两端装上引弧板、焊接试板和引出板的情况。筒节纵缝焊接完后还需按要求进行无损检测，再经矫圆，满足圆度要求后才可进行装配。

3. 容器的装配工艺

容器的装配是指各零部件间的装配，其中接管、人孔、法兰、支座等的装配较为简单，下面主要分析筒节与筒节以及封头与筒节之间的环缝装配工艺。

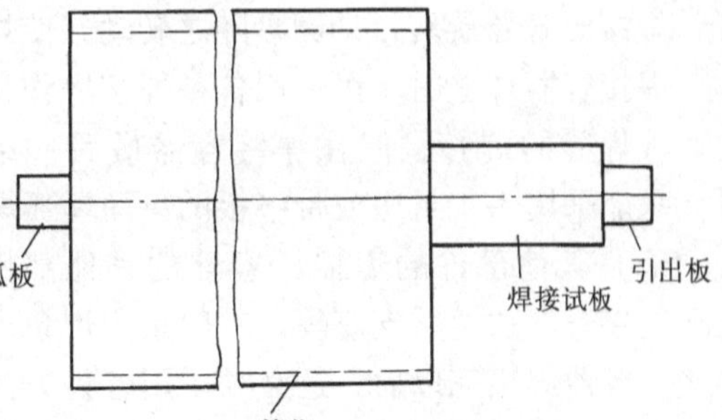

图 8-27　焊接试板、引弧板和引出板与筒节的组装情况

（1）筒节的装配　筒节与筒节之间的环缝装配要比纵缝装配困难得多，其装配方法有立装和卧装两种。

1）立装适用于直径较大而长度不太大的容器，一般在装配平台或车间地面上进行。装配时，先将一筒节吊放在平台上，然后将另一筒节吊装其上，调整间隙后沿四周定位焊，依相同的方法再吊装上其他筒节。

2）卧装一般适用于直径较小而长度较大的容器，多在滚轮架或V形铁上进行。先把将要组装的筒节置于滚轮架上，将另一筒节放置于小车式滚轮架上，移动辅助夹具使筒节靠近、端面对齐。当两筒节连接可靠时，将小车式滚轮架上的筒节推向滚轮架上，再装配下一筒节。

筒节与筒节装配前，可先测量周长，再根据测量尺寸采用选配法进行装配，以减少错边量；或在筒节两端内使用径向推撑器，把筒节两端整圆后再进行装配。另外，相邻筒节的纵向焊缝应错开一定的距离，其值在周围方向应大于筒节壁厚的3倍以上，并且不应小于100mm。

（2）封头与筒体的装配　封头与筒体的装配也可采用立装和卧装，当封头上无孔洞时，也可先在封头外临时焊上起吊用吊耳（吊耳与封头材质相同），以便于封头的吊装。立装与筒节之间的立装相同。卧装时，如为小批量生产，一般采用手工装配的方法，如图 8-28 所示。装配时，在滚轮架上放置筒体，并使筒体端面伸出滚轮架外 400 ~ 500mm，用起重机吊起封头，送至筒体端部，相互对准后横跨焊缝焊接一些刚性不太大的小板，以便固定封头与筒体间的相互位置。移去起重机后，用螺旋压板等将环向焊缝逐段对准到适合的焊接位置，再用“Π”形马横跨焊缝定位焊固定。批量生产时，一般采用专门的封头装配台来完成封头与筒体的装配。组装封头与筒体时，封头拼接焊缝与相邻筒节的纵焊缝也应错开一定的距离。

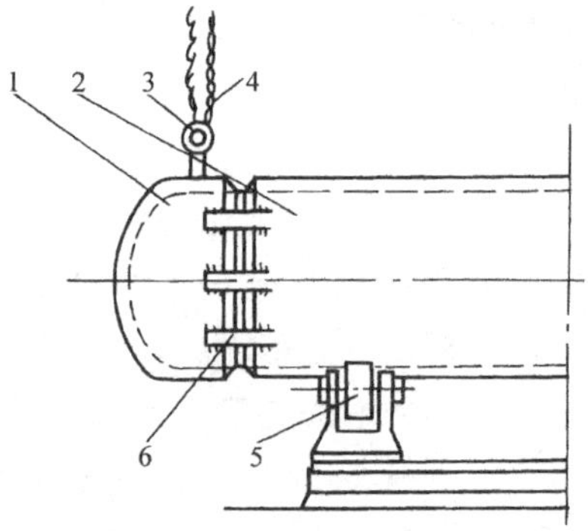

图 8-28　封头简易装配法
1—封头　2—筒体　3—吊耳　4—吊钩
5—滚轮架　6—“Π”形马

4. 容器的焊接工艺

（1）筒体环缝与纵缝的焊接　容器环缝的焊接一般采用双面焊。在焊剂垫上进行双面埋弧焊时，经常使用的环缝焊剂垫有带式焊剂垫和圆盘焊剂垫两种。带式焊剂垫（图 8-29a）是在两轴之间的一条连续带上放有焊剂，容器直接放在焊剂垫上，容器靠自重与焊剂贴紧，焊剂靠容器转动时的摩擦力带动一起转动，焊接时需要不断添加焊剂。圆盘式焊剂垫是在一个可以转动的圆盘上装满焊剂，放在容器下边，圆盘与水平面成 15°角，焊剂紧压在工件与圆盘之间，环缝位于圆盘最高位置，焊接时容器旋转带动圆盘随之转动，使焊剂不断进入焊接部位，如图 8-29b 所示。

焊接容器环缝时，可采用各种焊接操作机进行内、外焊缝的焊接，但在焊接容器最后一条环缝时，只能采用手工封底或带垫板的单面埋弧焊。

（2）其他部件的焊接　容器的其他部件，如人孔、接管、法兰、支座等，一般采用焊条电弧焊焊接。容器焊接完以后，还必须采用各种方法进行检验，以确定焊缝质量是否合格。力学性能试验、金相分析、化学分析等破坏性试验适用于产品焊接试板的检验；而对容器本身的焊缝，则应进行外观检查、各种无损检测、耐压及致密性试验等。凡检验出超过规定的焊接缺陷，都应进行返修，直到重新检测后确认缺陷已全部清除才算返修合格。焊缝质量检验与返修的各项规定可参看 GB 150—2011 的有关内容。

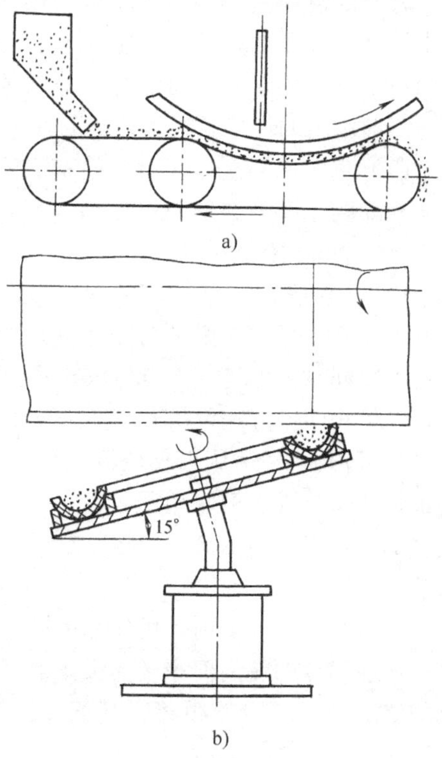

图 8-29　焊剂垫形式
a）带式焊剂垫　b）圆盘式焊剂垫

三、球形容器的制造工艺

1. 球形容器的结构形式

球形容器一般称作球罐，主要用来储存带有压力的气体或液体。球罐按其瓣片形状分为橘瓣式、足球瓣式及混合式，如图 8-30 所示。橘瓣式球罐安装较方便、焊缝位置较规则，目前应用最广泛。

按球罐直径大小和钢板尺寸分为三带、四带、五带和七带橘瓣式球罐。足球瓣式的优点是所有瓣片的形状、尺寸都一样，材料利用率高，下料和切割比较方便，但大小受钢板规格的限制，混合式球罐的中部用橘瓣式，上极和下极用足球瓣式，常用于较大型的球罐。一个完整的球体，往往需要数十或数百块的瓣片。

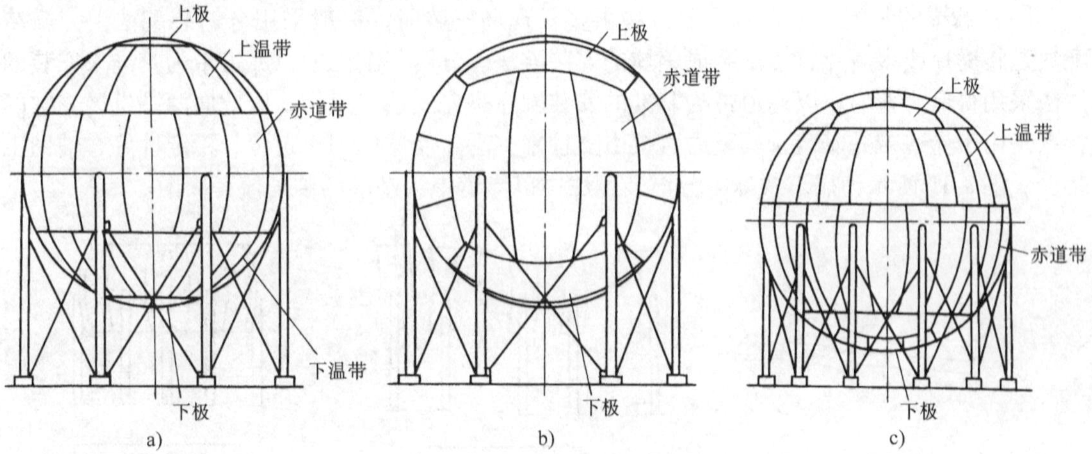

图 8-30　球罐形式

a）足球瓣式　b）橘瓣式　c）混合式

2. 技术条件及其分析

球罐工作条件及结构特征决定了球罐的技术要求是相当高的。首先球罐的各球瓣下料、坡口、装配精度等尺寸均要确保质量，这是保证球罐质量的先决条件。另外，由于工作介质和压力、环境的要求，且返修困难，故应严格控制焊接质量，要保证受压均匀。焊接变形也要得到严格控制，这就要求有合适的工夹具来配合及采用正确的装焊顺序。一般球罐多在厂内预装，然后将零件编号，再到工地上组装焊接。球罐的焊缝多数采用焊条电弧焊焊接，对焊工技术水平的要求较高，并要有严格的检验制度，对每一生产环节都要认真对待。

3. 球罐的制造工艺

（1）瓣片制造　球瓣的下料及成形方法较多。由于球面是不可展曲面，因此多采用近似展开下料。通过计算（常用球心角弧长计算法），放样展开为近似平面，然后压延成球面，再经简单修整即可成为一个瓣片，此法称为一次下料。还可以按计算周长适当放大，切成毛料，压延成形后进行二次划线，精确切割，此法称为二次下料，目前应用较广。如果采用数学放样、数控切割，可大大提高精度与加工效率。

对于球瓣的成形，一般直径小、曲率大的瓣片采用热压；直径大、曲率小的瓣片采用冷压。压制设备为水压机或油压机等。冷压球瓣采用局部成形法，具体操作方法是：钢板由平板状态进入初压时不要压到底，每次冲压坯料的一部分，压一次移动一定距离，并留一定的压延重叠面，这样可避免工件局部产生过大的突变和折痕。当坯料返程移动时，可以压到底。

（2）支柱的制造　球罐支柱形式多样，以赤道正切式应用最为普遍。赤道正切支柱多数是管状形式，小型球罐选用钢管制成；大型球罐由于支柱直径大而长，所以用钢板卷制拼焊而成。如考虑到制造、运输、安装的方便，大型球罐的支柱在制造时分成上、下两部分，其上部支柱较短。上、下支柱的连接借助一根短管，以便于安装时对拢。

支柱接口的划线、切割一般是在制成管状后进行。划线前应先进行接口放样制样板，其划线样板应以管子外壁为基准。支柱制好后要按要求进行检查，合格后还要在支柱下部离其端部约1500mm处取假定基准点，以供安装支柱时测量使用。

（3）球罐的装配　球罐的装配方法很多，现场安装时，一般采用分瓣装配法。分瓣装配法是将瓣片或多瓣片直接吊装成整体的安装方法。分瓣装配法中以赤道带为基准来安装的方法采用得最为普遍。以赤道带为基准的安装顺序是先安装赤道带，以此向两端发展。它的特点是由于赤道带先安装，其重力直接由支柱来支承，使球体利于定位，稳定性好，辅助工装少。图8-31所示为橘瓣式球罐分瓣装配法中以赤道带为基准的装配流程简图。

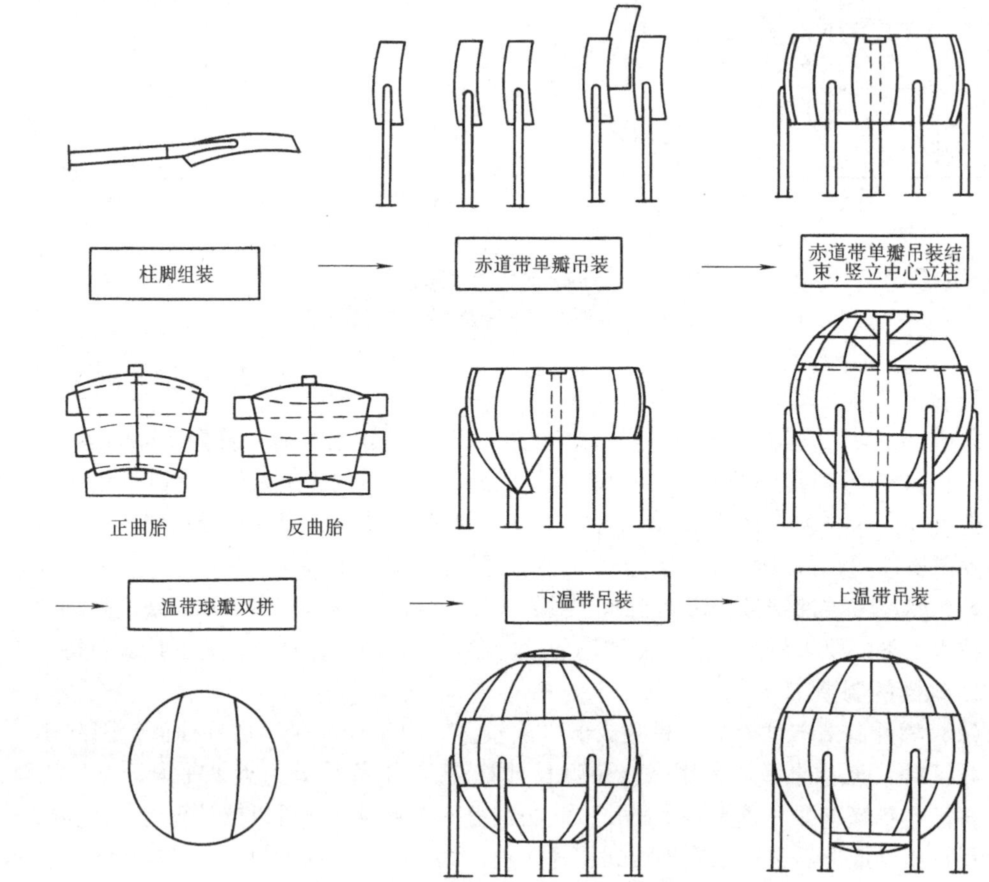

图8-31　球罐的装配流程图（橘瓣式球罐）

装配时，在基础中心一般都要放一根中心柱（图8-32）作为装配和定位的辅助装置。它由$\phi300 \sim \phi400$mm的无缝钢管制成，分段用法兰连接。装赤道板时，用以拉住瓣片中部，用花篮螺钉调节并固定位置。温带球瓣可先在胎具上进行双拼，胎具制成与球瓣具有相同形状的曲面。

胎具分两种：正曲胎和反曲胎。正曲胎中胎具制成凸形，用于球瓣外缝的焊接；反曲胎中胎具制成凹形，用于球瓣内缝的焊接。装下温带时，先把下温带板上口挂在赤道板下口，再夹住瓣片下口，通过钢丝绳吊在中心柱上，如图 8-32 所示。钢丝绳中间加一倒链装置，把温带板拉起到所需位置。装上温带时，它的下口搁在赤道板上口，再用固定在中心柱上的顶杆顶住它的上口，通过中间的双头螺钉调节位置。也可以在中心柱上面做一个倒伞形架，上温带板上口就搁在其上。温带板都装好后，即可拆除中心柱。

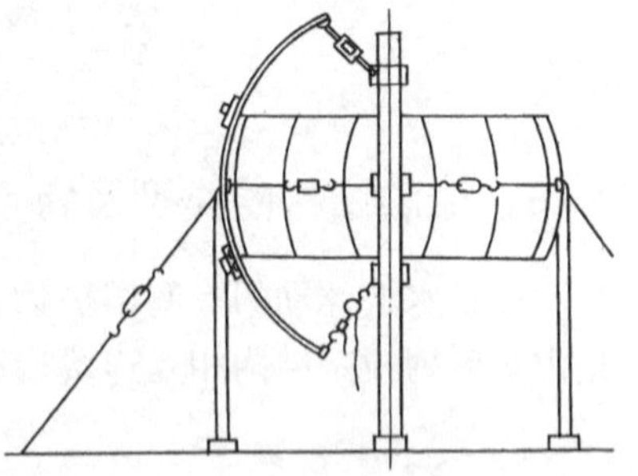

图 8-32　中心柱的使用

制造球罐时，一般装焊交替进行，其装配、焊接及焊后的各项工作为：支柱组合→吊装赤道板→吊装下温带板→吊装上温带板→装里、外脚手→焊接赤道纵缝→焊接下温带纵缝→焊接上温带纵缝→焊接赤道下环缝→焊接赤道上环缝→安装上极板→焊接上极板环缝→安装下极板→焊接下极板环缝→射线检测和磁粉检测（赤道带焊接结束即可穿插检测）→水压试验→磁粉检测→气密性试验→热处理→油漆、包保温层→交货。

（4）球罐的焊接　球罐的焊接大多数情况下采用焊条电弧焊完成，焊前应严格控制接头处的装配质量，并在焊缝两侧进行预热。同时，应按国家标准进行焊接工艺评定，焊工须取得合格证书。现场焊接时，要参照有关条例严格控制施焊环境。焊缝坡口形式为：一般厚度在 18mm 以下的板采用单面 V 形坡口；厚度在 20mm 以上的板采用不对称 X 形坡口。对于赤道和下温带环缝以上的焊缝，大坡口在里，即里面先焊；对于下温带环缝及其以下的焊缝，大坡口在外，即外面先焊。焊接材料的干燥、发放和使用均按该材料和压力容器焊接的要求执行。焊接纵缝时，每条焊缝要配一名焊工同时焊接。如焊工不够，可以间隔布置焊工，分两次焊接。环缝则按焊工数均匀分段，但层间焊接接头应错开，打底焊应采用分段退焊法。

焊条电弧焊焊接球罐的工作量大、效率低、劳动条件差，因此，一直在探索应用机械化焊接方法，现已采用的有埋弧焊、管状丝极电渣焊和气体保护电弧焊等。

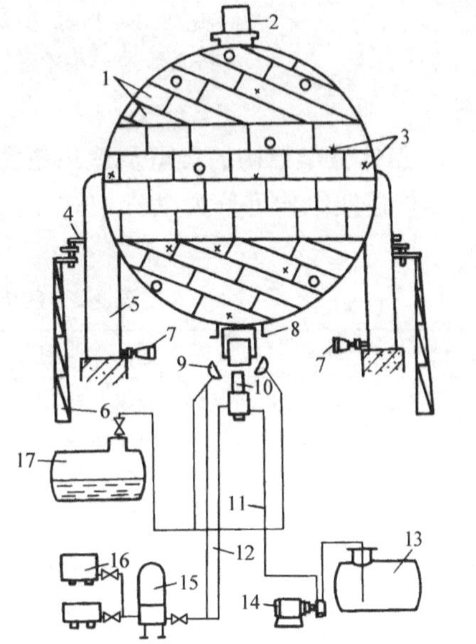

图 8-33　退火装置示意图

1—保温毡　2—烟囱　3—热电偶布置点（○为内侧，×为外侧）　4—指针和底盘　5—柱脚　6—支架　7—千斤顶　8—内、外套筒　9—点燃器　10—烧嘴　11—油路软管　12—气路软管　13—油罐　14—泵组　15—气罐　16—空压机　17—液化气罐

（5）球罐的热处理　球罐焊后是否要进行热处理，主要取决于材质与厚度。球罐热处理一般进行整体退火，退火装置如图 8-33 所示。加热前将整球连带地脚螺栓一起从基础上架起，浮架在辊道上，以便处理过程中自由膨胀。热处理时应检测实际位移值，并按计算位移值来调整柱脚的位移。温度每变化 100℃，应调整一次。移

动柱脚时，应平稳缓慢，一般在柱脚两面装 2 只千斤顶来调节伸缩。

第三节 船舶结构的焊接工艺

一、船舶结构的类型及特点

船舶是水上浮动的空间结构物。船体结构必须具有可靠的水密性和足够的坚固性，实质上是由一系列板架结构相互连接构成的，如图 8-34 所示。

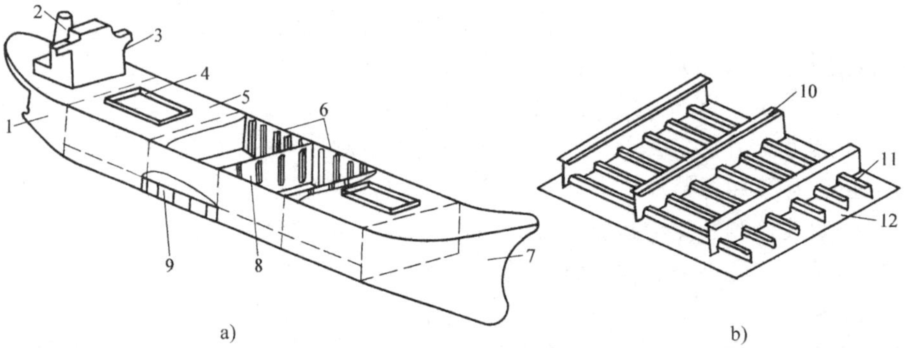

图 8-34 船体结构的组成及其板架简图

a）船体结构简图 b）板架结构简图

1—尾部 2—烟囱 3—上层建筑 4—货舱口 5—甲板 6—舷侧

7—首部 8—横舱壁 9—船底 10—桁材 11—骨材 12—板

1. 船体板架结构的类型及适用范围

船体板架结构可分为纵骨架式、横骨架式及混合骨架式三种，其特征和适用范围见表 8-2。

表 8-2 船体板架结构的特征及适用范围

板架类型	结构特征	适用范围
纵骨架式	板架中纵向（船长方向）构件较密、间距较小，而横向（船宽方向）构件较稀、间距较大	大型油轮的船体、大中型货船的甲板和船底、军用船舶的船体
横骨架式	板架中横向构件较密、间距较小，而纵向构件较稀、间距较大	小型船舶的船体，中型船舶的弦侧、甲板，民船的首、尾部
混合骨架式	板架中纵、横向构件的密度和间距相差不多	除特种船舶外，很少使用

2. 船体结构的特点

船体结构与其他焊接结构相比，具有以下特点：

（1）零部件数量多 一艘万吨级货船的船体，其零部件数量在 20000 个以上。

（2）结构复杂、刚性大 船体中纵、横构架相互交叉又相互连接，尤其是首、尾部分还有不少典型结构。这些构件通过焊接连成一体，使整个船体成为一个刚性的焊接结构。一旦某一焊缝或结构不连续处衍生微小的裂缝，就会快速地扩展到相邻构件，造成部分结构乃至整个船体发生破坏。因此，在设计时要避免构件不连续和应力集中的因素。在制造时要正确装配、保证焊接质量，并注意零件自由边的切割质量、构件端头和开孔处应实施包角焊等。

（3）钢材的加工量和焊接工作量大　各类船舶的船体钢材重量和焊缝长度列于表8-3。焊接工时一般占船体建造总工时的30%～40%。因此，设计时要考虑结构的工艺性，同时要考虑采用高效焊接方法的可能性，并尽量减小焊缝的长度。

表8-3　各类船舶的船体钢材重量和焊缝长度

项目 船种	载重量/t	主尺寸/m			船体钢材重量/t	焊缝长度/km		
		长	宽	深		对接	角接	合计
油轮	88000	226	39.4	18.7	13200	28.0	318.0	346.0
	153000	268	53.6	20.0	21900	48.0	437.0	485.0
汽车运输船	16000	210	32.2	27.0	13000	38.0	430.0	468.0
集装箱船	27000	204	31.2	18.9	11100	28.0	331.0	359.0
散装货船	63000	211	31.8	18.4	9700	22.0	258.0	280.0

（4）使用的钢材品种少　各类船舶所使用的钢材见表8-4。

表8-4　各类船舶所使用的钢材

船舶类型	使用钢种	备注
一般中小型船舶	船用碳钢	—
大中型船舶、集装箱船和油轮	船用碳钢 R_{eL} =320～400MPa的船用高强钢	用于高应力区构件
化学药品船	船用碳钢和高强钢 奥氏体不锈钢、双相不锈钢	用于货舱
液化气船	船用碳钢和高强钢 低合金高强钢 0.5Ni、3.5Ni、5Ni和9Ni钢 2A12铝合金	用于全压式液罐、半冷半压和全冷式液罐和液舱

二、船舶结构焊接的工艺原则

1. 确定焊接顺序的基本原则

在船体建造中，为了减少船体结构的变形与应力，正确选择和严格遵守焊接顺序是保证船体焊接质量的重要措施。由于船体结构复杂，各种类型的船体结构也不一样，因此焊接顺序也不相同。所谓焊接顺序，就是为减小结构变形，降低焊接残余应力并使其分布合理而按一定次序进行的焊接过程。确定船体结构焊接顺序的基本原则如下：

1）船体外板、甲板的拼缝，一般应先焊横向焊缝（短焊缝），然后焊纵向焊缝（长焊缝），如图8-35所示；对于具有中心线且左右对称的构件，应左右对称地进行焊接，最好是双数焊工同时进行焊接，以避免构件中心线产生移位。埋弧焊一般先焊纵缝后焊横缝。

2）当构件中同时存在对接焊缝和角接焊缝时，应先焊对接焊缝，后焊角接焊缝。如同时存在立焊缝和平焊缝，则应先焊立焊缝，后焊平焊缝。所有焊缝应采用由中间向左右、由中间向首尾、由下往上的焊接顺序。

3）凡靠近总段和分段合拢处的对接焊缝和角焊缝，应留出 200 ~ 300mm 暂时不焊，以利于船台装配对接，待分段、总段合拢后再进行焊接。

4）焊条电弧焊时，当焊缝长度小于 1000mm 时，可采用直通焊；当焊缝长度大于 1000mm 时，可采用分段退焊法。

5）在结构中同时存在厚板与薄板构件时，先对收缩量大的厚板进行多层焊，后对薄板进行单层焊。多层焊时，各层的焊接方向最好相反，各层焊缝的接头应相互错开；或采用分段退焊法，如图 8-36 所示，焊缝的接头不应处在纵、横焊缝的交叉点处。

6）对于刚性大的焊缝，如立体分段的对接焊缝（大接头），焊接过程不应间断，应力求迅速、连续完成。

7）分段接头呈 T 形或十字形交叉时，对接焊缝的焊接顺序是：对于 T 形对接焊缝，可采用先焊横焊缝（立焊）、后焊纵焊缝（横焊）的顺序，如图 8-37a 所示；也可以采用图 8-37b 所示的顺序，先在交叉处两边各留出 200 ~ 300mm 最后焊接，这样可防止交叉部位由于应力过大而产生裂缝。对于十字形对接焊缝，焊接顺序如图 8-37c 所示。横焊缝错开的 T 形交叉焊缝的焊接顺序如图 8-37d 所示。

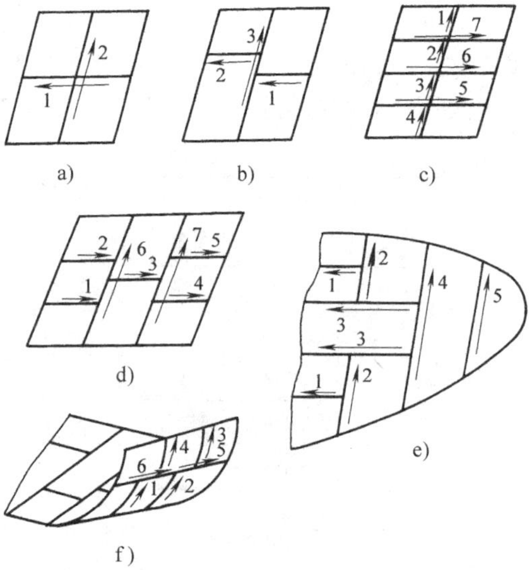

图 8-35　拼板接缝的焊接顺序

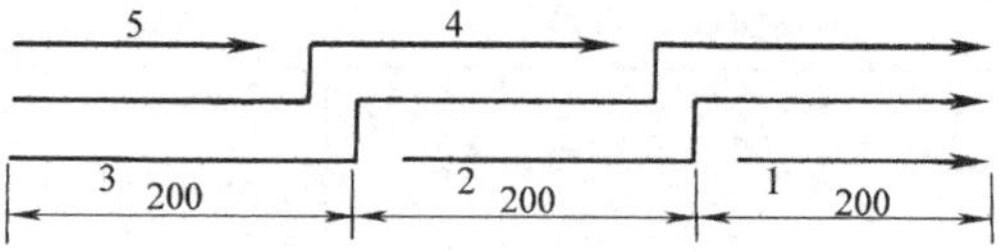

图 8-36　多层焊的分段退焊法

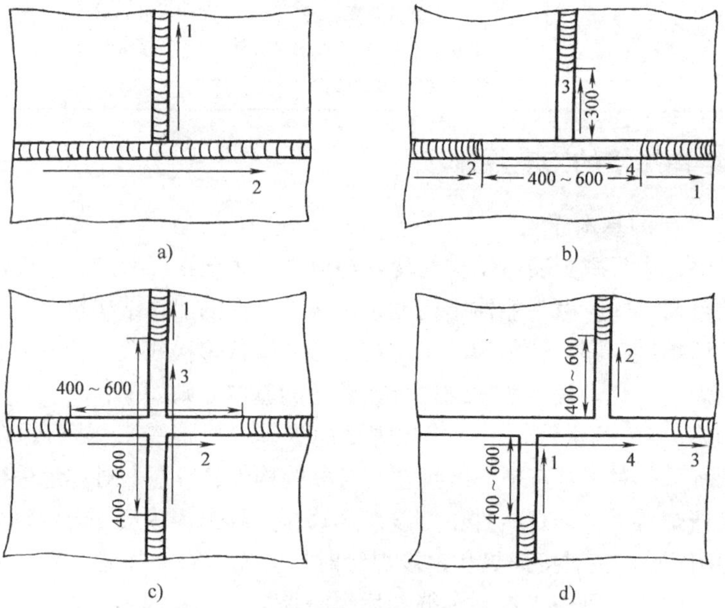

图 8-37　T 形、十字形交叉对接焊缝的焊接顺序示意图

8）船台大合拢时，先焊接总段中未焊接的外板、内底板、舷侧板和甲板等的纵焊缝，同时焊接靠近大接头处的纵、横构架的对接焊缝，然后焊接大接头环形对接焊缝，最后焊接构架与船体外板的连接角焊缝。

2. 工艺守则

在船体结构的焊接过程中，焊工应该遵守以下工艺守则：

1）凡是担任船结构焊接的焊工，必须按我国《钢质海船入级与建造规范》（英文简称为 ZC）规则以及相应的国外船检局（如 NK、GL、ABS 等）规则进行考试（包括定位焊的焊工），并取得考试合格证。

2）为了保证焊透和避免产生弧坑等缺陷，在埋弧焊焊缝两端应安装引弧和引出板。引弧与引出板的尺寸最小为 150mm×150mm，厚度与焊件相同。

3）当环境温度低于 -5℃，施焊一般强度钢的船体主要结构（船体外板和甲板的接缝、艏柱、挂舵臂等）时，均须进行预热，预热温度一般为 100℃左右。

4）所有对接焊缝（包括 T 形构件的面板、腹板）正面焊好后，反面必须采用碳弧气刨清根，未露出金属光泽的焊缝不得焊接。

5）分段建造产生的焊接缺陷和焊接变形，应修正和矫正完毕后，再吊上船台。

6）焊条、焊剂等材料的烘焙、发放应按有关技术要求严格执行，一次使用不得超过 4h，而且回收烘焙只允许重复两次。

7）焊接时，不允许在焊缝的转角处或焊缝交叉处引弧或收弧，焊缝的接头应避开焊缝交叉处。引弧应在坡口中进行，严禁在焊件上缘引弧。

8）装配使用的定位焊条必须与焊工施焊焊条的牌号相同。在施焊过程中，遇到接头定位焊开裂，使错边量超过标准要求时，须修正后再焊接。如果坡口间隙过大，可采用堆焊坡口的方法，或采用临时垫板工艺。不可以嵌焊条或用切割余料等作为填充嵌补金属材料。

9）当构件连续角焊缝与已完工的拼接焊缝相交时，可采取如下工艺措施：

①可将相交部分焊缝打平，但不允许该处焊缝呈突变的缺口。

②允许在构件腹板上开 R30mm 半圆孔或 60mm×4mm 的长形孔，让平焊缝增高出部分通过，施行角焊时再将长孔填满。

③当构件要求水密时，其腹板上开长 60mm、高 3mm，剖面削斜 45°的长形孔，这样既可使平焊缝增高部分通过，又能保证施焊角焊缝焊透。

④当构件穿越液舱时，应采取隔水孔或其他等效措施，距水密边界两侧各 100mm 处，构件应开 R40mm 的半圆孔，并保证半圆孔处有良好的包角。同时，在孔与水密边界之间，将角焊缝焊脚尺寸加大 10%。

10）按“ZC 船规”规定，一般船体结构中，对下列部位在包角焊缝的规定长度内应采用双面连续的角焊缝：

①肋板趾端的包角焊缝长度应不小于连接骨材的高度，且不小于 75mm。

②型钢端部，特别是短型钢的端部削斜时，其包角焊缝的长度应为型钢的高度或不小于削斜长度。

③各种构件的切口、切角和开孔的端部和所有相互垂直连接构件的垂直交叉处的板厚大于 12mm 时，包角焊缝的长度应不小于 75mm；当板厚小于或等于 12mm 时，包角焊缝的长度应不小于 50mm。

包角焊操作时，包角焊缝应顺利过渡，焊脚尺寸不能小于设计尺寸，在构件的端部更不能以点焊代替。

11）焊接时，对以下船体结构和构件，按“ZC 船规”规定，应采用低氢型焊条。

①船体大合拢时的环形对接焊缝和纵桁材对接焊缝。

②具有冰区加强级的船舶，其外板的端接缝和边接焊缝。

③桅杆、吊货杆、吊艇架、拖钩架和系缆桩等承受强大载荷的舾装件及其所有承受高应力的零部件。

④要求具有较大刚度的构件，如艏框架、艉框架和艉轴架等，及其与外板和船体骨架的接缝。

⑤主机基座以及与其相连接的构件。

⑥用低合金钢建造的所有船体焊缝。

⑦船长大于 90m 的舷顶列板与强力甲板边板在 0.5L（L 为船长）区域内的角焊缝。

⑧蒸汽锅炉及Ⅰ、Ⅱ类受压容器。

12）当焊接 D、E 级高强度船体结构用钢时，应严格按 D、E 级钢焊接的操作要求执行。

13）按“ZC 船规”规定，船体主要结构中的平行焊缝应保持一定的距离。对接焊缝之间的平行距离应不小于 100mm，且避免尖角相交；对接焊缝与角焊缝之间的平行距离应不小于 50mm，如图 8-38 所示。

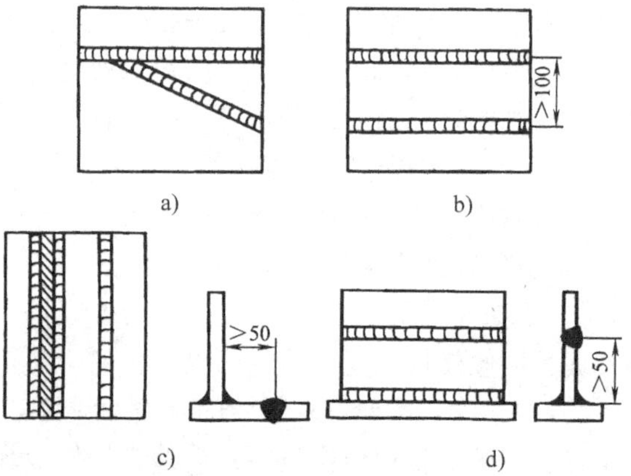

图 8-38 焊缝之间的平行距离
a）不正确 b）、c）、d）正确

三、整体造船中的焊接工艺

整体造船法目前在船厂中用得较少，只有起重能力小、不能采用分段造船法的中小型船厂才使用此法，即一般适用于吨位不大的船舶。

整体造船法就是直接在船台上由下至上、由里至外先铺全船的龙骨底板，然后在龙骨底板上架设全船的肋骨框架、舱壁等纵横构架，最后将船板、甲板等安装于构架上，待全部装配工作基本完毕后，才进行主船体结构的焊接工作。这种整体造船法的焊接工艺如下：

1）先焊纵、横构架对接焊缝，再焊船壳板及甲板的对接焊缝，最后焊接构架与船壳板及甲板的连接角焊缝。前两者也可同时进行。

2）船壳板的对接焊缝应先焊船内一面，然后外面采用碳弧气刨扣槽封底焊。甲板对接焊缝可先焊船内一面（仰焊），然后在反面刨槽进行平对接封底焊或采用埋弧焊；也可以采用外面先焊平对接焊缝，再在船内刨槽仰焊封底的方法。两种方法各有利弊，一般采用后者的较多，因其易保证质量，可减轻劳动强度。或者直接采用先进的单面焊双面成形工艺（如焊条电弧焊和 CO_2 气体保护焊）。

3）按船体结构顺序的基本原则要求，船壳板及甲板对接焊缝的焊接顺序是：若是交叉接缝，则先焊横缝（立焊），后焊纵缝（横焊）；若是平列接缝，则应先焊纵缝，后焊横缝，如图 8-39 所示。

4）船首外板焊缝的焊接顺序为：待纵、横焊缝焊完后，再焊船首柱与船壳板的接缝，如图 8-40 所示。

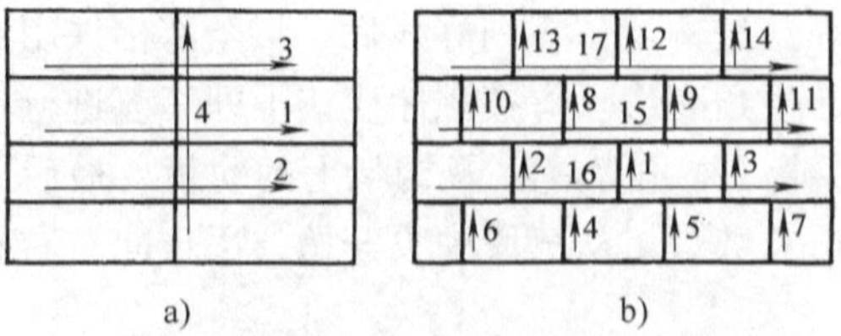

图 8-39　船体外板、甲板的焊接顺序
a）平列板缝　b）错开板缝

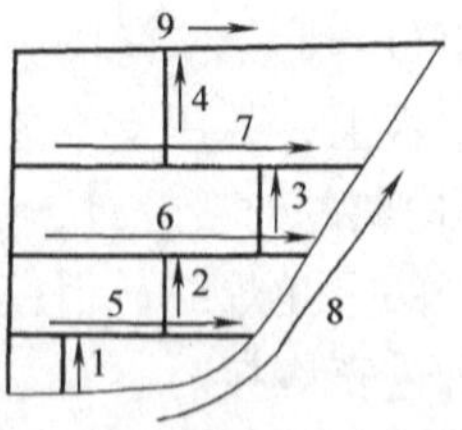

图 8-40　船首外板的焊接顺序

5）所有焊缝均采用由船中向左右、由中部向首尾、由下往上的焊接顺序，以减少焊接变形和应力，保证焊接质量。

四、分段造船中的焊接工艺

目前在建造大型船舶时，都是采用分段造船法。分段由两个或两个以上零件装焊而成的部件和零件组合而成，可分为平面分段、半立体分段和立体分段三种。平面分段有隔舱、甲板、舷侧分段等；立体分段有双层底、边水舱等；半立体分段介于二者之间，如甲板带舷部、舷部带隔舱、甲板带围壁及上层建筑等。下面以 7 万 t 级散货船为例介绍几种典型分段的焊接工艺。

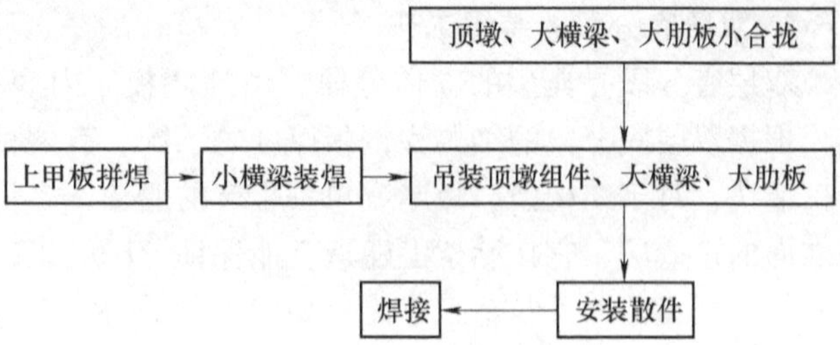

图 8-41　甲板分段制造工艺流程

1. 甲板分段的装焊工艺

甲板分段是典型的平面分段，由上甲板、大小横梁、顶墩组件、大肋板等组成。通常以上甲板为基准面反造。其制造工艺流程如图 8-41 所示。

（1）甲板分段的装配顺序　甲板分段的安装顺序如图 8-42 所示。图中上支座 1 是顶墩隔板，上支座 2 是顶墩垂直板，上支座 3、4 是大肋板。

（2）甲板拼板的焊接　甲板是具有船体中心线的平面板材构件，虽具有较小的曲型（一般为船宽的 1/100～1/50 梁拱），但可在平台上进行装配和焊接，焊接顺序可与一般拼板接缝的顺序相同。确定焊接顺序时，应保证在船体中心线左右对称地进行。其对接焊缝可采用三丝 FCB 法焊接工艺；有拱度上甲板的装配和焊接，可采用双面自动埋弧焊工艺。

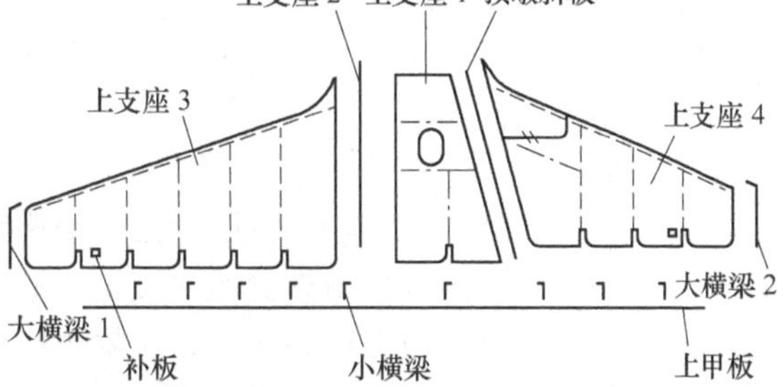

图 8-42　甲板分段的安装顺序

（3）顶墩组件、大横梁、大肋板小合拢　顶墩组件和大肋板的对接焊缝应先焊接，对接焊缝可采用单丝双面埋弧焊工艺，若板较厚，也可以采用双丝双面埋弧焊工艺。

（4）甲板分段的总装　将焊后的甲板吊放在胎架上，为了保证甲板分段的梁拱和减小焊接变形，甲板与胎架应间隔一定距离进行定位焊。按构架位置划好线后，将全部构件用定位焊装配在甲板上，并用支承加强，以防止焊后产生角变形。焊接顺序应按下列工艺进行：

1）先焊构架的对接焊缝，然后焊构架的角焊缝（立角焊缝）及构架上的肋板，最后焊接构架与甲板的平角焊缝。甲板分段焊接时，应由双数焊工从分段中央开始，逐步向左右及前后方向对称进行焊接。

2）为了总段或立体分段装配方便，在分段两端的纵桁应有约300mm暂时不焊，待总段装配好后再按装配的实际情况进行焊接。横梁两端应采用双面焊，其焊缝长度相当于肋板长度或横梁的高度。

3）在焊接大型船舶时，为了采用埋弧焊或重力焊，以加快分段建造周期，提高生产率，可采用分离装配的焊接方法。分段为横向结构时，可先装横梁，重力焊焊后再装纵桁，然后进行全部焊接工作；纵向结构设计的分段则相反。也可先将纵、横构架单独装焊成整体，然后与甲板合拢，焊接平角焊缝。

4）焊接小型船舶时，宜采用混合装配法，即纵、横构架的装配可以交叉进行，待全部构件装配完成后再进行焊接，这样可以减小分段焊后的变形。

2. 双层底分段的装焊工艺

双层底分段是典型的立体分段，由外底板、内底板、纵桁、纵骨、肋板等主要部件组成。根据双层底分段的结构和钢板厚度的不同，有两种建造方法：一种是以内底板为基准面的反造法，对于结构强、板厚或单一生产的船舶，多采用反造法建造；另一种是以外底板为基准面的正造法，它在胎架上建造，能保证分段的正确线形。本节以反造法为例介绍双层底分段的装焊工艺。其制造工艺流程如图8-43所示。

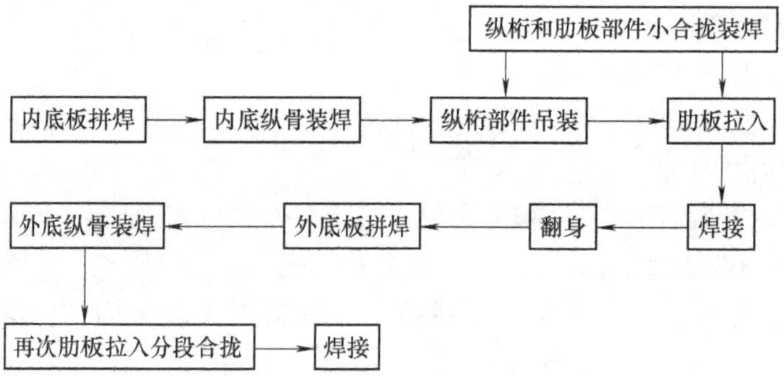

图8-43　双层底分段制造工艺流程

（1）纵骨的装焊　内底板、外底板的对接拼焊在平面分段生产线上进行。在装配平台上铺设内底板（外底板），进行装配定位焊后用埋弧焊进行内底板（外底板）的拼焊。内底板和纵骨、外底板和纵骨平角焊缝的焊接也在平面分段生产线上用CO_2气体保护焊进行。

纵骨的形式一般有球扁钢和T排，主要由船型和吨位来确定。

（2）纵桁部件的装焊　纵桁部件是一块长方形的板，其上装两根纵向构架，如图8-44所示。其形式有扁钢、球扁钢和T排，所采用的形式及纵桁部件的长度、宽度和厚度都随船型和吨位的变化而改变。长度方向的对接焊缝均采用双面埋弧焊工艺，构架的平角焊缝可采用 CO_2 气体保护焊工艺。内底板与纵向构件的焊接顺序如图 8-45 所示。

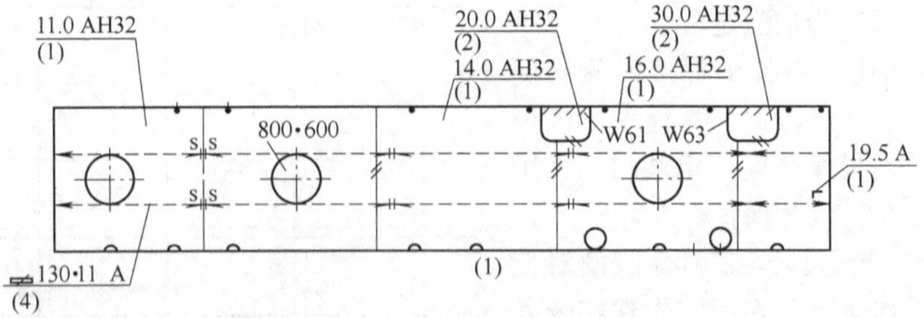

图 8-44　纵桁部件

（3）肋板的装焊　肋板的安装方法有插入法、肋板单面拉入法和双面拉入法。肋板单面拉入法是指肋板与内底板装配时采用拉入法，而肋板与外底板装配时采用插入法。肋板双面拉入法是指肋板与内、外底板装配时都采用拉入法。拉入法和插入法相比有如下优点：可节约大量的补板装焊工时、补板材料及相应的焊接材料；可改善纵骨穿越区的应力集中状况，从而提高船舶的使用寿命。

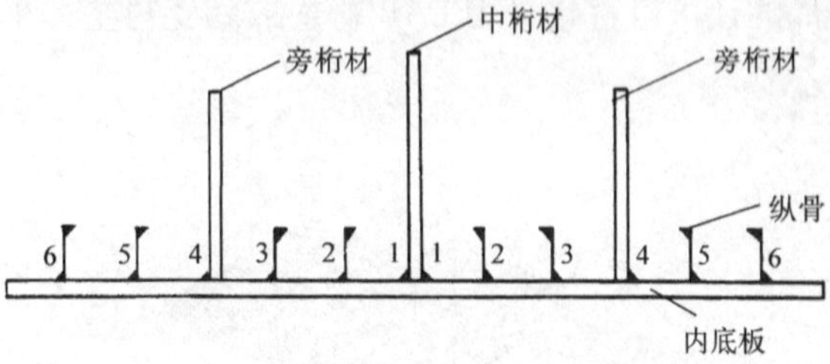

图 8-45　内底板与纵向构件的焊接顺序

在内底板上装配肋板并施定位焊后，用焊条电弧焊或 CO_2 气体保护焊焊接肋板与中桁材、旁桁材的立角焊缝，其焊接顺序如图 8-46 所示。然后焊接肋板与纵骨的角焊缝，焊接顺序是由中间向四周，由双数焊工对称进行；当立角焊长度大于 1m 时，要分段退焊，即先上后下地焊接。焊接肋板与内底板的平角焊缝时，焊接顺序如图 8-47 所示。

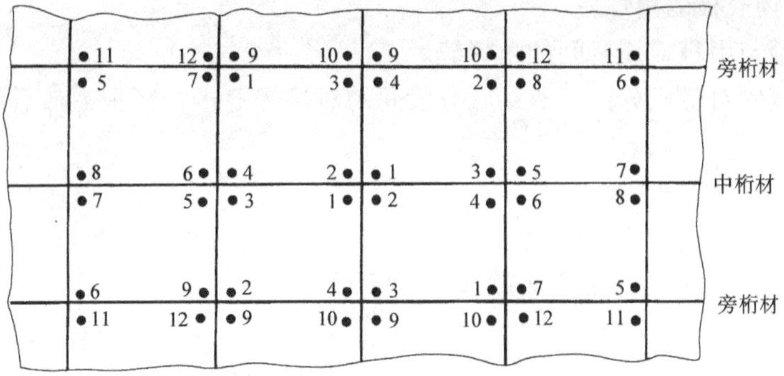

图 8-46　内底板分段立角焊的焊接顺序

（4）外底板的装焊　在肋板上装好纵骨构架形成内底构架后便开始装配外底板。先翻身，然后采用插入法装配内底构架与外底板，如图 8-48 所示。肋板与外底板之间的角焊缝一般采用 CO_2 气体保护焊工艺，其焊接顺序可参照图 8-47。

3. 平面分段总装成总段的焊接工艺

在建造大型船舶时，先在平台上装配-焊接成平面分段，然后在船台上或车间内分片总装成总段，如图 8-49 所示，最后再吊上船台进行总段装焊（大合拢）。平面分段总装成总段的焊接工艺如下：

1）为了减小焊接变形，甲板分段与舷侧分段、舷侧分段与双层底分段之间的对接焊缝，应采用“马”板加强定位。

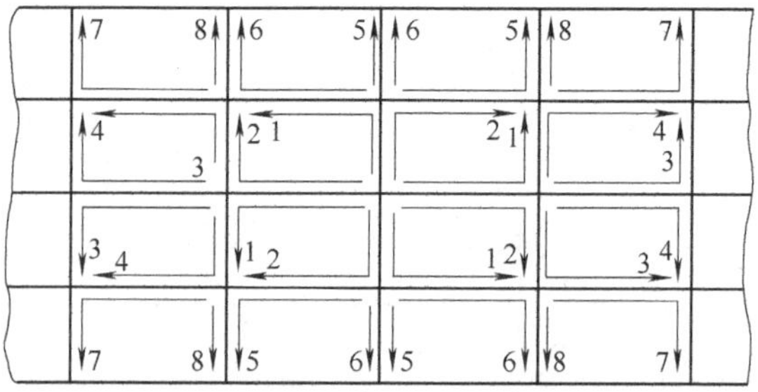

图 8-47　内底板分段平角焊的焊接顺序

2）由双数焊工对称地焊接两侧舷侧外板分段与双层底分段对接焊缝的内侧焊缝。焊前应根据板厚开设特定坡口，采用焊条电弧焊或 CO_2 气体保护焊工艺。

3）焊接甲板分段与舷侧分段的对接焊缝。在采用焊条电弧焊时，先在接缝外面开设 V 形坡口，进行平焊，焊完后，背面采用碳弧气刨清根，进行焊条电弧焊仰焊封底；也可采用接缝内侧开坡口、焊条电弧焊仰焊打底，然后在接缝外面采用埋弧焊；有条件的还可以直接采用 FAB 衬垫或陶瓷衬垫，采用 CO_2 气体保护焊单面焊双面成形工艺。

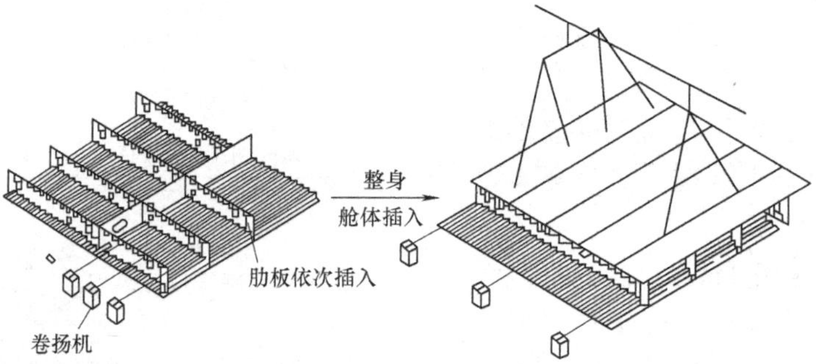

图 8-48　插入法装配外底板

4）焊接肋骨与双层底分段外板的角接焊缝，焊完后焊接内底板与外底板外侧的角焊缝，以及肋板与内底板的角焊缝。

5）焊接肋板与甲板或横梁间的角焊缝。

6）用碳弧气刨对舷侧分段与双层底分段间的对接焊缝进行清根，然后施行焊条电弧焊封底。

4. 大合拢阶段的焊接工艺

大合拢阶段主要包括上甲板对接、内底板对接、外底板对接、舷侧外板对接、下边水舱斜板对接、内部构架对接等，主要焊缝如图 8-50 所示。

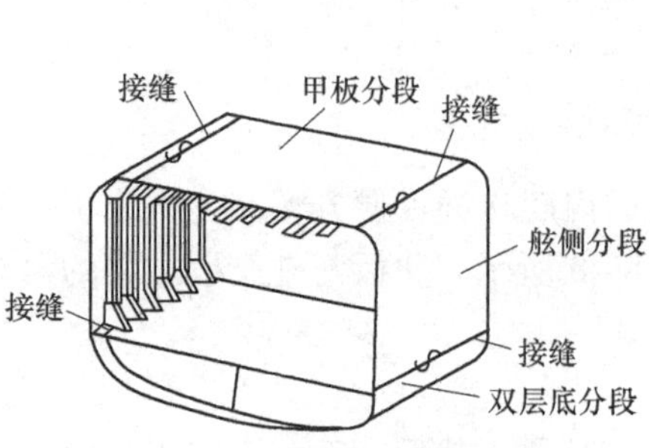

图 8-49　平面分段总装成总段

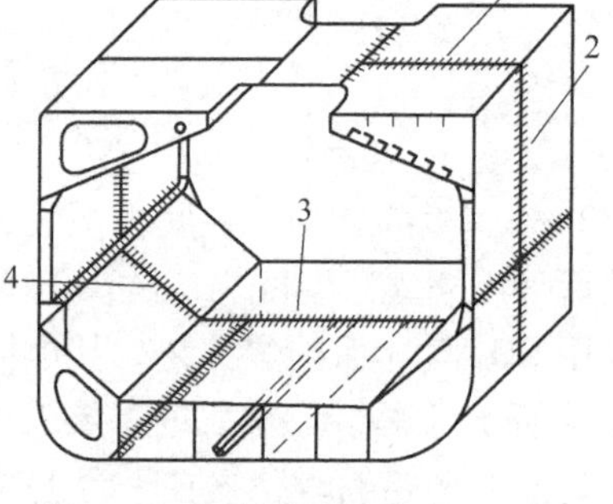

图 8-50　大合拢阶段的主要焊缝

图中1和3分别表示上甲板对接和内底板对接，目前国内大部分船厂使用陶瓷衬垫单面半自动 CO_2 气体保护焊打底、埋弧焊盖面的混合焊工艺，少数船厂使用陶瓷衬垫自动双丝单面MAG焊工艺。图8-50中的2表示舷侧外板对接，目前国内大部分船厂使用自动垂直气电单面立焊工艺。图中的4表示下边水舱斜板对接，目前国内大部分船厂使用陶瓷衬垫单面半自动 CO_2 气体保护焊打底、半自动 CO_2 气体保护焊盖面的工艺。

第四节　桁架的生产工艺

一、桁架的结构特点及技术要求

桁架是主要用于承受横向载荷的梁类结构，还可以做机器骨架及各种支承塔架，它在建筑方面的应用尤为广泛，其结构如图8-51所示。一般来说，当构件承载小、跨度大时，采用桁架制作的梁具有节省钢材、重量轻、可以充分利用材料的优点。同时，桁架运输和安装方便，制造时易于控制变形。但桁架节点处均用短焊缝连接，装配费工，难以采用自动化、高效率的焊接方法。因此，一般认为在跨度大于30m、载荷较小时，使用桁架是比较经济的。

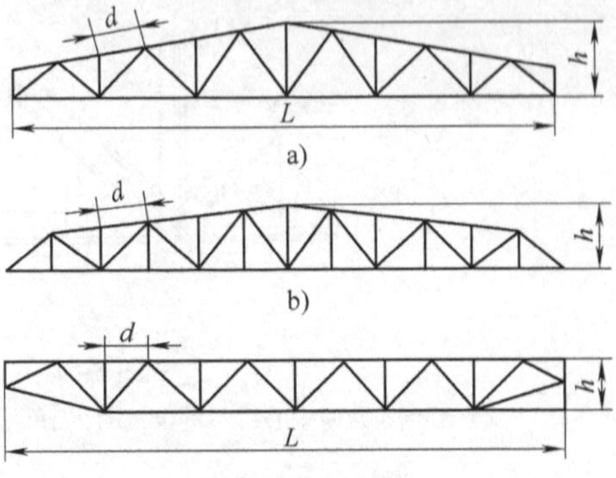

图8-51　大跨距桁架

a)、b）建筑桁架　c）起重机桁架

1. 桁架的结构特点

1）呈平面结构或由几个平面桁架组成空间构架。

2）杆件多，焊缝多且短，难以采用自动化焊接方法。

3）整体来看，对称于长度中心；在受力平面内有较大的刚度，在水平面内、刚度小、易变形，特别容易弯曲。

2. 桁架制造的技术要求

1）节点处是汇交力系，为保证桁架的平衡，要求各元件的中心线或重心线汇交于一点。

2）各桁架要求保证高度、跨度，特别是在连接及安装接头处。

3）要求保证挠度，防止扭曲。

3. 型钢桁架节点结构分析

为了保证桁架结构的强度和刚度，桁架杆件截面所用的型钢种类越少越好，且杆件所用角钢一般不得小于L50mm×50mm×5mm，钢板厚度不小于5mm，钢管壁厚不小于4mm。杆件截面宜用宽而薄的型钢组成，以增大刚度。

从桁架的技术要求及生产工艺来看，分析桁架节点结构的主要目的是防止在节点处产生附加力矩及减少节点处的应力集中。图8-52所示为屋顶桁架 A 节点结构设计的四种形式。图8-52a所示节点与几何中心线不重合，将产生附加力矩，同时件1、2、3的间距小，施焊比较困难。图8-52b所示节点与几何中心线重合，附加力矩小，但型钢1、3与件4的过渡尖角大，易在尖角处形成应力集中。图8-52c所示节点选用连接板4，导致件1、2、3与件4

的焊缝过长，焊后易使桁架产生变形，且增加了装配工作量，浪费材料。图 8-52d 所示节点结构采用带弧形的连接板，降低了节点的应力集中，提高了节点的承载力。为使焊缝不致太密集，且有足够的长度以满足强度要求，桁架节点处应多设置节点板。原则上桁架节点板越小越好；节点结构形式越简单，切割次数越少越好；最好用矩形、梯形和平行四边形的节点板。

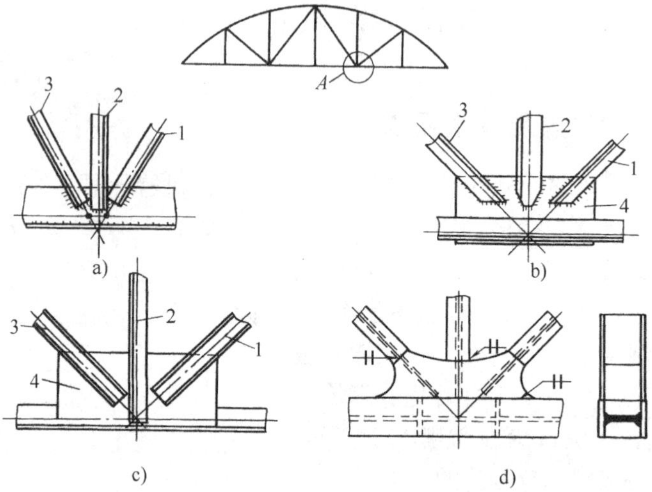

图 8-52　几种节点结构形式比较

a）节点与几何中心线不重合　b）尖角处应力集中大　c）连接焊缝过长　d）采用弧形连接板

综上所述，要使型钢桁架节点结构合理，必须要做到以下几点：

1）杆件截面的重心线应与桁架的轴线重合，在节点处各杆应汇交于一点。

2）桁架杆件宜直切或斜切，不可尖角切割。如图 8-53a、b、c 所示较好，图 8-53d 所示则不宜采用。

3）在铆接结构中，桁架的节点必须采用节点板；对于焊接桁架，有无节点板均可。当采用节点板时，其尺寸不宜过大，形状应尽可能简单。

4）当角钢桁架弦杆为变截面时，应将接头设在节点处。为便于拼接，可使拼接处两侧角钢肢背平齐。为减小偏心，可取两角钢重心线之间的中心线与桁架轴线重合，如图 8-54a 所示；对于重型桁架，弦杆变截面的接头应设在节点之外，以便简化节点构造，如图 8-54b 所示。

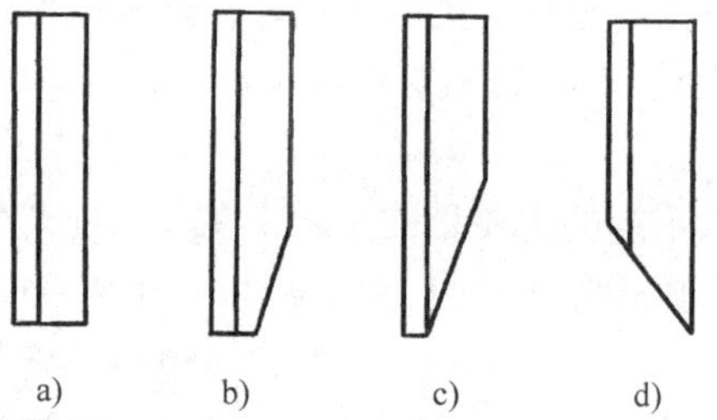

图 8-53　桁架杆件的切割

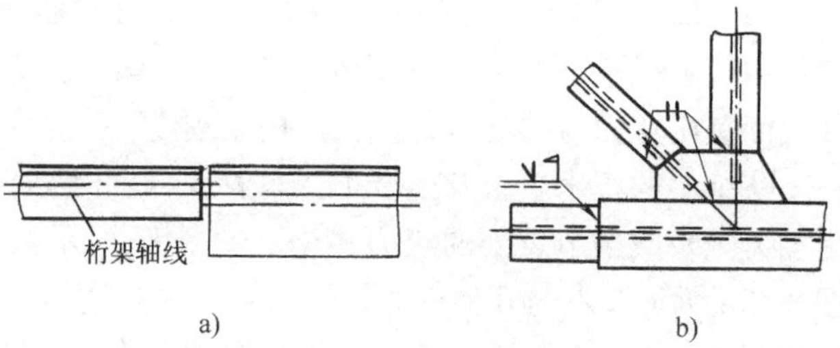

图 8-54　桁架弦杆变截面

二、桁架的装配工艺

在工厂生产中，桁架的装配工时占全部制造工时的比例很大，这将严重影响生产率的提高。桁架的装配方法有下列四种：

（1）放样装配法　在平台上划出各杆件位置线，之后安放弦杆节点板、竖杆及撑杆等，点固并焊接。这种方法的生产率低，适用于单件或小批量生产。

（2）定位器装配法　在各元件直角边处设置定位器及压夹器。按定位器安放各元件，点固并焊接。这种方法适用于成批生产，它降低了对工人技术水平的要求，提高了生产率。

（3）模架装配法　首先采用放样装配法制出一片桁架，将其翻转180°作为模架，之后将所要装配的各元件按照模架位置安放并点固。在另一工作位置进行焊接，而模架工作位置上可继续进行装配。这种装配方法也称仿形复制装配法，其精度较定位器装配法差。如将模架装配法与定位器装配法结合使用，效果将更好。

（4）按孔定位装配法　这种方法适合装配屋架。装配时，先定位各带孔的连接板，这就确定了上、下弦杆的位置，并且保证了整个桁架的安装连接尺寸。其他节点处如有水平桁架而带孔者，仍按孔定位；无孔者，则用垫铁或挡铁定位。

采用上述各种方法装配的桁架，在焊接前必须检查几何尺寸，都须保证节点处各元件的中心线汇交于一点。

三、桁架的焊接工艺

桁架焊接时的主要问题是易产生挠度和扭曲。由于桁架仅对称于其长度中心线，故焊缝焊完后将产生整体挠度；在上、下弦杆节点之间，也可能产生小的局部挠度（对于单片式桁架，可能有超出平面的水平弯曲）；长度大、焊缝不对称等因素也可能引起扭曲，所有这些变形都将影响其承载能力。因此，桁架在装配焊接时，要求支承面要平，尽量在夹固状态下进行焊接。

为了保证焊接质量和减少焊接变形，桁架制造时应遵循下列原则：

1）从中部焊起，同时向两端支座处施焊。

2）上、下弦杆同时施焊为宜。

3）对于节点处焊缝，应先焊端缝，再焊侧缝，如图8-55所示。焊接方向应从外向内，即从竖杆引向弦杆处。

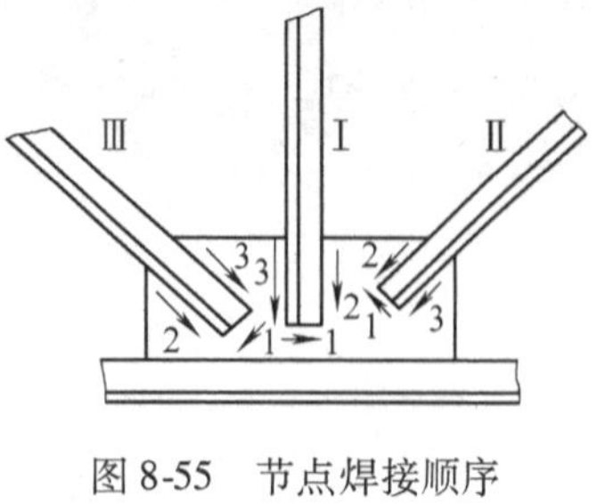

图8-55　节点焊接顺序

4）焊接节点时，应先竖后斜（按图8-55中Ⅰ、Ⅱ、Ⅲ的顺序进行），两端侧缝也可按Ⅰ杆形式焊接，但在焊接焊缝1时，焊缝2应事先点固，以防变形。当焊后变形量超过技术要求时，应选用火焰矫正法进行矫正。

【综合训练】

一、填空

1. 桥式起重机桥架的结构形式有______、______、______和______四种。

2. 桥架连接是指已经制作好的主梁与端梁的连接，其连接方法有______和______两种。

3. 简体是圆筒形压力容器的主要承压元件，当简体直径较小时，可用______ 制作。当直径较大时，简体一般____________制成。

4. 压力容器的封头可分为____________、____________、____________、锥形封头和____________等结构形式。

5. 球罐按其瓣片形状分为______式、______式及______式。

6. 球罐的装配方法很多，一般采用以______为基准来安装的分瓣装配法。

7. 船体板架结构可分为______式、______式及______式三种。

8. 分段建造法有______、______和______三种。

9. 杆件截面的重心线应与______重合，在______处各杆应汇交于一点。

10. 桁架焊接时的主要问题是______和______。

二、简答

1. 主梁装焊的主要技术要求有哪些？有何意义？
2. 如何正确装焊“π”形梁？
3. 简述桥式起重机主梁的制造工艺过程。
4. 简述封头的制造工艺过程。
5. 球形容器的结构形式有哪些？各有何特点？
6. 球罐瓣片的下料方法有哪些？如何操作？
7. 船体结构与其他焊接结构相比，有何特点？
8. 分段造船法的制造工艺流程是什么？
9. 桁架的结构特点是什么？
10. 桁架的装配方法有哪些？各应用于什么情况？

第九章　焊接结构生产的安全技术与劳动保护

学习目标： 通过本章的学习，掌握焊接结构生产中安全技术、劳动保护及安全管理的相关知识。

第一节　焊接结构生产的安全技术

一、备料加工的安全技术

1. 划线、号料工序中的安全操作

划线、号料作业中除了使用起重机以外，一般不需要使用其他机械电气设备。操作者应注意以下事项：

1）吊料前必须检查钢丝绳、卡钩是否完整与牢固。

2）挂钩时必须找好重心，钢板必须挂稳、挂平，不准用手扶被吊件。

3）放置钢板时，应事先选好位置，放好垫板，禁止边落料边放置或调整垫块。

4）不得在被吊件下方工作，翻转大型工件时，人要离开工件翻转的范围。

5）工作场地要经常保持整洁，样板、零件及边角料应堆放整齐，严禁乱丢乱扔。

6）打样冲眼时，应戴防护眼镜，拿锤子的手不要戴手套。

7）在对型钢划线打样冲眼时，必须将型钢放稳，以防其翻转伤人。

2. 下料工序的安全操作

（1）采用剪床下料时的注意事项

1）一台剪床禁止两人同时剪切两种零件，被剪切零件的长度和板厚应不超过剪床的剪切能力，不能剪切淬火钢。

2）大型剪床起动前应先盘车，开动后应先空车运转到正常工作状态，然后才可进行剪切。

3）剪切工件时禁止将手和工具伸入剪床内，以免发生人身和设备事故。

4）工作时，脚踏开关由专人操作，不得随意乱放、随意操作。

5）无法压紧的窄条钢板，不准在剪床上剪切。

6）停机后剪床的离合器应放在空挡位置。

（2）采用气割下料时的注意事项

1）要预防气割时发生燃烧、爆炸、烫伤、烧伤、触电等事故。

2）按焊、割炬的焊嘴大小，配备氧气和乙炔的压力和气量。

3）点火时，应先开乙炔阀门，点着后再开氧气阀门。

4）作业前检查乙炔和氧气阀门、橡皮管是否漏气，发现漏气现象应及时修理。

5）交接班停止作业时，应关闭气体阀门并确认作业场地无火种。

6）要使用专用橡皮气管，且乙炔和氧气管要各有标记，不能对调使用。

7）氧气、乙炔用的橡皮管不要随便乱放，管口不要贴住地面，以免混入土和杂质而发生堵塞。

8）做好作业场地防火措施和气割件的安全与防火、防爆措施。

3. 成形加工中的安全操作

焊接生产车间的成形加工设备主要有卷板机和压力机。

（1）使用卷板设备时的注意事项

1）板料进入辊筒时要避免人体压伤、割伤事故的发生，卷板时要防止手或衣物被绞入辊筒内，严禁人站在板料上。

2）热卷时应防止烫伤。

3）板料落位后和卷板机开动过程中，在进、出料方向严禁站人。

4）调整辊筒和板料时必须停机。

5）使用起重机配合卷板工作时，应有专人指挥。

6）吊具选择要适当，起重机应不影响卷板机的工作。

7）取出已卷好的圆筒时，必须停机并采取防止圆筒坠落的措施。

8）放置卷好的圆筒时，应摆放整齐、平稳，以防止圆筒滚动伤人。

（2）使用压力机时的注意事项

1）不许在压力机能力范围之外工作。

2）设备起动时，人身不准靠在压力机上，操作者的任何部位都不准置于压力机横梁或滑块的正下方。

3）在压制或矫正工件时，不准用手把持工件，不准清扫氧化皮，也不要用不规则的垫块、圆棒等来压垫矫正。

4）热压使用可燃气体加热，在点火前必须打开炉门排除炉内积聚的可燃气体，以防止发生爆炸。

5）液压缸、油泵房周围，可燃气体管路附近，不可明火作业和吸烟。

6）使用起重机配合作业时，应有专人指挥，应遵守挂钩安全操作规程。

7）工作结束时应切断电源，将压力机置于非工作状态。

二、装配中的安全技术

目前，我国只有少数专业化程度较高的工厂采用或部分采用了机械化装配作业，而大多数工厂仍在使用手工工具和简单的装配夹具进行装配，在装配过程中还需要与起重机和焊工协同作业。因此，装配时不仅存在机械性损伤、高空坠落、大件倾倒压伤等不安全因素，还存在噪声污染、弧光辐射和焊接烟尘等不卫生因素。所以进行装配作业时应注意：①工作前检查各种锤有无卷边、伤痕，锤把应坚韧、无裂纹，锤把与锤连接处应加铁楔；使用大锤时不准戴手套，严禁两人对打；不得用手指示意锤击处，应用锤子或棒尖指点；②使用千斤顶时应垫平放稳，不准超负荷使用；③使用起重机进行机械吊装时，要有专人指挥，必须轻举慢落，工件到位后必须用定位焊焊牢，然后才能松钩；④登高装配作业时，要用坚固的脚手架或梯子，操作者必须系好安全带，工具只准放在工具袋内；⑤多人装配作业时，应注意相互配合，确保安全；装配时，应与焊工配合默契，防止弧光伤眼和热工件烫伤；⑥防止工件压坏电缆线造成触电事故；⑦禁止在吊起的工件及翻转的工件上进行锤击矫正，以防工件脱落；⑧使用手提式砂轮机时，必须有防护罩，操作者应站在砂轮回转方向的侧面；⑨在大型工件或容器内部作业时，要有安全行灯，操作人员必须穿戴好规定的防护用品，以防触电及机械损伤事故的发生。

三、焊接生产中的安全用电

1. 焊接用电特点

用于焊接的电源需要满足一定的技术要求。不同的焊接方法，对其电源的电压、电流等工艺性能的要求各有不同。例如，电弧焊在引弧时需要供给较高的引弧电压；而当电弧稳定燃烧时，电压急剧下降到电弧电压。目前我国生产的电弧焊机，一般直流电焊机的空载电压为55～90V，交流电焊机的空载电压为60～80V。过高的空载电压虽然有利于电弧稳定燃烧，但对焊工操作的安全不利，所以焊条电弧焊所用焊机的空载电压应控制在90V以下。一般焊机的电弧电压为25～40V，焊接电流为30～450A。等离子弧焊要求电源的空载电压一般在150～400V之间，工作电压在80V以上。氩弧焊焊机采用高频振荡器，用以电离气体介质，帮助引弧，从而其电源的空载电压只有65V。CO_2气体保护焊电源的空载电压为17～75V，工作电压为15～42V，焊接电流为200～500A。

2. 安全操作技术

1）焊接工作前，应先检查焊机设备和工具是否安全。如焊机外壳是否接地、焊机各接线点接触是否良好，焊接电缆的绝缘有无损坏等。

2）改变焊机机头、转移工作地点、更换熔丝、焊机发生故障需要检修等时，应切断电源开关后才能进行。

3）推拉闸门开关时，必须戴皮手套。同时，焊工的头部须偏斜些，以防电弧火花灼伤脸部。

4）更换焊条时，焊工应戴绝缘手套。对于空载电压和工作电压较高的焊接操作（如等离子弧焊）以及在潮湿工作场地操作时，还应在工作台附近地面铺上橡胶垫子。特别是在夏天，由于身体出汗后衣服潮湿，不可靠在焊件、工作台上，避免触电。

5）在容积小的舱室，如油槽、气柜等化工设备、管道和锅炉等金属结构，以及其他狭小工作场所内焊接时，触电的危险性最大，必须采取专门的防护措施。可采用橡皮垫或其他绝缘衬垫，并戴皮手套、穿胶底鞋等，以保证焊工身体与焊件绝缘。不允许使用简易、无绝缘壳的电焊钳。

6）电焊设备的安装、修理和检查须由电工进行，焊工不得自己拆修设备。

3. 触电急救

触电后会出现神经麻痹、呼吸中断、心脏停止跳动等症状，外表上则呈现昏迷不醒的状态。但不应认为是死亡，可能是假死，要立即抢救。触电者是否能得救，在大多数情况下，取决于其能否迅速脱离电源和救护是否得当。拖延时间、动作迟缓和救护方法不当，都可能造成死亡。

（1）解脱电源　触电事故发生后，电流不断通过人体。为了使触电后能得到及时和正确的处理，以减少电流长时间对人体的刺激并能立即得到医务抢救，迅速脱离电源是救活触电者的首要因素。

（2）救治方法　触电者脱离电源后，要用人工呼吸和心脏按压的方法对其进行急救。人工呼吸是在触电者呼吸停止后采用的急救方法，心脏按压是触电者心脏停止跳动后的急救方法。一旦呼吸和心脏跳动都停止了，应同时进行人工呼吸和心脏按压，如果现场仅一个人抢救，则两种方法应交替进行。

第二节　焊接生产中的劳动保护与安全管理

一、焊接生产中的劳动保护

焊接过程中产生的有害因素严重危害着焊工及其他人员的健康与生命安全，也会给国家财产带来损失。在实际施工操作时，必须进行有效的防护。下面简单介绍几种常见焊接有害因素的危害与防护措施。

1. 电弧辐射

（1）电弧辐射的危害　电弧辐射主要产生可见光、红外线和紫外线三种射线，而不会产生对人体危害较大的 X 射线。其中，波长为 180 ~ 320nm 的紫外线具有强烈的生物学作用，可以被皮肤深部组织真皮吸收，可能造成严重灼伤。

电弧辐射所发出的可见光线的光度，比人眼能正常承受的光线光度要强上万倍。这样强烈的可见光将对视网膜产生烧灼，造成眩辉性视网膜炎。此时将感觉眼睛疼痛，视觉模糊，有中心暗点，一段时间后才能恢复。如长期反复作用，将逐渐使视力减退。

电弧辐射所发出的红外线对眼睛的损伤是一个慢性过程。眼睛晶状体长期吸收过量的红外线后，将使其弹性变差，调节困难而使视力减退。严重者还将使晶体状混浊，损害视力。焊工经一天工作后，如自觉双眼发热，大多是吸收了过量的红外线所致。

电弧辐射所发出的紫外线照射人眼后，会导致角膜和结膜发炎，产生电光性眼炎，属急性病症，使两眼刺痛、眼睑红肿痉挛、流泪、怕见亮光，症状可持续 1 ~ 2 天，休息和治疗后将逐渐好转。

（2）电弧辐射的防护措施

1）在焊接作业区严禁直视电弧，焊工在焊接时必须使用镶有品质合格的焊接滤光片的面罩。

2）施焊时焊工应穿着标准规定的防护服，施焊场地应用围屏或挡板与周围隔离，必须有较强的照明。

3）增强个人防护意识，注意眼睛的适当休息，在使用焊接滤光片时要检查其产品合格证及对紫外线和红外线滤光性能的检验证书，避免使用无证的焊接滤光片。

2. 高频电磁场

（1）高频电磁场的危害　非熔化极氩弧焊和等离子弧焊时，为了迅速引燃电弧，需由高频振荡器来激发引弧，故存在高频电磁场。人体长期处于高频电磁场的作用下，会引起神经衰弱及植物神经功能紊乱，严重时会使血压不正常等。

（2）高频电磁场的防护措施

1）减少高频电的作用时间。

2）在不影响使用的情况下，降低振荡器频率。

3）保持工件接地良好，以大大降低高频电流，接地点距工件越近，情况越能得到改善。

4）屏蔽把线及软线。

3. 粉尘及有害气体

（1）粉尘及有害气体的危害　焊接电弧的高温将使金属剧烈蒸发，焊条和母材在焊接时也会产生各种金属气体和烟雾，它们在空气中冷凝并氧化成粉尘；电弧产生的辐射作用会使空气中的氧和氮产生臭氧和氮的氧化物等有害气体。

粉尘与有害气体的多少与焊接工艺、焊接参数及保护气体的成分有关。例如，用碱性焊条焊接时产生的有害气体比用酸性焊条多；采用气体保护焊时，保护气体在电弧的高温作用下能离解出对人体有影响的气体。焊接粉尘和有害气体如果超过一定浓度，焊工在这种条件下长期工作，对健康的短期影响表现为呼吸道的刺激、咳嗽、胸闷、金属蒸气所致的低热以及急性流感症状等；长期的影响是肺部的铁质沉积病症及良性肿瘤，易患尘肺病、焊工金属热等职业病。

（2）粉尘及有害气体的防护措施

1）工艺方面。采用无烟或少烟尘的焊接工艺；开发和使用低尘、低毒的焊接材料；提高焊接机械化和自动化程度。

2）采取有效的通风排烟措施。

3）应用电焊烟尘离子荷电就地抑制技术。

4）加强个人防护，佩戴防尘、防毒面具、口罩等。

4. 噪声

（1）噪声的危害　在焊接生产现场会出现不同的噪声源，如对坡口的打磨、装配时锤击焊缝、等离子切割等。在生产现场，操作人员在90dB的噪声中工作8h就会对听觉和神经系统造成危害。

噪声对人体的影响是多方面的。首先是对听觉器官的影响，强烈的噪声还可以引起视觉障碍、噪声性外伤、耳聋等症状。此外，噪声对中枢神经系统和血管系统也有不良作用，容易引起血压升高、心跳过速等症状，还会使人感到厌倦、烦躁等。

（2）噪声的防护措施

1）采用低噪声工艺及设备。如采用热切割代替机械剪切；采用碳弧气刨、热切割坡口代替铲坡口；采用整流、逆变电源代替旋转直流电焊机等。

2）采取隔声措施。对分散布置的噪声设备，宜采用隔声罩；对集中布置的高噪声设备，宜采用隔声间；对难以采用隔声罩或隔声间的某些高噪声设置，宜在声源附近或受声处设置隔声屏障。

3）采取吸声、降噪措施，降低室内混响声。

4）操作者应佩戴隔声耳罩或隔声耳塞等个人防护器具。

5. 电离辐射

（1）电离辐射的危害　焊接车间内的电离辐射，主要来源于无损检验中所用的放射性同位素、放射源、X光机、γ射线加速器、氩弧焊与等离子弧焊钍钨棒电极中的钍、真空电子束焊中的X射线等。当人体受到的射线辐射剂量不超过允许值时，不会对人体产生危害。但是，当人体长期受到超过允许剂量的射线辐射时，会引起眼睛晶状体和皮肤的损伤。如长期接受较高能量的 X 射线的照射，则可出现神经衰弱和白细胞减少等症状。

（2）射线的防护措施

1）时间防护。在可能的情况下，尽量减少接触射线的时间。

2）距离防护。射线剂量率与距离的平方成正比，增大距离可显著降低剂量率。

3）屏蔽防护。利用各种屏蔽物吸收射线。

4）个人防护。佩戴防护用具，如防护头盔、工作服、手套等，并经常进行清洗。

二、焊接生产安全管理

焊接生产现场中，由于直接从事生产作业的人、机、料相对集中，存在多种危险因素，故须对焊接生产安全进行管理。

1. 焊接生产安全管理的任务

焊接生产安全管理的任务就是在生产施工过程中，组织安全生产的全部管理活动，主要通过对生产因素具体的状态进行控制，来减少或消除生产因素中的不安全行为和状态。

2. 焊接生产安全管理的内容

焊接生产安全管理的内容主要包括安全组织管理、场地与设施管理、行为控制和安全技术管理四个方面，分别对生产中的人、物、环境的行为与状态进行具体的管理与控制。

3. 焊接生产安全管理的基本原则

1）生产、安全同时管理。安全与生产有时虽存在矛盾，但管理目标是高度一致的。

2）坚持安全管理的目的性。安全管理的目的是保护劳动者的安全与健康，实现效益。

3）必须贯彻以预防为主的方针。在生产过程中，应经常检查、及时发现不安全因素，并采取相应措施。

4）坚持“四全”动态管理。即坚持全员、全过程、全方位、全天候的动态管理。

5）安全管理重在控制。

4. 焊接生产安全管理的具体措施

1）对焊工进行安全教育和考试。焊工刚入厂时，要接受厂、车间和生产小组的三级安全教育，同时焊工必须经过安全技术培训，并经考试合格后才允许上岗独立操作。

2）建立焊接安全责任制。通过建立安全责任制，明确企业中各级领导、职能部门和有关工程技术人员等在焊接安全工作中应负的责任。

3）编制焊接安全操作规程。建立和执行必要的安全操作规程，是保障焊工安全健康和促进安全生产的一项重要措施。

4）对焊接工作场地进行组织。根据安全规则对焊接工作场地进行有效的组织，使各工序之间井然有序，以保证生产安全。

【综合训练】

一、填空

1. 电弧辐射主要产生______、______和______三种射线，而不会产生对人体危害较大的是______。

2. 用碱性焊条焊接时产生的有害气体比用酸性焊条______。

3. 非熔化极氩弧焊和等离子弧焊时，为了迅速引燃电弧，需由高频振荡器来激发引弧，故存在______。

二、简答

1. 高频电磁场的防护措施有哪些？

2. 电离辐射的防护措施有哪些？

3. 焊接生产安全管理的具体措施有哪些？

参 考 文 献

[1] 田锡唐. 焊接结构 [M]. 北京: 机械工业出版社, 1992.
[2] 黄正闾. 焊接结构生产 [M]. 北京: 机械工业出版社, 1991.
[3] 周浩森. 焊接结构生产及装备 [M]. 北京: 机械工业出版社, 1994.
[4] 王云鹏, 戴建树. 焊接结构生产 [M]. 北京: 机械工业出版社, 1998.
[5] 张婉云. 焊接结构装焊技术 [M]. 北京: 机械工业出版社, 2012.
[6] 赵熹华. 焊接方法与机电一体化 [M]. 北京: 机械工业出版社, 2001.
[7] 宇永福. 焊接结构制造 [M]. 北京: 机械工业出版社, 1995.
[8] 陈祝年. 焊接工程师手册 [M]. 北京: 机械工业出版社, 2002.
[9] 王国凡. 钢结构焊接制造 [M]. 北京: 化学工业出版社, 2005.
[10] 邢晓林. 焊接结构生产 [M]. 北京: 化学工业出版社, 2002.
[11] 戴建树, 叶克力. 焊接结构零件制造技术 [M]. 北京: 机械工业出版社, 2010.
[12] 陈裕川. 现代焊接生产实用手册 [M]. 北京: 机械工业出版社, 2005.